L'ART

DE

L'ESSAYEUR.

IMPRIMERIE DE H. FOURNIER,
RUE DE SEINE, N. 14.

L'ART

DE

L'ESSAYEUR,

PAR M. CHAUDET,

EX-ESSAYEUR DES MONNAIES DE FRANCE,
CHEVALIER DE L'ORDRE ROYAL DE LA LÉGION-D'HONNEUR.

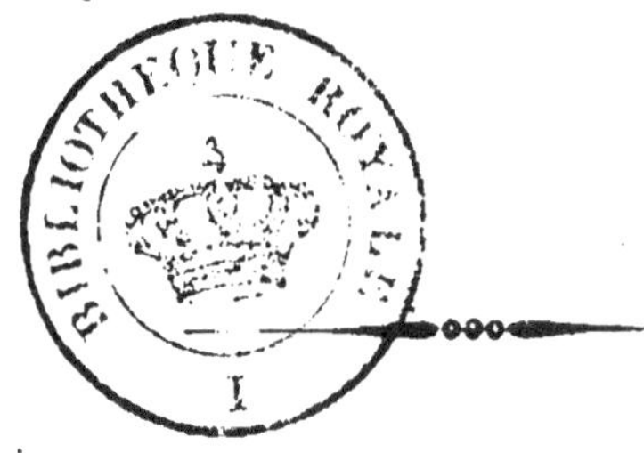

PARIS,

CHEZ M. DESMARAIS,

CHARGÉ PAR LA COMMISSION DES MONNAIES DE LA FABRICATION DES COUPELLES
ET DE LA PRÉPARATION DES AGENS CHIMIQUES,
RUE DES BERNARDINS, N° 26.

1835.

TABLE

DES

MATIÈRES CONTENUES DANS CE VOLUME.

CHAPITRE PREMIER.

DES INSTRUMENS QUI SERVENT DANS L'ART DES ESSAIS.

CHAPITRE II.

DES AGENS NÉCESSAIRES DANS L'ART DES ESSAIS.

CHAPITRE III.

DE L'ESSAI D'ARGENT PAR LA VOIE SÈCHE.

REMARQUES.

CHAPITRE IV.

Voyez à la fin de l'ouvrage : addition au chapitre IV.

DE L'ESSAI D'ARGENT PAR LA VOIE HUMIDE.

REMARQUES.

CHAPITRE V.

DE L'ESSAI D'ARGENT TENANT PLATINE.

REMARQUES.

CHAPITRE VI.

DE L'ESSAI D'OR.

REMARQUES.

CHAPITRE VII.

DE L'ESSAI D'OR TENANT ARGENT.

REMARQUES.

CHAPITRE VIII.

DE L'ESSAI D'ARGENT TENANT OR.

REMARQUES.

CHAPITRE IX.

DE L'ESSAI D'OR TENANT PLATINE.

REMARQUE.

CHAPITRE X.

DE L'ESSAI D'OR TENANT ARGENT ET PLATINE.

REMARQUES.

CHAPITRE XI.

DE L'ESSAI D'ARGENT TENANT OR ET PLATINE.

REMARQUES.

CHAPITRE XII.

DE QUELQUES MÉTAUX DE LA MINE DE PLATINE DANS LES ESSAIS.

CHAPITRE XIII.

DE L'ESSAI A LA PIERRE DE TOUCHE.

CHAPITRE XIV.

DE L'ESSAI DE CUIVRE OU DE BRONZE.

REMARQUES.

CHAPITRE XV.

ESSAI PAR LA VOIE SÈCHE DE QUELQUES MINES D'OR, D'ARGENT,
DE CUIVRE ET DE PLOMB.

CHAPITRE XVI.

DES CENDRES D'ORFÈVRES ET DE LEUR ESSAI.

REMARQUES.

CHAPITRE XVII.

DE L'EXAMEN DES FAUSSES MONNAIES FRANÇAISES.

CHAPITRE XVIII.

QUELQUES NOTIONS SUR LES MÉTAUX

REMARQUES.

CHAPITRE XIX ET DERNIER.

DES PRINCIPAUX ALLIAGES ET AMALGAMES EN USAGE DANS LES ARTS.

FIN DE LA TABLE.

Pages.	Lignes.	
8	1	Avec cet instrument, *lisez* : avec l'instrument de ce nom.
42	En note.	M. Marcadien, *lisez* : M. Marcadieu.
48	17	Il faule, *lisez* : il faut le.
54	10	Emplis d'eaux, *lisez*: emplis d'eau.
124	2	D'*argent tenant or* contenant platine, *lisez*: d'*argent tenant or et platine.*
187	15	M. Brongniard, *lisez*: M. Brongniart.
242	9	L'art monnétaire, *lisez*: l'art monétaire.
247	27	Et les metment, *lisez*: et les mettent.
248	6	Par une couverture, *lisez*: par une ouverture.
323	13	*Cris de l'étain*, *lisez*: *cri* de l'étain.
552	8	De la l'oxidabilité, *lisez*: de l'oxidabilité.

L'ART
DE
L'ESSAYEUR.

CHAPITRE PREMIER.

PRÉLIMINAIRES.

On entend par l'art de l'essayeur les diverses opérations par lesquelles on arrive à la connaissance du titre des matières d'or, d'argent, de platine et de cuivre; c'est-à-dire à déterminer, d'une manière précise, les quantités de ces quatre métaux existans dans divers alliages; et on entend par *essai* les opérations qui se pratiquent sur chaque alliage en particulier; car la nature et les proportions de ces alliages leur ont fait donner diverses dénominations.

On compte aujourd'hui onze espèces d'essais, savoir :

1º *L'essai d'argent*, c'est-à-dire l'essai des alliages d'argent et de cuivre dans lesquels l'argent domine.

2º *L'essai de billon*, c'est-à-dire l'essai des alliages de cuivre et d'argent dans lesquels le cuivre domine.

3º *L'essai d'argent tenant platine.* Cet alliage, indépendamment de ces deux métaux, contient presque toujours du cuivre.

4° *L'essai d'or*, c'est-à-dire alliage d'or et de cuivre.

5° *L'essai d'or tenant argent.* Cet alliage, dans lequel l'or domine de beaucoup, contient presque toujours du cuivre.

6° *L'essai d'argent tenant or*, ou alliage d'argent, d'or et de cuivre, dans lequel l'argent forme au moins les quatre cinquièmes de la masse.

7° *L'essai d'or tenant platine.* Cet alliage, indépendamment de ces deux métaux, contient presque toujours du cuivre, et parfois une très petite quantité d'argent trop faible pour être appréciée.

8° *L'essai d'or tenant argent et platine.* Cet alliage, dans lequel l'or domine de beaucoup, contient presque toujours une petite quantité de cuivre.

9° *L'essai d'argent tenant or et platine*, ou alliage d'argent, de platine et d'or en petite quantité : cet alliage contient presque toujours du cuivre.

10° *L'essai de cuivre ou de bronze* ; alliage presque toujours composé de cuivre, d'étain, de plomb et de zinc.

11° Enfin l'*essai à la pierre de touche.*

Avant de décrire les moyens à employer pour arriver à la connaissance des quantités exactes d'or, d'argent, de platine et de cuivre contenues dans les divers alliages qui viennent d'être désignés, nous allons traiter des instrumens qu'on emploie dans l'art des essais, ainsi que des divers agens chimiques qui servent pour arriver à la détermination des quantités proportionnelles de chacun des métaux existans dans les alliages ci-dessus mentionnés.

DES INSTRUMENS QUI SERVENT DANS L'ART DES ESSAIS.

Les principaux instrumens qui servent dans l'art des essais sont les suivans :

Une balance ordinaire, sensible à cinq millièmes.

Un niveau.

Des cisoires.

Des limes douces dans leur plateau, pour ajuster les essais.

De petites et grandes bruxelles.

Des tenailles à mâchoires.

Deux tas d'acier.

Un laminoir.

Deux marteaux.

Des ciseaux.

Des pincettes légères et arrêtées au milieu par une bride en fer, afin d'éviter qu'elles s'écartent trop.

Un fourneau à vent.

Des fourneaux distillatoires.

Un alambic.

De petites chaudières en fonte pleines de sable.

Des cornues, des alonges et des ballons en verre.

Un aréomètre avec son éprouvette.

Des verres à expériences.

Des tubes pleins.

Des capsules de porcelaine.

Une capsule d'argent.

Des ballons de diverses grandeurs.

Des bocaux et des entonnoirs.

Des mortiers et des tamis.

Une balance d'essai.

Des poids d'essai.

Un fourneau à coupelle.

Des moufles.

Des coupelles.

Des matras.

Des petits creusets d'essais.

Des gratte-brosses.

Des moules à coupelles et à creusets.

Une étuve à quinquet.
Touchaux pour or et pour argent.
Mains à cases, pour placer les essais.
Creusets.
Sablier de dix minutes.
Pinces en bois pour prendre les matras.
Loupe.
Pierre de touche.
Jeu de chiffres, pour parapher les lingots.

Quelques-uns de ces instrumens étant connus de presque tout le monde et n'ayant pas besoin d'être décrits, nous nous contenterons simplement d'en signaler l'usage.

Quant aux autres qui ont besoin d'être étudiés avec plus de soin, chacun d'eux nous fournira un article particulier.

La balance sensible à cinq millièmes sert aux analyses de cuivre, ainsi qu'à peser les diverses quantités de plomb nécessaires aux essais; elle doit pouvoir peser au moins vingt grammes.

Le niveau, à tenir les balances horizontales.

Les cisoires sont destinées à couper en fragmens, faciles à peser, les morceaux d'or, d'argent et de bronze sur lesquels s'enlèvent les *prises* d'essais.

Les limes douces, à enlever de très petites quantités de métal, afin d'arriver plus facilement aux poids recherchés.

Les petites bruxelles, à porter dans les plateaux de la balance d'essai les morceaux d'alliages soumis à l'essai, ainsi que les poids qui servent dans cette opération.

Les grandes bruxelles, à enlever les boutons d'essais de dessus les coupelles.

Les tenailles à mâchoires, à serrer et tenir ces boutons d'essais pour pouvoir les brosser facilement

Les tas d'acier, l'un à couper des lingots la portion sur laquelle doit s'enlever la *prise* d'essai, et l'autre pour aplatir cette *prise* et la rendre plus facile à couper ainsi qu'à aplatir les essais qui doivent être départis.

Le laminoir, à laminer les essais d'or, et au besoin l'argent fin qui doit servir à l'*inquartation*.

Les deux marteaux, l'un moyen pour couper avec les ciseaux sur les lingots, et l'autre plus fort pour aplatir soit les *peuilles*, soit les essais d'or.

Des pincettes légères pour porter les essais dans les coupelles et avancer ou reculer celles-ci à volonté dans le fourneau.

Un fourneau à vent, pour la fonte de l'argent fin, la réduction du chlorure d'argent, des oxides de plomb, etc.

Des fourneaux distillatoires, *de petites chaudières de fonte garnies de sable*, *des cornues*, *des alonges et des ballons en verre*, pour la distillation du nitrate d'argent provenant du *départ* des *cornets* d'essais, pour la purification de l'acide nitrique, etc.

Un alambic en cuivre pour distiller de l'eau.

Un aréomètre avec son éprouvelle pour mettre aux degrés convenables les acides en usage dans l'art des essais.

Des verres à expériences pour les divers essais à faire avec les réactifs.

Des tubes pleins pour mêler les liqueurs dans les verres.

Des capsules de porcelaine pour opérer des dissolutions et des évaporations.

Une capsule d'argent pour la dessiccation du chlorure d'argent.

Des ballons de diverses grandeurs pour faire les essais de cuivre ainsi que quelques autres dissolutions métalliques.

Des bocaux et des entonnoirs pour les essais de cuivre.

Des mortiers pour piler les os dont on fait les coupelles, la terre avec laquelle on prépare les petits creusets à essais, pour préparer les *luts* dont on peut avoir besoin, etc.

Enfin *des tamis* pour passer les diverses poudres au sortir du mortier.

DE LA BALANCE D'ESSAI.

La balance d'essai est formée d'une colonne ronde ou
carrée, creuse dans son intérieur et fixée sur une tablette
en ébène. Cette colonne porte de chaque côté, à sa partie
supérieure, deux bras destinés à empêcher que le fléau ne
s'abaisse trop lorsqu'on enlève la balance et que celle-ci
est chargée inégalement, et au-dessus deux petites tablettes échancrées intérieurement dans la moitié de leur
épaisseur, pour soutenir le couteau quand la balance est
baissée ; à la tablette postérieure est placée une portion de
cercle élevée d'un décimètre, percée dans son milieu d'un
trou rond divisé en deux parties égales par une ligne tracée perpendiculairement, le tout en cuivre jaune. Ce trou
est appelé *zéro* d'oscillation, parce que c'est devant lui
que vient osciller l'aiguille ou l'index. Cette aiguille en
acier est placée sur une masse également d'acier qui est
traversée par le couteau. De chacun des côtés de cette
masse d'acier partent les bras du fléau, aux extrémités desquels sont attachées, au moyen de petits crochets, des
tiges d'acier, terminées en forme d'étrier, et auxquelles
sont fixés deux petits plateaux d'acier qui en reçoivent
deux autres, un peu plus grands, en argent, mais mobiles (1).

Entre les deux petites tablettes de cuivre échancrées intérieurement, dont nous avons parlé plus haut, sont placées deux tables d'acier un peu moins hautes, et réunies
par leurs bords inférieurs par une pièce horizontale de

---

(1) Au lieu de faire ces deux petits plateaux fixes en acier, on les fait quelquefois en argent. Ce métal ne vaut rien, il se crasse et fait que les plateaux
adhèrent tantôt d'un côté, tantôt de l'autre, sur la tablette en ébène, et rend
les pesées longues et incertaines *.

* On trouve de bonnes balances d'essai, du prix de 5 à 600 fr., chez M. Desmarais,
chargé par la Commission des Monnaies de la fabrication des coupelles, etc.

même métal, percée dans le milieu par une tige de fer carrée, fixée par une vis; cette tige, qui occupe la partie creuse de la colonne, se meut de bas en haut, et *vice versâ*; à sa partie inférieure est un petit trou dans lequel on passe un cordon de soie que l'on arrête au moyen d'un nœud; ce cordon passe sur une poulie placée devant, et un peu au-dessus du point inférieur de la tige, et vient s'attacher, par l'extrémité placée au dehors, à une petite masse de plomb plate et circulaire, revêtue en cuivre et dont le dessous est garni en drap pour rendre son frottement sur la cage plus doux.

En tirant à soi, au moyen de cette masse de plomb, le cordon de soie, on élève la tige au niveau de la poulie; les tables d'acier, auxquelles cette tige est attachée, s'élèvent de la même hauteur, et rencontrant le couteau posé sur les échancrures pratiquées dans les deux tablettes de cuivre, l'enlèvent et mettent la balance en équilibre.

Tout cet appareil est contenu dans une cage en ébène garnie de glaces; celle de devant s'élève et s'abaisse à volonté, de manière à permettre une facile manipulation. Au-dessous de la cage est un tiroir pour placer à portée quelques outils, comme limes, cisailles, bruxelles, tenailles à mâchoires, gratte-brosses, etc.

Cette balance, qui doit être placée dans un lieu sec, loin des vapeurs acides, des courans d'air et à l'abri des rayons du soleil, doit indiquer 1/4 de millième.

Soit que cette balance soit enlevée à vide ou qu'elle soit en repos, son aiguille ou index doit couvrir parfaitement la ligne qui sépare au milieu le *zéro* d'oscillation.

On ne doit jamais s'en servir sans s'assurer de sa justesse, et il est prudent de la faire voir, de temps à autre, par un bon artiste balancier. On reconnaît qu'elle est juste lorsque ses plateaux, chargés de poids égaux, se tiennent parfaitement en équilibre.

On doit avoir le soin de la tenir de niveau, ce qui est

facile avec cet instrument et au moyen des pieds à vis sur lesquels porte tout l'ensemble de la balance.

On remédie quelquefois à son manque de justesse en passant légèrement sur les bras du fléau une barbe de plume et en essuyant avec un linge fin les plateaux mobiles.

DES POIDS D'ESSAI.

Les boîtes de poids dont on se sert pour les essais contiennent en tout vingt-huit poids, qui occupent chacun une place particulière, devant laquelle est une petite étiquette en ivoire où est exprimée la valeur du poids, valeur qui est d'ailleurs insculpée, au moyen de petits poinçons, sur le poids lui-même.

L'une de ces boîtes, particulièrement destinée aux essais d'argent, contient quatorze poids faits de ce métal, allié ordinairement d'un douzième de cuivre : l'argent pur étant trop facilement déformé en raison de sa grande ductilité. Le poids principal est le gramme, qui représente 18 grains 827 millièmes de grain, poids de marc, et qui est divisé en 1,000 parties appelées millièmes.

Ce poids équivaut à celui d'une quantité d'eau distillée égale à un centimètre cube : cette eau étant prise à la température de 4° au-dessus de glace ; de sorte que cette unité est invariable, puisqu'elle résulte d'une dimension prise dans la nature.

Après le poids de gramme viennent les poids de 500 et 200 millièmes ; deux de 100 millièmes chaque ; un de 50 et un de 20 ; deux de 10 millièmes ; un de 5 et un de 2 ; deux de 1 millième, et enfin un d'un 1/2 millième.

La seconde boîte, destinée aux essais d'or, contient les mêmes poids en cuivre jaune et avec les mêmes dénominations, quoique tous ne représentent que la moitié de la boîte à l'argent : ce qui a été fait pour éviter de doubler tous les résultats ; les essais d'or, d'argent tenant or, et quelques autres essais ne se faisant jamais que sur le 1/2 gramme.

La petitesse des dernières divisions du gramme, surtout celles de la boîte à l'or, a empêché de faire ces poids en platine qui, en raison de leur difficile oxidabilité, auraient présenté beaucoup d'avantages, mais leur forte pesanteur spécifique aurait donné des poids d'un trop petit volume.

Le cuivre rouge, beaucoup plus léger, aurait parfaitement convenu, mais il a dû être rejeté en raison de sa trop facile oxidabilité.

DU FOURNEAU A COUPELLES ET DES MOUFLES.

Le fourneau à coupelles a éprouvé, depuis le xiiie siècle qu'il paraît avoir été mis en usage, un grand nombre de changemens qui semblent tous avoir eu pour but d'en augmenter la température : aussi pouvons-nous maintenant y fondre facilement de l'or pur, qui cependant exige pour entrer en fusion, 32° du pyromètre de Wedgwood.

Cette haute température est sans doute avantageuse, quoique inutile, pour faire des essais, puisqu'elle donne le moyen de pratiquer dans ce fourneau des opérations métallurgiques, qu'on n'aurait pas pu faire auparavant : mais on ne peut pas se dissimuler que, pendant long-temps, elle a rendu les opérations de l'essayeur plus difficiles et beaucoup plus pénibles, puisqu'il y a à peine vingt ans que ces fourneaux, isolés sur la *paillasse* d'une cheminée ordinaire et percés de portes de toutes parts, rayonnaient sur l'essayeur une masse de chaleur insupportable.

Depuis cette époque, les fourneaux d'essais ont été tellement disposés par les soins de M. d'Arcet, inspecteur-général des essais des monnaies, que les essayeurs peuvent faire deux fois plus d'essais sans être moitié moins fatigués : avantage dont se ressent aussi l'art des essais, surtout dans un travail suivi, puisque l'essayeur, à peine fatigué au physique, et n'étant plus asphyxié par l'acide carbonique qui se répandait dans le laboratoire, conserve toute la force de son moral et peut porter à ses essais l'attention dont, auparavant, il cessait véritablement d'être susceptible, à certain nombre d'opérations.

C'est donc de ce fourneau, dont les essayeurs sont redevables à M. d'Arcet, que je vais donner la description.

Ce fourneau, auquel on a ajouté sur le devant et au-dessus de la porte de la moufle une hotte en tôle, se compose, comme l'ancien fourneau, de six pièces ; et c'est dans les changemens apportés à quelques-unes de ces pièces, ainsi qu'à la manière dont tout l'appareil est engagé sous la cheminée, que consistent les avantages considérables dont nous venons de parler. Ces sept pièces, formant en tout le nouveau fourneau, sont : le cendrier, la grille, le corps du fourneau, le dôme, la cheminée, la hotte en tôle, et le tuyau, également en tôle, dont est surmontée la cheminée.

Le cendrier est formé d'une pièce de terre carrée de 18 centimètres de hauteur, creuse dans son intérieur, plus large que le corps du fourneau, lequel est reçu dans une rainure pratiquée dans l'épaisseur supérieure de ce cendrier qui porte une grille de même dimension que le fourneau et percée de douze trous carrés de 4 centimètres ; sur le derrière du cendrier est une ouverture destinée à donner passage à l'air qui doit, en traversant la grille, alimenter la combustion du charbon ; elle sert aussi à retirer les cendres et les petits charbons qui s'accumulent au-dessous de la grille et qui en échauffant l'air diminuent le tirage. Cette ouverture doit avoir 2 décimètres de large sur 1 décimètre de hauteur.

Le corps du fourneau, appelé aussi laboratoire parce que c'est dans cette partie que se place la moufle dans laquelle se font les opérations, représente un prisme carré de 28 à 30 centimètres de hauteur et de 32 à 34 centimètres de largeur, et dont les parois ont 5 centimètres d'épaisseur. Ce prisme porte sur le devant deux ouvertures : la première, placée au niveau de la grille, n'a que 12 millimètres de hauteur et 14 centimètres de largeur ; elle est exactement fermée par une porte en terre de même nature que le fourneau et destiné à passer une lame de sabre sur la grille, afin de la *dégager* des cendres et des petits charbons qui, en s'amassant sur ses trous, s'opposent au passage de l'air et font languir la combustion. La seconde ouverture, appelée la porte de la moufle, est demi-circulaire ; elle a huit centimètres dans sa plus grande hauteur, et quatorze centimètres de largeur à sa base ; elle est exactement fermée par une porte en terre. Au niveau de la base de cette porte est une petite tablette en terre de toute la largeur du fourneau, faisant corps avec lui, laquelle avance d'un décimètre et a deux centimètres d'épaisseur ; elle est destinée à permettre à la porte de la moufle de s'éloigner ou de se rapprocher de ce vase à volonté.

Les parties latérales du corps du fourneau portent chacune une autre ouverture placée au niveau de la grille et fermée d'une porte destinée à maintenir le dessous de la moufle constamment garni de charbons ; elles ont communément 8 centimètres 1/2 de hauteur et 15 centimètres de largeur ; sur le derrière et à la même hauteur que la partie inférieure de la porte de la moufle est une autre ouverture de 4 centimètres de large sur 9 centimètres de hauteur ; elle reçoit une espèce de brique appelée *talon*, destinée à supporter le fond de la moufle, tandis que l'entrée est soutenue sur une rainure pratiquée sur le devant du corps du fourneau et dans son épaisseur.

Le dôme, absolument de même dimension à sa base que le haut du corps du fourneau sur lequel il doit s'ajuster parfaitement, a 30 centimètres de hauteur, et dans sa partie supérieure 22 centimètres seulement de largeur ; sur le derrière et en bas est une ouverture demi-circulaire appelée *gueulard*, par laquelle on charge le fourneau et qui a deux décimètres de largeur à sa base, et 15 centimètres de hauteur ; elle est fermée par une porte en fer, garnie intérieurement de clous à large tête pour arrêter la terre dont elle est couverte de l'épaisseur de 4 centimètres, et extérieurement de deux pitons qui servent à l'enlever, sans crainte de se brûler, au moyen d'un outil en fer, garni de deux crochets et fixé à l'extrémité d'un manche en bois. A la partie supérieure du dôme est une ouverture carrée de 12 centimètres sur laquelle repose la cheminée, dont la base est carrée et dont le corps est rond ; cette cheminée a, en tout, 31 centimètres de hauteur, 11 centimètres 1/2 de diamètre et 25 millimètres d'épaisseur ; elle est surmontée d'un tuyau en tôle de 7 décimètres de hauteur, dans lequel entre la cheminée. A ce tuyau est pratiquée une porte à charnière par laquelle on entretient le fourneau de gros charbons, lorsque les opérations sont commencées ; cette porte a 3 décimètres en hauteur et 14 centimètres de largeur.

Au-dessus de la porte de la moufle est fixée, en plan incliné et tenant à la bâtisse, la petite hotte en tôle dont nous avons parlé : elle a un peu plus que la largeur du corps du fourneau ; sa hauteur est de 25 centimètres ; elle est éloignée du fourneau de 6 centimètres environ à sa partie supérieure et de 14 centimètres à sa base. Sa disposition est telle, qu'elle laisse communiquer l'air de la pièce dans laquelle est l'essayeur, avec la cheminée, et sert à y entraîner l'oxide de plomb qui se vaporise pendant la coupellation ; car dans ce nouveau système les moufles ne portent plus, sur leurs côtés et dans leurs fonds, les fissures qu'on y pratiquait anciennement et qui avaient pour but de laisser une libre issue à l'oxide de plomb.

Toutes les pièces de ce fourneau sont garnies de bandes de fer retenues par des vis.

Enfin les moufles sont des vases en terre réfractaire

destinés à recevoir les coupelles; ils sont formés d'une voûte légèrement surbaissée et d'une aire horizontale. Le sol représente un carré, alongé et la partie du fond fait un angle droit avec l'aire.

Son entrée a la même dimension que la porte demi-circulaire pratiquée sur le devant du laboratoire; elle vient se reposer dans une rainure dans laquelle on l'assujettit, au moyen de la même terre dont on fabrique les fourneaux; son extrémité repose sur le *talon* dont il a été fait mention plus haut, et est également arrêtée avec de la terre.

Les moufles doivent être placées bien horizontalement, afin de maintenir les coupelles dans cette position. Dans un travail suivi, elles doivent être changées tous les quinze jours au moins; au bout de ce temps il est rare qu'elles ne soient pas fendues, quelquefois aussi leur sol se couvre d'oxide de plomb vitrifié, et les coupelles y adhèrent; on évite cet inconvénient en y répandant une légère couche de coupelles en poudre.

Ce fourneau, qui exige quelques localités particulières, est placé sur une *paillasse* établie dans l'épaisseur d'un mur, au-dessous de la grande cheminée; de chacun de ses côtés est un mur en briques, de sorte que ce fourneau se trouve entre deux pièces; dans la première, où l'essayeur travaille, on n'aperçoit du fourneau que le devant du cendrier, le laboratoire, la petite porte fermée et en rainure, qui sert à dégager la grille, la porte également fermée de la moufle et la petite hotte en tôle, de sorte qu'on aurait peine à dire en entrant dans cette pièce si le fourneau est allumé. Dans la seconde pièce sont les portes du cendrier : celles latérales pratiquées au corps du fourneau et qu'on tient fermées autant que possible, et celle du *gueulard* que l'on n'ouvre que pour charger le fourneau; enfin la cheminée et le tuyau en tôle qui la surmonte, engagée dans la grande cheminée. Par cette disposition l'essayeur ne reçoit que la faible chaleur que répand la petite portion du fourneau qui est dans la pièce où il travaille, et celle de la moufle lorsque la porte est ouverte, ce qui n'est véritablement rien lorsqu'on se rappelle l'état dans lequel on était lorsqu'on restait seulement une demi-heure devant les anciens fourneaux.

DES COUPELLES.

Les coupelles, auxquelles on a donné ce nom parce qu'elles ont la forme de petites coupes, sont des vases faits avec des os calcinés. Leur préparation demande des soins; car, ainsi que nous le verrons par la suite, elles concourent beaucoup au succès des essais; on ne saurait donc porter trop d'attention à leur confection.

Mon intention n'est pas de donner ici des moyens certains d'arriver à les faire constamment bonnes, ce résultat ne pouvant être obtenu qu'après un travail bien raisonné; mais à indiquer, simplement, les diverses opérations par lesquelles on fait passer les os pour en constituer les coupelles, et à signaler les qualités qu'elles doivent avoir pour être bonnes.

Lorsqu'on veut préparer des coupelles, on calcine, dans un petit fourneau à réverbère, afin que les cendres de bois ou de charbon employé ne puissent point s'y mêler, des os d'animaux jusqu'à ce que toute la matière animale soit brûlée, et qu'ils paraissent blancs, ayant soin de ne pas leur donner une trop forte chaleur parce qu'ils se porcelaineraient; on les pile dans des mortiers de fer bien propres (quelques personnes emploient des moulins en pierre; mais ce moyen est vicieux, en ce que la matière des coupelles se mêle toujours avec une petite quantité de la pierre des meules et l'altère d'autant). Après avoir passé au travers d'un tamis de crin de moyenne grosseur, on en forme, avec de l'eau de rivière, des galettes de la grosseur du poing, mais un peu plates, et lorsqu'elles sont sèches on les porte dans le four à réverbère et on les y tient rouges une couple d'heures. Cette nouvelle opération est nécessaire pour finir de brûler les matières animales qui auraient échappé à la première calcination ; il arrive souvent que ce coup de feu, qui a suffi pour carboniser toute la gélatine contenue dans les os, n'a pas été assez prolongé pour convertir en acide carbonique tout le carbone mis à nu, de sorte que les galettes ne sont pas parfaitement blanches dans toutes leurs parties ; on a le soin, lorsqu'elles sont froides, d'en détacher les portions qui altéreraient la blancheur et la bonté des coupelles.

Ces galettes, ainsi trayées, sont repassées au même tamis, et la poudre placée dans des baquets portant à 15 centimètres environ de leur fond un robinet garni dans son intérieur, d'une toile grossière, afin que la poudre d'os ne l'engorge pas. Le tout ainsi disposé, on les remplit d'eau de rivière bouillante, afin d'entraîner plus rapidement les sels solubles qu'elle contient et qui se composent seulement de sous-carbonate de soude et de muriate de soude, le carbonate d'ammoniaque ayant été vaporisé pendant la calcination (1). Après avoir agité et laissé séjourner cette eau quelque temps, on laisse déposer. On décante au moyen du robinet, et on recommence cette opération jusqu'à ce que les eaux soient limpides et sans saveur. On peut s'aider du nitrate d'argent pour reconnaître le moment où la lixiviation est complète ; les dernières eaux ne devant point alors apporter de changement dans ce réactif. Cela fait, on sèche, on pile de nouveau, et on passe dans des tamis de soie d'une grosseur déter-

(1) Les os calcinés, qui se composent essentiellement de phosphate de chaux, contiennent encore, indépendamment des deux sels que nous avons nommés, du fluate de chaux, du phosphate de magnésie et de la chaux.

minée; car il est important que la poudre ne soit ni trop grosse ni trop fine. Dans le premier cas elle donnerait aux coupelles des pores beaucoup trop grands et qui permettraient à l'argent de s'y introduire; et dans le second, les essais se débarrasseraient trop difficilement des dernières portions de plomb et de cuivre. Les coupelles trop fines sont, d'ailleurs, sujettes à gercer et pourraient, par cette raison, occasioner une perte d'argent.

La poudre d'os, passée dans ces tamis de soie, et mêlée à une quantité d'eau de rivière telle qu'on puisse en former des pelottes qui conservent la forme que la main leur donne, est toute prête à faire des coupelles.

On conçoit que cette quantité d'eau n'est point indifférente, puisque, si elle était trop abondante, en se vaporisant, lors de la dessiccation des coupelles, elle laisserait des vides trop considérables; tandis que si elle était en trop petite quantité, les coupelles n'auraient point de corps et se briseraient.

La pâte ainsi préparée, on en fabrique des coupelles au moyen d'un moule, lequel se compose de trois pièces, savoir : d'un segment de cône qu'on appelle *none*, d'un fond mobile et d'un moule intérieur nommé *moine*, qui est un segment de sphéroïde, portant à l'endroit de sa section un rebord qui s'appuie sur ceux de la *none* et qui a environ un centimètre d'épaisseur, afin d'être facilement enlevé.

On remplit de la pâte ci dessus mentionnée la *none* garnie de son fond mobile, après l'avoir légèrement foulée avec le doigt; on lui donne la forme de la coupelle au moyen d'une petite plaque de cuivre découpée à cet effet; on soupoudre avec de la poudre d'os sèche, pour éviter que la matière ne s'attache au moule, et on pose le *moine* dessus; on porte alors sous une presse et on fait reposer sur les bords de la *none* les bords du *moine*. Cela fait, on enlève ce dernier, et, au moyen du fond mobile, on fait sortir la coupelle, et lorsqu'on en a un certain nombre de fabriquées, on les porte sur des planches dans une pièce échauffée au moyen d'un poêle ; au bout de cinq à six jours, elles sont ordinairement propres à être employées.

Les coupelles que l'on emploie le plus communément pèsent, terme moyen, de 12 à 14 grammes, et peuvent absorber environ leur poids de plomb; ces coupelles ont 17 millimètres de hauteur, 24 millimètres de diamètre à leur base ; leur diamètre supérieur est de 3 centimètres ; celui du bassin, dans sa partie supérieure, de 26 millimètres ; il en a 7 de profondeur, et l'épaisseur de leur fond est d'un centimètre.

On fait des coupelles plus grandes que celles-ci ; mais elles ne servent point, en général, à la détermination du titre des matières d'or et d'argent. Elles ne sont employées qu'à coupeller des quantités plus ou moins considérables de plomb tenant or ou argent et pour en extraire ces deux métaux, sans se rendre compte des derniers millièmes de fin.

Les coupelles, pour être bonnes, doivent être blanches, ne point se briser dans les pincettes, mais s'égrainer facilement dans les doigts; elles ne doivent point gercer lorsqu'on les met dans un fourneau bien chaud, et les essais doivent y faire facilement l'éclair.

DES MATRAS.

Les matras sont des vases en verre qui servent au départ de tous les essais qui ont besoin d'être soumis à l'action des acides: ils ont la forme ovoïde et sont terminés par un col de deux décimètres de longueur au moins, sur à peu près 1 centimètre 1/2 de large; ils peuvent contenir, terme moyen, jusqu'à la naissance du col, 56 grammes d'eau distillée.

2

Il en existe de plus petits dont l'œuf ne contient environ que 22 grammes d'eau distillée ; ils sont destinés au départ par l'acide sulfurique des essais d'argent et d'or contenant platine.

Quant aux essais de bronze, comme ils se font sur 10 grammes et qu'ils exigent beaucoup plus d'acide nitrique que les essais d'or, on les fait dans des petits ballons de verre dont la boule peut contenir 100 grammes d'eau distillée.

Ces vases, quoique en verre, vont à feu nu, cassent rarement, et en général parce qu'on a la négligence de laisser toucher des charbons allumés sur des parties où il n'y a point de liquide ; aussitôt que celui-ci vient à toucher le verre, le calorique, au lieu de se mettre progressivement en équilibre, porte tout à coup les molécules du verre au-delà de leur sphère d'attraction, et il y a rupture.

DES PETITS CREUSETS D'ESSAI.

Les petits creusets d'essai sont ronds et légèrement évasés vers le haut ; les plus ordinaires ont 3 centimètres 1|2 de diamètre à leur partie supérieure, et 2 centimètres 1|2 à leur base.

On les fabrique dans des moules, avec de la terre de forge et de la manière suivante :

On pile et on passe à un tamis de soie très fin une certaine quantité de terre de forge (cette terre est d'un gris bleuâtre, grasse au toucher et happe fortement à la langue). Cela fait, on en prend la moitié en poids que l'on calcine dans un creuset ou dans une petite caisse en terre que l'on peut introduire sous la moufle du fourneau à coupelles, et on la tient rouge une couple d'heures.

Cette terre devient un peu jaunâtre ; lorsqu'elle est froide, on la repasse au tamis et on la mêle ensuite exactement avec la portion qui n'a pas été calcinée ; mélange qui se fait parfaitement en introduisant le tout dans une bouteille, dont la capacité soit telle qu'il en reste, au moins, le tiers de vide, en bouchant et en agitant jusqu'à ce qu'on n'aperçoive plus qu'une seule teinte. Le mélange bien fait, on le met dans une petite terrine et on en forme, au moyen d'une certaine quantité d'eau, une pâte assez consistante pour que, pétrie entre les mains, elle n'y adhère plus et n'y laisse même que de faibles traces. La pâte ayant été malaxée très long-temps, ce qui est très important quand on veut obtenir des creusets bien homogènes, on forme des petites boules dont le poids est déterminé suivant la grandeur du moule et tel qu'il en ressorte peu; dix-neuf grammes suffisent pour faire les petits creusets dont j'ai donné la dimension plus haut. On procède alors à leur confection dans un moule composé ainsi que celui à coupelles de la *none*, du *moine* et d'un fond *mobile*. Avant de poser la boulette de terre il faut avoir le soin de huiler la *none*, sans cette précaution le creuset ne pourrait pas sortir, et en poussant le fond mobile, on le déformerait complètement; il faut également avoir le soin d'huiler le *moine*, afin qu'en le retirant, il ne déchire point le creuset; il doit même l'être plus que la *none*, parce que, dans le cas contraire, en le retirant, on amènerait le creuset dessus, et il serait très difficile de l'en détacher sans le déformer. On peut en place d'huile se servir de couenne de lard; elle est même préférable. Il faut enfoncer dans la boulette un petit morceau de bois rond avant d'y porter le *moine*, qui doit trouver sa place toute faite, sans cette précaution il serait plus difficile d'obtenir des creusets d'égale épaisseur. On porte sous la presse, en ayant soin de faire descendre le *moine* le plus droit possible. Lorsque les deux rebords se touchent, on sort de dessous la presse, on enlève le *moine* en le tournant légèrement, et on fait sortir le creuset en poussant le fond mobile au moyen d'un petit morceau de bois rond de même diamètre, et de trois centimètres environ de hauteur, fixé sur une planche en bois. On laisse sécher dans un lieu sec, on les porte dans la moufle froide du fourneau à coupelles, et après deux heures environ d'une chaleur rouge on les retire.

Ces petits creusets pour être bons doivent être bien blancs, très unis, bien homogènes, assez poreux pour laisser facilement passer l'eau à travers, et doivent subir, sans se casser, les alternatives du chaud et du froid.

J'en ai fait de très bons en me servant, pour ciment, au lieu de terre de forge cuite, des creusets de Picardie, et en mêlant la poudre avec parties égales de terre de forge crue. Il est très important de ne pas les cuire à une trop haute température. Les creusets obtenus par ce procédé peuvent être rougis et jetés dans l'eau froide cinq à six fois sans se gercer, et en les remettant même tout mouillés dans la moufle rouge.

DES GRATTE-BROSSES.

Les *gratte-brosses* qui servent à brosser le dessous des essais, et à les débarrasser de la portion de poudre de coupelles et d'oxides de plomb et de cuivre qui s'attachent à cette partie par laquelle ils tenaient aux coupelles, étaient anciennement en fil de laiton (cuivre jaune). Ces gratte-brosses avaient le grand inconvénient, surtout lorsqu'elles étaient neuves, d'enlever par le frottement répété de petites portions d'argent, et de déposer, d'une autre part, sur cette partie de l'essai, un peu de cuivre qui les colorait en jaune et devaient, dans certains cas, ajouter un peu à leur poids. Ces gratte-brosses sont faites maintenant en soie de sanglier de 9 centimètres de long sur 2 centimètres de diamètre; elles sont recouvertes en peau, et les soies dépassent d'un centimètre environ et d'un côté seulement. Ces gratte-brosses s'usent assez vite. Il est à souhaiter qu'on les monte en bois, elles en seront d'ailleurs plus solides. On en fait dont les soies ne sont point recouvertes en peau ; et retenues seulement avec des cordes qu'on y a fait adhérer au moyen de colle-forte. Avec ces gratte-brosses, on brosse des deux côtés ; mais elles sont moins solides et ont l'inconvénient, lorsqu'on a chaud aux mains, de les poisser d'une manière désagréable ; ce qui arrive presque toujours, puisqu'on ne s'en sert jamais qu'en sortant du fourneau.

CHAPITRE II.

DES AGENS NÉCESSAIRES DANS L'ART DES ESSAIS.

PRÉLIMINAIRE.

Le nombre des agens nécessaires dans l'art des essais peut être rigoureusement réduit aux dix-huit suivans :

1° Argent fin.
2° Plomb pur.
3° Acide nitrique.
4° Eau distillée.
5° Planches de cuivre.
6° Acide muriatique.
7° Acide sulfurique.
8° Eau régale.
9° Nitrate de baryte.
10° Nitrate de plomb.
11° Sulfate de soude.
12° Sel marin.

13° Nitrate d'argent.

14° Sel ammoniac.

15° Ammoniaque liquide.

16° Prussiate de potasse.

17° Borax.

18° Salpêtre.

Nous allons étudier chacun de ces agens en particulier, et nous n'en dirons que ce que l'essayeur ne doit pas ignorer.

DE L'ARGENT FIN.

Ainsi que nous le verrons en traitant de l'essai de l'or, on emploie, pour cette opération, une certaine quantité d'argent, et cet argent doit être parfaitement pur ; il est donc important que l'essayeur puisse le préparer lui-même et reconnaître sa pureté ; car celui du commerce contient toujours du cuivre et surtout de l'or, et n'est point propre à la détermination du titre de ce métal, puisque en portant dans l'or essayé, l'or qu'il contient, il ferait accuser un titre supérieur au véritable titre. Quelques essayeurs de province se sont servis de boutons d'essais d'argent pour faire leurs essais d'or, parce que, disaient-ils, c'était de l'argent pur ; ils étaient tous étonnés lorsqu'on leur démontrait de l'or dans ces boutons. On ne saurait donc trop répéter aux jeunes essayeurs qu'il existe peu d'argent exempt d'or et qu'il n'y a de propre à la détermination du titre de ce dernier métal, que celui qu'ils ont préparé eux-mêmes. Nous allons donc entrer dans le détail des moyens qu'on emploie pour se procurer de l'argent chimiquement pur.

Ces moyens sont au nombre de deux : le premier consiste à précipiter l'argent, de sa dissolution nitrique, par des lames de cuivre ; et le second, à réduire le chlorure d'argent.

PREMIER PROCÉDÉ POUR OBTENIR DE L'ARGENT PUR.

On prend de l'argent, soit de coupelle et en grenailles,
soit des boutons d'essais ou tout autre argent, observant
de le tenir en assez petits fragmens pour que sa dissolution puisse s'opérer facilement. On le met dans une capsule de porcelaine , ou mieux encore dans un ballon en
verre ; on verse dessus une certaine quantité d'acide nitrique parfaitement pur , car s'il contenait de l'acide muriatique , par exemple , il se pourrait qu'il y eût un peu
d'or de dissous , lequel se trouverait ensuite précipité par
les lames de cuivre dans l'argent ; l'acide à 22 ° étant dans
le ballon, on chauffe légèrement ; si l'acide était plus concentré, l'action serait trop vive et le gaz acide nitreux ,
se dégageant avec violence , pourrait soulever la dissolution et en projeter au dehors. L'acide n'ayant donc plus
d'action , ce qui se voit lorsqu'il ne se dégage plus de vapeurs rouges , n'y ayant plus d'argent au fond du vase et
le tout étant froid , on étend environ d'autant d'eau distillée , et on filtre pour séparer la poudre noire qui occupe
le fond du vase dans lequel la dissolution a eu lieu, et qui
n'est autre chose que de l'or extrêmement divisé ; il faut
avoir le soin de faire un filtre double , en papier Joseph
fort , de le renforcer dans son fond d'un filtre plus petit ,
et de bien enfoncer le tout dans le bec de l'entonnoir , qui
doit être placé sur un assez grand bocal en verre et bien
lavé à l'eau distillée ; sans cette précaution , la dissolution
étant presque toujours avec un assez grand excès d'acide
et ayant d'ailleurs une pesanteur spécifique assez considérable , crèverait le filtre : il faudrait recommencer et il y
aurait perte d'argent. La dissolution ainsi que la poudre
noire qui occupe le fond du vase, doivent être portées dans
le filtre au moyen d'une pipette en verre , et on doit éviter
de le remplir, afin de prévenir la rupture. Toute la dissolution

étant passée et le filtre lavé à plusieurs reprises, on le lait
sécher, et on le met à part pour en retirer l'or lorsqu'on
en a une certaine quantité; ce qui se fait en brûlant bien
les filtres et les mêlant avec trois parties de flux noir et
à soixante grammes environ de litharge; en fondant dans
un creuset de Hesse, au fourneau à vent, et en passant à
la coupelle le culot de plomb qui résulte de cette opération. La liqueur qui contient l'argent en dissolution étant
donc bien limpide (car dans le cas contraire il faudrait la
refiltrer) on la verse dans une ou plusieurs terrines en grès,
bien propres, suivant la quantité qu'on en a, et on l'é-
tend de sept à huit fois son volume d'eau de rivière. Il serait mieux sans doute d'employer de l'eau distillée, mais
comme il en faut une assez grande quantité, cela deviendrait trop coûteux. L'eau de rivière a l'inconvénient d'occasioner une petite perte d'argent, en raison des muriates
qu'elle contient en dissolution, lesquels, en décomposant
un peu de nitrate d'argent, forment du chlorure d'argent
insoluble, qui se mêle à l'argent métallique, et qui se volatilise lorsqu'on fond ce métal, ou qui reste en suspension
et est entraîné dans les eaux de lavage. Cette perte néanmoins est très faible.

Les liqueurs étant donc étendues d'eau, on met dans
chaque terrine des lames de cuivre pur, et on les agite
d'heure en heure pour les débarrasser de l'argent qui les
recouvre et qui s'opposerait à la précipitation d'une nouvelle quantité d'argent. Au bout de vingt-quatre heures,
au plus, tout l'argent est ordinairement précipité. On s'en
assure d'ailleurs, en versant dans la liqueur reposée et
claire quelques gouttes d'une dissolution de sel marin.
Ce réactif n'y doit produire aucun changement; s'il s'y
formait un nuage laiteux de chlorure d'argent, ce serait
une preuve qu'elle contiendrait encore de ce métal. Il faudrait donc y laisser les lames de cuivre encore quelques
temps, et jusqu'à ce que la dissolution de sel n'y apporte

plus de changement. La liqueur étant dans cet état, on retire les lames de cuivre que l'on débarrasse le mieux possible de l'argent qui recouvre leur surface, et on décante de suite la liqueur claire qui surnage l'argent, car sans cette précaution, cette liqueur étant presque toujours avec excès d'acide, redissoudrait une petite quantité de ce métal et occasionerait une perte sensible. On remplit d'eau de rivière, on agite, on laisse déposer, on décante au moyen d'un syphon, et on remet une nouvelle quantité d'eau. Il faut répéter cette opération jusqu'à ce que les eaux de lavage sortent limpides et sans saveur, et jusqu'à ce que l'ammoniaque ne bleuisse plus la liqueur. Ce réactif démontre de très petites quantités de cuivre; on peut aussi employer le prussiate de potasse, qui donne à la liqueur une couleur marron lorsqu'il y existe encore du cuivre. Ce réactif est même beaucoup plus sensible que le premier.

Les eaux de lavage ne bleuissant donc plus par l'ammoniaque, on sèche l'argent dans une capsule d'argent; on introduit dans un creuset de Hesse neuf, muni de son couvercle également neuf, et l'on fond au fourneau à vent. Au moment de couler, on jette gros comme une noix de borax sur le métal qui doit être bien liquide; on donne un petit coup de feu de quelques minutes, en ayant le soin de tenir le creuset toujours entouré de charbon, et on coule dans une lingotiere bien chaude et de niveau. Si la lingotière était froide, une certaine quantité d'argent pourrait être projetée au dehors. Quelques personnes mettent de l'huile dans la lingotière avant de couler; mais lorsqu'elle a une *dépouille* suffisante, cette pratique est inutile et a l'inconvénient de salir les lingots. Quant au borax que l'on met avant de couler, il a l'avantage de former un verre qui bouche tous les pores des creusets et empêche l'argent de s'y arrêter.

Le lingot obtenu doit être laminé de l'épaisseur d'une

pièce de 25 centimes environ, afin de pouvoir être coupé facilement. On doit, avant cette opération, s'assurer que sa dissolution dans l'acide nitrique est parfaitement complète ; car dans le cas où il contiendrait de l'or, celui-ci resterait au fond du vase, sous la forme d'une poudre presque noire. La portion essayée doit peser au moins un gramme et demi et avoir été enlevée dans une portion du lingot bien propre, au moyen d'un ciseau neuf, et aplati sur un tas et avec un marteau bien nettoyés. On ne saurait trop recommander ces précautions : j'ai vu de l'argent parfaitement pur, coupé avec des ciseaux qui n'avaient servi qu'à enlever trois ou quatre *peuilles* d'or sur des lingots de ce métal, dorer d'une manière insensible cet argent et indiquer de l'or lorsqu'on en opérait la dissolution dans l'acide nitrique. Dans ce cas il est facile d'en reconnaître la source, car il a son brillant métallique et est en petits filamens, tandis que quelques millièmes d'or alliés à l'argent restent dans cet acide, sous la forme d'une poudre noire qui a besoin de la température rouge pour reprendre sa couleur jaune.

Par le procédé que nous venons de décrire pour obtenir de l'argent fin, il est impossible d'avoir de l'argent à 1000 millièmes, quelque bien qu'ait été faite l'opération, et celui qu'on en retire est rarement au-dessus de 994 millièmes. Si au lieu d'ammoniaque, on a employé le prussiate de potasse et 'qu'on ait lavé jusqu'à ce que les dernières eaux ne changent plus de couleur par ce réactif, on peut amener l'argent à 997 millièmes, mais rarement au-dessus.

M. Gay-Lussac a prouvé que les premières portions d'argent qui se précipitaient par les lames de cuivre étaient pures ; mais que lorsque le cuivre devenait assez abondant dans la dissolution, une quantité notable de ce métal se précipitait avec l'argent et en baissait le titre. Ce chimiste conseille, pour avoir de l'argent pur par ce procédé, de le laisser en contact quelque temps avec du nitrate d'argent pur, après sa précipitation par le cuivre et sa parfaite lixiviation. Par ce moyen, dit ce savant, tout le cuivre précipité rentre en dissolution et précipite une quantité d'argent correspondante (1).

Cette précipitation de l'argent par le cuivre s'opère en raison de l'affinité de l'oxigène pour le cuivre et de l'oxide de cuivre pour l'acide nitrique, affinité plus forte que celle de l'oxigène pour l'argent et l'oxide d'argent pour ce même acide.

Quant à la précipitation du cuivre qui s'opère dans l'argent, sur la fin de l'opération, précipitation que quelques personnes attribuent à l'affinité des deux métaux, M. Gay-Lussac pense qu'elle a lieu seulement par un effet galvanique.

SECOND PROCÉDÉ POUR OBTENIR DE L'ARGENT PUR.

Ce second procédé consiste à réduire l'argent du chlorure d'argent. Cette opération se fait de la manière suivante.

Après avoir obtenu la dissolution nitrique d'argent bien limpide, ainsi que nous l'avons indiqué dans le premier procédé, opération qui a pour but d'en séparer l'or, on la met dans un bocal de la contenance d'un seau environ, et on verse dessus une dissolution bien claire de sel marin et jusqu'à ce que de nouvelles portions n'y forment plus de précipité : ce dont on s'assure en attendant que le chlorure d'argent se soit déposé au fond du vase et en ajoutant quelques gouttes de dissolution de sel dans la portion claire qui le surnage. On peut aussi, ce qui serait mieux, en filtrer quelques gouttes et ajouter de la dissolution de sel dans cette portion très limpide ; si cette nouvelle addition ne produit aucun changement, c'est une

______

(1) Voyez les *Annales de chimie*, tome 78, page 91.

preuve que tout l'argent est précipité. On remplit alors le bocal d'eau de rivière, on agite au moyen d'une baguette en bois, on laisse reposer; et lorsque la liqueur qui surnage le chlorure d'argent est bien claire, on la décante au moyen d'un syphon. On remet une nouvelle quantité d'eau, on agite, on laisse reposer et on syphonne de nouveau, en répétant cette opération jusqu'à ce que les eaux de lavage sortent incolores et sans saveur. Le prussiate de potasse ne doit y produire aucun changement. Si la liqueur prenait une teinte marron par l'addition de ce réactif, ce serait une preuve qu'il existerait du cuivre en dissolution : ce qui se pourrait, si l'argent dissout se trouvait allié à ce métal, et si les eaux de lavage n'avaient pas été assez multipliées.

Le prussiate de potasse ne produisant plus de changement dans les dernières eaux de lavage, on sèche le précipité dans une capsule d'argent fin, et la dessiccation complète, on fait le mélange suivant :

Chlorure d'argent sec et en poudre. . . . 100 parties.
Blanc d'Espagne en poudre. 66
Charbon de bois en poudre. 3

Ces trois substances étant à l'état pulvérulent, on fait le mélange sur une grande feuille de papier, en y promenant les doigts jusqu'à ce que le mélange paraisse parfait, et on le porte dans un creuset de Hesse neuf, muni de son couvercle également neuf; on fond dans un bon fourneau à vent, en chauffant graduellement : car il y a dans le commencement boursouflement, par suite du dégagement des gaz; de sorte que, sans cette précaution, une portion de la matière pourrait se répandre au dehors. Lorsque la matière est bien liquide et en fonte tranquille, on retire le creuset du feu, on le laisse refroidir et on le casse. On trouve dans le fond un culot d'argent qui doit peser 75 parties, le chlorure d'argent sec contenant, ab-

traction faite des fractions, les trois quarts d'argent; cet
argent doit être refondu, coulé en lingot, essayé par l'acide
nitrique, dans lequel la dissolution doit être complète, et
ensuite laminé pour servir aux opérations auxquelles on
le destine.

L'argent qu'on obtient par cette opération est ordinairement à 998 millièmes, lorsqu'on a eu le soin de multiplier les lavages jusqu'à ce qu'ils ne changent plus par le
prussiate de potasse, ainsi que nous l'avons indiqué.

Par ce procédé, on ne parvient à l'obtenir chimiquement
pur qu'en recommençant l'opération, c'est-à-dire en le
convertissant encore en chlorure d'argent et en réduisant
celui-ci de nouveau : ce qui n'est pas nécessaire , si on ne
veut s'en servir que pour déterminer le titre de l'or ; mais
ce qui devient indispensable , si on veut l'employer à des
expériences délicates et synthétiques.

Au lieu de décomposer le chlorure d'argent par le carbonate de chaux et le charbon, on peut en retirer l'argent
par le procédé de M. Arfewdson, lequel consiste à délayer
le chlorure d'argent dans de l'acide sulfurique faible et à
y mettre de petites lames de zinc qu'on y agite de temps
à autre, jusqu'à ce que l'argent soit complètement réduit :
ce qu'on reconnaît à la disparition totale des points blancs
qui sont remplacés par des points gris, ayant le brillant
métallique. Les choses étant dans cet état, on retire les
lames de zinc; on jette l'argent sur un filtre, on lave d'a-
bord avec de petites quantités d'acide sulfurique faible ,
ensuite avec de l'eau , puis on sèche et on fond.

Dans toutes ces opérations, lorsqu'on en sera à la fonte
de l'argent et au moment de le couler, il faudra avoir la
précaution de poser la lingotière, qui doit être de niveau,
sur une grande feuille de papier gris qu'on aura préalablement plongée dans de l'eau. S'il s'échappait du creuset
quelques portions d'argent , au lieu de se diviser et d'être
projetées au loin , elles se figeraient de suite en touchant

le papier mouillé, et on les recueillerait sans perte, en évitant le danger qu'on court toujours, dans ce cas, de se brûler.

DU PLOMB.

Le plomb qui sert à la détermination du titre des matières d'or et d'argent doit être parfaitement pur ; et comme en général celui du commerce contient du cuivre, de l'argent, de l'étain et quelquefois de l'antimoine, un essayeur ne doit jamais employer ce métal sans s'être assuré de sa pureté.

La première opération à faire est d'en passer à la coupelle une quantité déterminée, 10 grammes par exemple. S'il ne laisse rien au-dessus de ce vase, c'est une preuve qu'il ne contient point d'argent ; et s'il le colore en beau jaune citrin, c'en est une qu'il n'y a point de cuivre ; si au contraire la coupelle était verdâtre, c'est qu'il contiendrait de ce métal : ce dont on peut s'assurer d'ailleurs en dissolvant une certaine quantité de ce plomb dans l'acide nitrique ; en précipitant ce métal par une dissolution de sulfate de soude, en filtrant, en rapprochant les liqueurs et en y versant de l'ammoniaque qui bleuira, s'il se trouve du cuivre en dissolution.

Quant à l'étain et à l'antimoine, qui ne passent pas à la coupelle et qui recouvrent la surface du plomb de petits points d'oxide d'étain ou d'antimoine incandescens, lorsqu'ils y sont en quantités notables, on les reconnaît facilement par ce nouveau phénomène ; mais comme il se pourrait que ce métal en recélât des quantités assez petites pour ne pas être aperçues, on s'assurera qu'il n'en contient point en en traitant à chaud 5 à 6 grammes par l'acide nitrique, en rapprochant la dissolution, et en dissolvant dans i'eau distillée le nitrate de plomb qui s'est cristallisé, lequel doit donner une liqueur limpide si ce plomb est pur ;

car dans le cas où il contiendrait de l'étain ou de l'antimoine, ces deux métaux resteraient sous la forme d'une
poudre blanche, insoluble dans l'eau.

On doit donc faire un choix dans le commerce ; et dans
le cas où on n'en trouverait pas exempt de métaux étrangers, le préparer soi-même : ce qui se peut d'autant mieux
que la consommation de ce métal, dans l'art des essais,
n'est pas très considérable.

Le plomb qui ne contient que de l'argent peut être facilement purifié par la coupellation en grand, par la réduction au fourneau à manche de l'oxide qui en provient ;
mais il n'en n'est pas de même du cuivre dont on ne le débarrasse que très difficilement en grand, surtout quand il
n'y en existe que de très petites quantités. Du reste, le
plomb ne contenant que peu de cuivre, peut, à la rigueur,
servir à la détermination du titre de l'or, en observant
d'en mettre davantage. Quant aux essais d'argent, les
quantités de plomb établies suivant les titres étant rigoureusement nécessaires, on ne pourrait point s'en servir.

Le moyen qu'on vient d'indiquer n'étant pas à la disposition des essayeurs, voici comment on devra s'y prendre
pour préparer du plomb pur.

On se procurera de la litharge que l'on essaiera par
les mêmes moyens qui ont été indiqués pour reconnaître
la pureté du plomb ; et, une fois reconnue pure, on en
opère la réduction au moyen de 3 parties de charbon de
bois en poudre sur 100 de litharge, en introduisant le
mélange bien fait dans un creuset de Hesse, et en ajoutant au-dessus une couche de petits charbons concassés de
la grosseur de noisettes : lesquels évitent l'oxidation du
plomb. Le tout fondu au fourneau à vent, on coule dans
une lingotière un peu chaude. On devrait retirer de cette
opération 93 environ de plomb pour 100 de litharge ; mais
comme il y a toujours une petite portion de plomb d'oxidé,
on obtient rarement ce rendement.

Au défaut de litharge, on peut réduire de la même manière la céruse (carbonate de plomb mêlé d'acétate); mais il ne faut mettre que 2 parties de charbon sur 100 de céruse, cette substance contenant toujours de l'acide acétique qui, en se décomposant, met une certaine quantité de charbon à nu, ce qui en porterait la quantité audelà de celle nécessaire à une bonne réduction. La trop grande quantité s'opposant à la réunion des molécules métalliques, le métal reste très divisé, s'oxide à mesure que le charbon se brûle aux dépens de l'oxigène de l'air, et finit par rester dans cet état. Lorsque l'opération est bien faite, on obtient ordinairement de 75 à 76 de plomb sur 100 de céruse.

On a réduit ainsi des céruses faites à Clichy, chez M. Roard; et on a obtenu sur 100 parties 75 parties de plomb qui n'a rien laissé sur la coupelle, quoiqu'on en ait passé 20 grammes. Toutes les céruses ne sont cependant pas exemptes d'argent, il faut donc passer dix grammes environ du plomb que leur réduction a produit, avant de s'en servir pour passer les essais d'argent.

M. Pécard, fabricant de *minium* à Tours, dit qu'en continuant l'opération de l'oxidation du plomb jusqu'au point d'oxider les 2/3 de ce métal, celui qui reste ne recèle plus sensiblement de cuivre.

DE L'ACIDE NITRIQUE ET DE SON EXTRACTION.

La découverte de l'acide nitrique, connu anciennement sous le nom d'*eau forte*, d'*esprit de nitre*, est due à Raimond Lulle, et a été faite vers l'an 1225.

Quoique la nature forme sans cesse cet acide, jusqu'à présent on ne l'a point trouvé libre dans la nature, mais toujours uni à diverses bases. Le composé le plus abondant qu'il forme est celui qui résulte de sa combinaison avec la potasse, composé connu sous le nom de salpêtre (nitrate de potasse). C'est de ce sel qu'on l'extrait pour les arts. Cette extraction se faisait anciennement, soit au moyen du sulfate de fer, soit par le mélange d'une terre argileuse. On mêlait alors le salpêtre avec parties égales de sulfate de fer, ou avec 2 parties 1|2 d'argile. On introduisait ce mélange dans des espèces de cornues appelées *cuines*, munies d'un récipient; on les plaçait sur un long fourneau nommé *galère*, et, au moyen d'un feu assez vif, le salpêtre se décomposait et l'acide nitrique passait dans le récipient destiné à cet effet, et dans lequel on avait eu le soin de mettre une certaine quantité d'eau.

L'acide obtenu dans cette opération n'était point pur ; non-seulement il contenait des acides sulfurique et muriatique provenant des muriates et des sulfates existans dans le salpêtre, mais encore une très grande quantité de gaz acide nitreux qui donnait à l'acide, suivant la quantité plus ou moins grande qu'il en contenait, une couleur d'un jaune rougeâtre ou d'un vert assez foncé ; et la partie vide des vases dans lesquels il était contenu était remplie de vapeurs rouges de gaz acide nitreux. Ce gaz était produit, nonseulement par la décomposition d'une certaine quantité d'acide nitrique, opérée par la haute température à laquelle se faisait l'opération, mais encore par la décomposition de ce même acide au moyen des oxides de fer que contenaient les argiles employées.

Quoique ces procédés, surtout celui qui consiste à décomposer le nitrate de potasse par l'argile, soit encore suivi par quelques fabricans, le procédé généralement employé consiste à décomposer le salpêtre au moyen de l'acide sulfurique. Ce procédé, qui est dû à Glauber et qui est basé sur l'affinité plus grande de la potasse pour l'acide sulfurique que pour l'acide nitrique, se pratique de la manière suivante dans les laboratoires : on introduit dans une cornue de verre tubulée, dont la capacité doit être au moins moitié plus grande que le volume du sel et de l'acide qu'on doit y introduire dans les proportions suivantes : huit parties de salpêtre purifié et quatre parties et demie d'acide sulfurique à soixante-six degrés, mêlé avec 3 parties d'eau. (Ce mélange doit être fait avec précaution dans un vase en grès ou en faïence, parce qu'il en résulte un grand dégagement de chaleur.) On a le soin de porter cet acide, ainsi étendu et froid, au fond de la cornue, au moyen d'un long tube, afin que les parois supérieures de ce vase n'en soient pas enduites. Sans cette précaution, l'acide nitrique en distillant entraînerait ces portions et altérerait d'autant sa pureté. Cela fait, on pose la cornue sur un bain de sable, ou, si l'on veut, à feu nu ; mais alors il faut avoir le soin de la luter au moyen d'un mélange de terre à four et de bouse de vache, afin d'éviter sa rupture; on y adapte un alonge et un ballon dans lequel on peut mettre deux parties d'eau et auquel on ajuste l'appareil de Woulf, muni de ses tubes de sûreté. Après avoir luté toutes les jointures avec un lut fait de terre de forge, long-temps battue avec suffisante quantité d'huile de lin siccative, c'est-à-dire qui a bouilli sur la litharge, et avoir recouvert ces luts de linge ou de vessies mouillées et soutenues de ficelles, on chauffe d'abord lentement pour éviter le boursouflement trop considérable du mélange qui pourrait passer dans le récipient, et peu à peu on augmente le feu qu'on continue jusqu'au moment où les vapeurs rouges, qui dans le commencement avaient fait place aux vapeurs blanches d'acide nitrique, reparaissent plus abondamment qu'auparavant ; la matière dans ce moment se soulève et tend à passer dans le col de la cornue : ce dernier signe indique qu'il faut cesser le feu. Lorsque l'opération en est là, on délute ordinairement la cornue de suite, et on en retire le sulfate acide de potasse qu'elle contient, et qui une fois solidifié deviendrait assez difficile à enlever. Ce produit est employé dans les arts, principalement à la confection de l'alun.

DES SUBSTANCES QUI ALTÈRENT LA PURETÉ DE L'ACIDE NITRIQUE.

L'acide nitrique, obtenu par ce procédé, contient presque toujours, de l'acide muriatique, de l'acide sulfurique et du gaz acide nitreux, en dissolution, qu'on reconnaît à la couleur jaune-rougeâtre dont l'acide est coloré.

Il est vrai de dire, cependant, que l'acide obtenu par ce moyen est beaucoup plus pur que celui obtenu par les anciens procédés; surtout lorsqu'on a employé du nitrate de potasse de troisième cuite, c'est-à-dire qu'on a fait cristalliser à trois reprises différentes, et qui se trouve alors débarrassé de la plus grande partie des sels étrangers qu'il contient.

Quelques fabricans purifient leur acide nitrique; mais, en général, celui du commerce contient presque toujours les trois substances étrangères dont nous avons parlé, et l'essayeur ne doit jamais s'en servir pour ses opérations sans s'être assuré qu'il est pur, et sans le purifier s'il ne l'est pas.

A cet effet, et pour se rendre compte des substances qu'il contient, on doit verser dans deux verres à expériences une petite quantité de l'acide qu'on veut essayer; dans le premier verre on verse quelques gouttes de nitrate de plomb ou de barite en dissolution (ces dissolutions doivent être très limpides et les verres à expériences rincés à l'eau distillée à plusieurs reprises); si l'acide nitrique contient de l'acide sulfurique, la liqueur se trouble ou même dépose au fond du vase un précipité blanc de sulfate de plomb ou de barite insoluble suivant le réactif qu'on a employé, surtout quand l'acide sulfurique y est abondant, tandis que la liqueur n'éprouve aucun changement, s'il est exempt de cet acide. Dans la seconde portion d'acide nitrique on verse quelques gouttes de nitrate d'argent en dissolution bien limpide ; si l'acide nitrique contient de l'acide muriatique, la liqueur se trouble, et si cet acide y est contenu abondamment, il s'y forme un précipité blanc, caillebotté de chlorure d'argent insoluble ; dans le cas contraire, l'addition du nitrate d'argent n'y doit produire aucun changement.

Il faut avoir le soin d'étendre de deux à trois parties d'eau distillée l'acide que l'on essaie avant l'addition des réactifs ; car, sans cette précaution, l'acide étant concentré et avide d'eau, s'emparerait de celle qui tient en dissolution les nitrates de barite et d'argent, et ces sels, en se précipitant, induiraient en erreur.

Quant au gaz acide nitreux, la couleur jaune-rougeâtre qu'a l'acide nitrique qui en contient, en indique assez la présence : si cependant l'acide en contenait assez peu pour ne point le colorer, on pourrait verser dans une petite portion de cet acide de l'acide hydro-sulfurique en dissolution dans l'eau ; ce réactif en démontre les plus petites quantités en troublant l'acide nitrique, ce qui est dû à l'affinité de l'oxigène du gaz acide nitreux pour l'hydrogène de l'acide hydro-sulfurique, lesquels, en se combinant, forment de l'eau, tandis que le soufre abandonné se précipite.

Il serait bon également d'évaporer à siccité, dans une capsule en platine, une certaine quantité de cet acide, afin de s'assurer qu'il ne contient aucune substance solide, les marchands pouvant y introduire des sels afin de lui donner plus de densité.

DE LA PURIFICATION DE L'ACIDE NITRIQUE.

Après avoir décrit les procédés employés pour l'extraction de l'acide nitrique, avoir indiqué les substances qui altèrent ordinairement sa pureté, et donné les moyens de reconnaître ces substances, il nous reste à indiquer les divers moyens de purification qu'on doit employer pour l'en débarrasser. Toutes ces opérations doivent être familières à l'essayeur, parce que cette purification le regarde essentiellement, et qu'il ne peut répondre de ses opérations s'il ne peut s'assurer par l'expérience que l'acide qu'il emploie est pur.

Les substances qui, ainsi que nous l'avons dit, altèrent la pureté de l'acide nitrique, étant le plus communément le gaz acide nitreux, l'acide muriatique et l'acide sulfurique, c'est des procédés à employer pour l'en débarrasser que nous allons nous occuper. Nous les supposerons, d'abord, unies, à l'acide nitrique, une à une, et, ensuite, nous considérerons l'acide les recélant toutes les trois ; ce qui arrive le plus fréquemment.

Si on a reconnu que l'acide nitrique contenait du gaz acide nitreux, soit par la couleur jaune qu'il donne à l'acide, soit parce que l'addition de quelques gouttes d'acide hydro-sulfurique y auront produit un léger précipité de soufre, il faut introduire cet acide dans une cornue tubulée garnie d'un alonge et d'un récipient muni d'un long tube, engagé sous la cheminée pour jeter ce gaz au dehors du laboratoire ; distiller au bain de sable et à un léger feu. L'acide nitreux, dont l'état ordinaire est d'être gazeux, prend cette forme, et se dégage au moyen du tube placé sur la tubulure du ballon ; une petite portion d'acide nitrique recélant de ce gaz en dissolution passe également et se condense dans le ballon. On continue de chauffer légèrement jusqu'à ce que l'acide contenu dans la cornue soit parfaitement décoloré, et jusqu'à ce qu'il ne produise plus de changement dans l'acide hydro-sulfurique ; on peut être assuré alors qu'il ne contient plus de ce gaz. Si l'acide nitrique contient de l'acide sulfurique, dont on aura reconnu la présence par l'addition de quelques gouttes de nitrate de plomb, qui y auront fait un précipité, il faudra verser de ce réactif dans l'acide jusqu'à ce qu'il n'y produise plus aucun changement ; ce dont on s'assurera en laissant reposer quelque temps, et en versant doucement dans la liqueur claire et surnageante, quelques gouttes de nitrate de plomb, dont on aura le soin de mettre un excès, et en distillant ensuite cet acide. Le sulfate de plomb formé et le nitrate de plomb mis en excès, étant fixes au feu, resteront au fond de la cornue, et l'acide passera pur.

On peut également, au lieu de précipiter par le nitrate de plomb l'acide sulfurique contenu dans l'acide nitrique, distiller cet acide sur quelques lames de plomb ; dès le commencement de l'opération, ce métal est dissous, et une portion précipitée à l'état de sulfate de plomb.

Quelques personnes conseillent de distiller cet acide sur du salpêtre pur. Par ce procédé, la potasse du salpêtre s'empare de l'acide sulfurique contenu dans l'acide nitrique et forme du sulfate acide de potasse fixe au feu ; tandis que la petite quantité d'acide nitrique abandonné par la potasse passe dans le récipient. Ce procédé est moins bon que le premier indiqué, parce qu'il est difficile de trouver du salpêtre exempt de muriates ; de sorte que ces sels sont décomposés, et que l'acide nitrique que l'on retire de cette opération est bien privé d'acide sulfurique, mais peut contenir de l'acide muriatique.

En distillant seul l'acide nitrique contenant de l'acide sulfurique et en fractionnant les produits de la distillation, il serait peut-être possible d'en séparer cet acide, lequel, en raison de sa grande densité et la température élevée qu'il exige pour entrer en ébullition, ne doit passer que vers la fin de l'opération.

Si l'acide nitrique que l'on étudie forme un précipité avec le nitrate d'argent, et contient de l'acide muriatique, il faudra mettre de ce réactif dans l'acide nitrique jusqu'à ce qu'il n'y produise plus aucun changement, et, après s'être assuré qu'on en a mis un excès, distiller au bain de sable. Tout l'acide muriatique contenu dans l'acide nitrique restera au fond de la cornue, sous la forme de chlorure d'argent insoluble, fixe à la température à laquelle on opère, et l'acide nitrique passera pur.

Comme l'état ordinaire de l'acide muriatique est l'état gazeux, en distillant seul l'acide nitrique qui en contient, et en ôtant les premières portions d'acide distillées, il serait peut-être possible d'en priver les dernières.

Enfin, si l'acide nitrique contenait tout à la fois du gaz acide nitreux, de l'acide sulfurique et de l'acide muriatique, il faudrait y mettre des nitrates d'argent et de plomb jusqu'à ce qu'il y en ait en excès; distiller et ôter les premières portions d'acide passé, lorsque celui resté dans la cornue sera parfaitement blanc; laver le ballon à l'eau distillée, après l'avoir rempli d'eau ordinaire, pour chasser les vapeurs rutilantes qui le remplissent, et continuer la distillation qui ne donne plus alors que de l'acide pur. Dans la cornue restent du chlorure d'argent et du sulfate de plomb insolubles, plus les nitrates de plomb et d'argent qui ont été mis en excès.

On traite ce résidu par l'eau distillée à une légère chaleur, et on filtre; sur le filtre restent le sulfate de plomb et le chlorure d'argent dont on retirera ce dernier métal en fondant, après dessiccation, avec deux parties de flux noir et en passant à la coupelle. Dans la liqueur sont les nitrate de plomb et d'argent : on précipite ce dernier métal, soit au moyen de lames de cuivre, soit par la dissolution de sel, et on réduit le chlorure obtenu. (*Voy.* argent fin.)

Quant aux deux sels insolubles, on pourrait encore les traiter à froid, par du sous-carbonate de soude en dissolution dans l'eau et agiter souvent. Au bout de vingt-quatre heures environ la décomposition est ordinairement faite, c'est-à-dire que la liqueur contient le sous-carbonate en excès, du sulfate et du muriate de soude ; tandis que par un échange de base la matière insoluble se trouve composée de carbonates de plomb et d'argent. On les jette sur un filtre, on les sèche, on les réduit au moyen de trois parties de charbon en poudre, et on obtient un alliage de plomb et d'argent, qu'il suffit de passer à la coupelle pour en séparer ce dernier métal.

Pour éviter le mélange du sulfate de plomb et du chlorure d'argent, on peut, après avoir précipité l'acide muriatique par le nitrate d'argent, laisser déposer, décanter le liquide, et jeter le chlorure d'argent sur un filtre, après l'avoir étendu d'eau; une fois bien lavé, on le réduit.

Dans la liqueur décantée on verse excès de nitrate de plomb, et on distille. De cette manière on ne trouve au fond de la cornue que les nitrates d'argent et de plomb mis en excès et le sulfate de plomb; comme ce dernier est insoluble, pour le séparer des deux nitrates, il suffit de traiter à chaud, par une certaine quantité d'eau; après avoir filtré, on précipite l'argent de la dissolution par l'un ou l'autre moyen déjà indiqués.

L'acide nitrique pur doit donc être parfaitement incolore, limpide, ne produire aucun changement dans les nitrates d'argent et de plomb, ainsi que dans l'acide hydro-sulfurique, et ne rien laisser par l'évaporation; dans cet état, et lorsqu'il est concentré, il répand des vapeurs blanches dans l'air, ce qui oblige de le tenir dans des flacons bien bouchés; car sans cette précaution, il s'affaiblirait en absorbant l'eau de l'atmosphère. On doit aussi le conserver dans l'obscurité, car la lumière le décompose, et par son contact il ne tarde pas à se colorer en donnant naissance à du gaz acide nitreux. Cet acide est odorant, corrosif, désorganise presque subitement la peau, en la tachant en jaune. Sa pesanteur spécifique, lorsqu'il est exempt d'eau, est de 1,510 à 1,518, d'après M. Gay-Lussac.

Avant 1784, l'acide nitrique était regardé comme un corps simple; et ce fut dans cette année que Cavendish en opéra la décomposition, et prouva qu'il était composé d'oxigène et d'azote. Depuis cette époque on a déterminé, avec exactitude, les proportions dans lesquelles ces deux gaz s'y trouvent ; et il est résulté, des travaux des chimistes modernes, que l'acide nitrique est composé d'un volume d'azote et de deux volumes et demi d'oxigène, ou, en poids, de 35,12 d'azote et de 100 d'oxigène.

DE L'EAU DISTILLÉE.

Comme toutes les eaux ne sont pas propres aux opérations de l'essayeur et qu'il faut qu'elles soient pures, on ne doit jamais les employer, soit pour les essais d'or, soit pour étendre les acides aux degrés convenables, etc., etc., sans s'être assuré qu'elles ne contiennent aucuns corps étrangers. L'eau distillée propre aux opérations délicates de l'essayeur, doit être parfaitement limpide et ne faire éprouver aucun changement au nitrate d'argent ni à celui de barite, et ne point précipiter par l'oxalate d'ammoniaque, réactif qui indique la présence de la chaux à l'état de carbonate et tenue en dissolution par un excès d'acide carbonique.

On peut encore, au lieu d'eau distillée, employer l'eau de la pluie ou de la neige fondue.

Quand on distille de l'eau ; il faut toujours en ôter les premières portions, qui contiennent souvent de l'ammoniaque.

DES PLANCHES DE CUIVRE.

La nature du cuivre que l'on emploie à précipiter l'argent de sa dissolution nitrique n'est pas indifférente ; et quoiqu'il puisse sans inconvénient contenir quelques métaux, comme du plomb et de l'argent, par exemple, il n'en serait pas de même s'il contenait de l'étain et de l'or, métaux qui s'y trouvent souvent alliés, pour ce dernier en petites quantités, il est vrai; mais comme le but principal est de se procurer de l'argent totalement privé d'or, on ne le remplirait point, parce que cet or se mêlerait à l'argent précipité, à mesure que le cuivre, en se dissolvant, le mettrait à nu; il en serait de même pour l'étain qui se trouverait précipité avec l'argent à l'état d'oxide; et comme l'argent ainsi précipité est fondu dans un creuset au milieu des charbons, il pourrait s'y introduire assez de cette substance pour réduire une portion d'oxide d'étain. De sorte qu'on obtiendrait de l'argent extrêmement aigre qui pourrait aigrir les essais dans lesquels on l'aurait employé.

Le cuivre propre à la précipitation de l'argent de sa dissolution nitrique, ne doit donc contenir ni étain ni or; et on s'en assurera en en dissolvant dix grammes dans de l'acide nitrique à 22° et en chauffant légèrement. Ces deux métaux, étant insolubles dans l'acide nitrique, resteront au fond du vase, l'étain sous la forme d'une poudre blanche d'oxide d'étain, et l'or à l'état métallique et sous la forme d'une poudre brune.

Si le cuivre contenait ces deux métaux en même temps, l'oxide d'étain serait rose; ce qui est dû à un mélange d'oxide d'or formé aux dépens de l'oxigène, de l'oxide d'étain et de ce dernier; ce qui donne naissance à une espèce de précipité de Cassius (1).

On peut encore en passer à la coupelle avec dix-huit parties de plomb; traiter par l'acide nitrique le petit grain d'argent qui en résulte ordinairement, et recuire la portion restée au fond du matras, si la dissolution n'a pas été complète; la couleur jaune que prendra ce résidu indiquera assez la présence de l'or.

Les lames de cuivre employées à la précipitation de

(1) Voyez une note de M. Marcadien, *Annales de chimie et de physique*, février 1827, page 147.

l'argent doivent avoir, au moins, un centimètre d'épaisseur et être assez grandes pour déborder les terrines dans lesquelles elle se fait. Dans les affinages, cette précipitation se faisait à froid et dans des baquets préparés exprès; maintenant, et depuis que le départ se fait au moyen de l'acide sulfurique, cette précipitation a lieu à chaud, dans des chaudières en plomb.

DE L'ACIDE MURIATIQUE.

L'acide muriatique qu'on emploie dans l'art des essais à la confection de l'eau régale, s'extrait dans les laboratoires, du sel marin, combinaison d'acide muriatique et de soude, au moyen de l'acide sulfurique et en faisant passer à travers l'eau distillée le gaz qui provient de cette décomposition. Cette opération se fait de la manière suivante : on introduit dans un ballon un kilogramme de sel marin préalablement fondu dans un creuset de Hesse, afin de décomposer les nitrates qu'il contient, car sans cette précaution, il se formerait du chlore et de l'acide nitreux qui colorerait l'acide en jaune.

Le sel marin en poudre étant dans le ballon, on pose celui-ci sur un bain de sable ; on le bouche au moyen d'un bouchon percé de deux trous destinés, l'un à recevoir un tube en S par lequel on verse un kilogramme d'acide sulfurique concentré, et mêlé d'avance du tiers de son poids d'eau ; l'autre à recevoir un tube qui doit le mettre en communication avec l'appareil de Woulf. Cet appareil consiste en cinq ou six flacons à deux ou trois tubulures, unis entr'eux par des tubes recourbés qui conduisent d'un flacon à l'autre les gaz que l'on veut obtenir en dissolution dans l'eau. Ces flacons portent également à une de leurs tubulures un tube droit qui plonge seulement de quelques millimètres dans l'eau et qu'on appelle tube de sûreté; il est destiné à empêcher l'absorption opérée par le vide qui se produit lorsqu'il cesse d'y avoir dégagement de gaz; parce que l'eau baissant et le tube n'y plongeant plus, l'air extérieur s'y précipite et rétablit l'équilibre.

Toutes les jointures de l'appareil que nous venons de décrire étant bien bouchées et lutées avec le lut dont on a parlé en traitant de la confection de l'acide nitrique, on introduit peu à peu, par le tube en S, l'acide sulfurique étendu; on chauffe légèrement; lorsqu'il ne reste plus d'acide à mettre, on élève le feu et on le continue jusqu'à ce qu'il n'y ait plus dégagement de gaz. Peu après ce moment, on délute le ballon et on y verse de l'eau bouillante, afin que le sulfate de soude formé ne s'attache point et qu'on puisse le retirer facilement. Avec les proportions de sel et d'acide employées, on peut saturer sept cents grammes d'eau distillée.

D'après ce procédé, on voit qu'il n'est pas impossible que l'acide muriatique obtenu contienne de l'acide sulfurique, entraîné par ce gaz. On s'assure de sa présence au moyen du muriate de barite, qu'on ne doit mettre dans l'acide muriatique qu'après avoir étendu celui-ci d'eau : s'il contient de l'acide sulfurique, il se forme un précipité de sulfate de barite insoluble. On purifie cet acide dans l'appareil de Woulf en le plaçant dans une cornue et en dégageant le gaz au moyen d'une légère chaleur.

Quelques personnes fabriquent l'acide muriatique dans des cucurbites en fonte ; mais ce métal décompose une certaine quantité d'acide sulfurique, de sorte que l'acide muriatique obtenu dans cette opération contient toujours de l'acide sulfureux. Le meilleur réactif à employer pour reconnaître la présence de ce corps étranger, c'est d'y faire dissoudre à chaud, de l'étain ; si l'acide muriatique contient de l'acide sulfureux, la liqueur se trouble et jaunit; quelquefois même, s'il y est abondant, des flocons de soufre nagent dans la liqueur.

Si l'on y soupçonnait de l'acide nitrique, ce qui pourrait

arriver si le sel marin employé contenait quelques nitrates, on les reconnaîtrait, soit en le faisant bouillir sur de l'or, dont il diminuerait le poids en en dissolvant une petite quantité et en colorant l'acide en jaune ; soit en dissolvant un peu de mercure , lequel , en décomposant l'acide nitrique , dégagerait du gaz acide nitreux rouge.

On ne doit donc pas se servir d'acide muriatique , sans s'être assuré par le muriate de barite, qu'il ne contient pas d'acide sulfurique ; par l'étain pur qu'il ne contient point d'acide sulfureux , et par l'or ou le mercure qu'il ne contient point d'acide nitrique.

L'acide muriatique pur et concentré marque 25° de l'aréomètre de Beaumé ; sa pesanteur spécifique est alors de 1,200. Dans cet état, il est blanc, limpide ; exhale, lorsqu'il est exposé à l'air, des vapeurs épaisses et piquantes , dues à la dissolution dans l'eau, de l'atmosphère, du gaz qui se dégage et qui , ainsi affaibli , se précipite.

DE L'ACIDE SULFURIQUE.

L'acide sulfurique qu'on emploie dans l'art des essais , au départ des cornets d'or et de platine tenant argent, et qu'on fabrique en grand pour le besoin des arts, est le résultat de la combustion du soufre au moyen du salpêtre. Cette combustion se fait de la manière suivante : on introduit sur une plaque de fonte placée dans un fourneau bâti en briques, un mélange de quatre-vingt-dix parties de soufre et dix parties de salpêtre. On met le feu au fourneau. Le soufre s'enflamme et donne lieu aux gaz acides nitreux et sulfureux , lesquels sont, par la disposition du fourneau, introduits dans une chambre de plomb dans laquelle se trouve de l'eau en vapeur.

Ces deux gaz réagissent l'un sur l'autre ; le gaz acide nitreux cède une portion de son oxigène à l'acide sulfureux, forme de l'acide sulfurique qui se dissout dans l'eau qui se trouve en vapeur dans la chambre, se condense sur les parois, et finit par tomber sur son sol légèrement incliné, et va se rendre par des robinets dans des chaudières de plomb où on le concentre. Cet acide ne sort ordinairement des chambres de plomb qu'à 45 ou 50° ; il ne serait pas sans danger , pour ces chambres , de l'y amener à un degré plus élevé.

C'est à MM. Clément et Désorme que nous devons la théorie de cette belle opération , dans laquelle ils ont prouvé que le gaz acide nitreux rutilant , après avoir cédé son oxigène à l'acide sulfureux , l'avoir converti en acide sulfurique , et avoir passé à l'état de gaz nitreux incolore , décomposait l'air qu'on introduit avec ménagement dans la chambre; repassait à l'état de gaz acide nitreux et se décomposait de nouveau pour convertir une nouvelle portiou d'acide sulfureux en acide sulfurique ; composition et décomposition qui se renouvellent un grand nombre de fois (1).

L'acide sulfurique ainsi préparé est bon pour le besoin des arts , mais ne peut pas servir aux opérations délicates du laboratoire, où on le distille dans des cornues de verre et en ôtant les premiers produits de la distillation qui sont ordinairement de l'acide moins concentré , mêlé d'une certaine quantité des acides nitrique et muriatique.

L'acide sulfurique ainsi obtenu est blanc , oléagineux, inodore, et sa pesanteur spécifique est de 1844, l'eau étant 1000. Il marque alors 66° de l'aréomètre de Beaumé.

La pesanteur spécifique des acides dont j'aurai occasion de parler plus d'une fois dans cet ouvrage , étant un moyen de plus que l'aréomètre pour déterminer la densité de ces acides, et d'ailleurs beaucoup plus rigoureux que cet instrument , je crois me rapprocher du but

___

(1) J'engage les essayeurs qui voudraient avoir des données plus précises sur cette matière , à consulter le Traité de chimie de M. Thénard, et la Chimie appliquée aux arts , de M. Chaptal.

que je me suis proposé, en indiquant ici aux essayeurs qui pourraient l'ignorer le moyen que l'on doit employer pour arriver à sa connaissance ; ce qui est d'autant plus nécessaire, qu'il arrive souvent que les auteurs ne font mention que de la pesanteur spécifique sans parler des degrés, et qu'il devient alors indispensable de savoir faire soi-même ces opérations, si l'on veut répéter leurs expériences.

On prend à cet effet un matras à essais, d'un verre épais et sans bulle; après avoir renversé extérieurement à la lampe ses bords supérieurs, on y attache un fil de platine disposé de manière qu'on puisse accrocher le matras à l'extrémité du fléau d'une bonne balance. On pèse alors le tout avec exactitude, et, au moyen d'une pointe de diamant, on écrit cette tare sur la boule du matras. Cela fait, on remet le matras en équilibre avec sa tare, et après s'être assuré qu'elle est parfaitement juste, on y introduit cent grammes d'eau distillée. Le matras doit être d'une capacité telle, que cette eau arrive dans le col du matras afin qu'on puisse plus facilement saisir le niveau, que l'on indique au moyen d'une ligne qu'on y trace avec la pointe d'un diamant, et à défaut avec une lime.

Cette opération préparatoire faite, et le matras débarrassé de l'eau distillée et parfaitement sec, on introduit, jusqu'à la ligne qui indiquait le niveau de l'eau distillée, de l'acide sulfurique, par exemple, dont je suppose qu'on veuille déterminer la pesanteur spécifique, ce à quoi on parvient facilement en en mettant un peu plus qu'il ne faut et en enlevant le surplus au moyen de petits rouleaux de papier Joseph ; qu'on introduit dans le col du matras : une fois le niveau obtenu, on pèse, on déduit la tare, et on fait cette proportion pour rapporter la pesanteur spécifique à 1000 d'eau distillée.

Si un volume d'eau distillée pesant 109 grammes a donné un volume d'acide sulfurique pesant 184,4 , par exemple, combien 1000 donneront-ils ? On obtiendra 1844, pesanteur spécifique de l'acide sulfurique le plus concentré.

Il sera bon de faire cette opération double et de prendre la moyenne.

DE L'EAU RÉGALE.

L'eau régale employée à diverses opérations de l'art des essais et principalement à toucher l'or, est composée d'acide nitrique et d'acide muriatique pur, dans diverses proportions, suivant l'usage qu'on veut en faire ; ainsi lorsque l'on veut préparer de l'eau régale propre à dissoudre l'or et le platine, métaux qui ne sont solubles que dans cet acide composé, on doit le former de deux parties d'acide nitrique pur à 32° de l'aréomètre de Beaumé, et de quatre parties d'acide muriatique pur à 22° du même aréomètre.

Si on veut préparer l'acide pour le touchau, il faule composer ainsi que l'indique Vauquelin dans son Manuel de l'essayeur, et ainsi que nous l'avons indiqué nous-même dans le chapitre 13 de l'Essai à la pierre de touche.

DU NITRATE DE BARITE.

Le nitrate de barite étant le meilleur réactif à employer pour reconnaître la présence de l'acide sulfurique ainsi que celle des sulfates, un laboratoire doit toujours s'en trouver pourvu. On le prépare, soit en dissolvant dans l'acide nitrique du carbonate de barite, filtrant, faisant évaporer jusqu'à pellicule, cristalliser, et ensuite dissolvant ces cristaux dans l'eau distillée, après les avoir préalabla blement lavés ; ou bien en extrayant la barite du sulfate de barite, et en le convertissant ensuite en nitrate par l'acide nitrique ; cette opération est plus longue et se fait

de la manière suivante : on pile le sulfate de barite et
on le mêle à un huitième de charbon de bois en poudre;
on fait rougir une couple d'heures dans un creuset, et
après l'entier refroidissement on lessive, et on fait bouillir la liqueur claire avec de l'oxide de manganèse ou ,
mieux encore, avec de l'oxide de cuivre, jusqu'à ce qu'elle
ne précipite plus la dissolution de plomb en noir ; la liqueur étant dans cet état , on précipite par l'acide carbonique que l'on dégage ordinairement de la craie par
l'acide muriatique; et, le carbonate de barite étant lavé
et séché , on le traite par l'acide nitrique pour obtenir le
nitrate de barite, en procédant comme nous l'avons indiqué plus haut.

DU NITRATE DE PLOMB.

Le nitrate de plomb, ainsi que le nitrate de barite,
peut également servir à reconnaître la présence de l'acide
sulfurique et d'un sulfate quelconque soluble dans l'eau ;
il se prépare absolument de la même manière que le nitrate
d'argent (voyez article nitrate d'argent); cependant, au
lieu d'employer le plomb à l'état métallique, on peut se
servir du carbonate de plomb (céruse), qui se dissout
très bien dans l'acide nitrique, même sans le secours de
la chaleur, avec effervescence et dégagement d'une assez
grande quantité d'acide carbonique; le nitrate de plomb
n'étant pas très soluble dans l'eau, il faut n'employer
l'acide nitrique qu'à 15° environ, car, sans cette précaution, il se cristalliserait une assez grande quantité de
nitrate de plomb qui pourrait gêner l'opération. La dissolution étant faite, on filtre, on évapore, on fait cristalliser
le nitrate de plomb, on décante les eaux-mères, et les cristaux, lavés avec de petites quantités d'eau distillée, sont
ensuite dissous pour servir au besoin.

DU SULFATE DE SOUDE.

Le sulfate de soude, par la propriété qu'a son acide de former avec le plomb un sel complètement insoluble, est le meilleur réactif que l'on connaisse pour démontrer la présence de ce métal, et par cette raison devient extrêment précieux à l'essayeur, qui a souvent à prononcer sur son existence ou ses proportions dans divers alliages.

Ce sel, composé d'acide sulfurique et de soude, se trouve en abondance dans le commerce et provient de la décomposition, en grand, du sel marin, par l'acide sulfurique; décomposition qui a pour but la confection de la soude. Il résulte de cette décomposition, qui n'est jamais complète, que le sulfate de soude obtenu contient toujours une certaine quantité de sel marin échappée à l'action de l'acide sulfurique. On purifie ce sulfate par des cristallisations répétées. Le sel marin reste dans les eaux-mères, et le sulfate de soude, après quelques cristallisations, est ordinairement assez pur. Avant de s'en servir il faut l'essayer par le nitrate d'argent en y ajoutant une assez grande quantité d'eau, parce que le sulfate d'argent peu soluble qui se forme pourrait induire en erreur : si ce réactif forme un précipité blanc en caillot, c'est que le sulfate contient encore du sel marin. Les cristaux étant bien purs, on les dissout dans l'eau et on enferme la dissolution bien claire dans un flacon pour s'en servir au besoin.

DU SEL MARIN.

Le sel marin, qui s'extrait, soit des eaux de la mer, soit des mines de sel gemme, est le meilleur réactif que nous ayons pour reconnaître dans des dissolutions la présence de l'argent et même pour en déterminer les proportions.

Indépendamment de ce premier usage, nous avons vu qu'on l'employait encore dans l'art des essais à la préparation de l'acide muriatique et à celle du chlorure d'argent pour la purification de ce métal.

Le sel marin, extrait en grand, est rarement pur ; il contient presque toujours des muriates et sulfates de chaux et de magnésie, dont on le débarrasse par des cristallisations répétées ; une fois purifié, on le fait dissoudre dans l'eau distillée ; on filtre, et on enferme la dissolution bien claire dans des flacons.

DU NITRATE D'ARGENT.

Le nitrate d'argent, employé comme réactif dans les laboratoires, pour reconnaître principalement l'existence de l'acide muriatique ou celle des muriates, doit être préparé avec de l'argent pur. Le plus convenable à cette opération est celui qui a été réduit du chlorure d'argent, au moyen du carbonate de chaux et du charbon, ainsi que je l'ai indiqué en traitant de l'argent fin. On y procède de la manière suivante : on lamine d'un millimètre d'épaisseur environ la quantité d'argent réduit du chlorure d'argent, que l'on veut convertir en nitrate ; on le coupe en fragmens au moyen d'une cisaille et on l'introduit dans un matras d'une capacité convenable ; on met par-dessus de l'acide nitrique bien pur, préalablement essayé et à 1179 de pesanteur spécifique (22° de Baumé), et par partie, de manière à n'en pas mettre trop. L'action commence même à froid ; mais on l'accélère en posant le ballon sur un léger feu, et lorsque la dissolution est complète, on verse dans une capsule de porcelaine, on évapore jusqu'à pellicule, on fait cristalliser, on décante les eaux-mères, on égoutte les cristaux, on les lave avec de petites quantités d'eau distillée ; on en opère ensuite la dissolution que l'on filtre et qu'on enferme dans un flacon bouché à l'émeri. On aurait bien pu opérer la dissolution de l'argent dans la capsule de porcelaine, mais indépendamment qu'il est beaucoup plus difficile de se débarrasser du gaz acide nitreux qui se dégage avec assez d'abondance dans cette opération, il y a une perte considérable d'acide. Il faut aussi éviter de mettre ce dernier en excès : il serait bon de s'arranger pour qu'il restât un peu d'argent au fond du matras, après l'entière action de l'acide; ce dont on s'aperçoit à la cessation du dégagement du gaz acide nitreux rouge qui se produit pendant le cours de l'opération.

DU SEL AMMONIAC.

Quoique le platine, que les essayeurs ont à reconnaître dans plusieurs cas, présente, dans la manière de se comporter à la coupelle et au départ des cornets d'or par l'acide nitrique, des caractères qui suffisent quelquefois pour affirmer sa présence, il arrive souvent que ces caractères sont fugaces et demandent à être confirmés par des opérations d'un autre genre. Le sel ammoniac, par la propriété qu'il a de former avec le platine un sel triple presque insoluble, ainsi que nous le verrons par la suite, et de démontrer la présence de très petites quantités de ce métal, devient un réactif indispensable.

Ce sel, qu'on extrait pour les besoins du commerce, se fabrique en Egypte et en Europe par des procédés différens. En Egypte, on le retire de la fiente de chameau séchée au soleil et brûlée dans des cheminées; on ramasse la suie qui en provient, on en emplit des ballons de verre et on les expose à l'action d'un feu progressif; au bout de trois jours l'opération est ordinairement terminée. Les ballons étant froids, on les casse, et l'on trouve le sel sublimé à la partie supérieure, en masse hémisphérique.

En Europe, on obtient, en général, ce sel de la manière suivante : on distille, dans des cylindres de fer, des matières animales ; le produit de cette opération consiste en une huile animale et en carbonate d'ammoniaque liquide. On enlève l'huile surnageante, on filtre le carbonate à travers une couche de sulfate de chaux calciné, placé sur une toile ; il passe du sulfate d'ammoniaque, et il reste sur le filtre du carbonate de chaux insoluble. On repasse plusieurs fois la liqueur sur le filtre, afin d'opérer une décomposition complète du carbonate d'ammoniaque. Le sulfate d'ammoniaque qui résulte de cette décomposition est traité dans une chaudière avec du sel marin. Il se fait ici encore un échange de bases. Les liqueurs, ne contenant plus que du sel ammoniac et du sulfate de soude, sont évaporées presque à sec en enlevant le sulfate de soude à mesure qu'il se précipite ; ensuite on sublime, ainsi que nous l'avons vu plus haut, le sel ammoniac contenu dans le résidu de cette opération.

DE L'AMMONIAQUE LIQUIDE.

L'ammoniaque liquide, connu anciennement sous le nom d'alcali volatil, par la propriété qu'il a de former avec le cuivre tenu en dissolution une combinaison d'un bleu céleste, connue sous le nom d'ammoniure de cuivre, et d'en démontrer ainsi la présence dans des dissolutions incolores, est un des principaux réactifs du laboratoire d'un essayeur.

L'ammoniaque, dont l'état ordinaire est d'être gazeux, s'emploie rarement dans cet état, mais presque toujours en dissolution dans l'eau. On l'extrait du sel ammoniac au moyen de la chaux vive éteinte à l'air ; à cet effet, on emplit d'un mélange de parties égales de ces deux substances d'abord mises en poudre, les 3/4 d'une cornue de grès; on la fait communiquer au moyen d'un tube à l'appareil de Woulf (voyez à la page 43 la description de cet appareil). Les luts posés on chauffe; le gaz se dégage, et, au moyen des tubes de communication, va saturer l'eau des flacons. Il faut avoir le soin de ne mettre que peu d'eau dans le premier, parce qu'il est destiné à recevoir les portions de matière huileuse qui se trouvent souvent dans le sel ammoniac; les autres flacons ne doivent être emplis d'eaux qu'au 2/3, le gaz, en se dissolvant, la faisant augmenter beaucoup de volume.

L'ammoniaque liquide est incolore, limpide, caustique, et a une odeur vive et piquante qui excite le larmoiement.

DU PRUSSIATE DE POTASSE.

Le prussiate de potasse, comme l'ammoniaque, peut être employé à reconnaître la présence du cuivre en dissolution, et ce réactif est même beaucoup plus sensible que l'ammoniaque. Aussi doit-on l'employer de préférence toutes les fois qu'il s'agit de retrouver des millièmes de ce métal dont il décèle l'existence en colorant la liqueur d'une belle couleur cramoisie, ou en formant un précipité de couleur marron, s'il y en a une quantité notable.

On préparait anciennement ce sel en traitant, à la température rouge, dans un creuset, un mélange de sang de bœuf sec et de potasse, en lessivant la matière froide, en filtrant et en évaporant.

L'acide prussique contenu dans le sang s'unissait à la potasse et formait le prussiate de potasse.

Maintenant on prépare ce sel avec le prussiate de fer (bleu de Prusse), après l'avoir débarrassé au moyen de parties égales d'acide sulfurique bouillant, mêlé à 5 ou 6 parties d'eau, de l'alumine et des autres matières étrangères qu'il contient toujours, et l'avoir lavé jusqu'à ce que les eaux ne précipitent plus par le nitrate de barite. Le bleu de Prusse ainsi traité, on le verse par parties dans une dissolution de potasse caustique bouillante, et on en projette jusqu'à ce que la liqueur, de bleue qu'elle était, passe au brun jaunâtre; on filtre alors, on sature l'excès d'alcali qu'elle contient par un peu d'acide acétique; on concentre, on laisse refroidir, et le prussiate de potasse cristallise. On le purifie par une nouvelle cristallisation.

Ce sel, ainsi obtenu, est transparent, d'une couleur citrine et soluble dans l'eau.

DU BORAX.

Le borax, connu sous le nom de sous-carbonate de soude, est employé dans la fonte des métaux, et principalement dans celle de l'or et de l'argent; on le met sur la matière en fusion, un peu avant de couler; ce sel fond, forme un verre qui bouche tous les pores du creuset et permet au métal de couler sans s'arrêter et sans y laisser de grenailles, surtout si la matière est coulée suffisamment chaude.

Ce sel est un produit naturel, qu'on tire du fond de certains lacs, dans la Perse, le Mogol, la Chine, le Thibet, le Japon, etc., ou qu'on extrait de quelques terres grasses, par lixiviation et l'évaporation spontanée.

Le borax arrive ici par la voie du commerce du Levant et de l'Inde, sous le nom de borax gras, borax brut, sel de Perse; il est sous la forme de masses grasses d'un gris sale, onctueux, d'une saveur fade et peu alcaline. Pour purifier ce borax, on le tient pendant quelque temps exposé à une chaleur rouge, soit dans un four, soit dans un creuset; lorsque toute la matière huileuse est brûlée et que le borax est converti en verre, on le pile, on le dissout dans l'eau bouillante, et la liqueur claire, mise à cristalliser, donne le sous-borate de soude qu'on trouve, dans le commerce, sous la forme de cristaux plus ou moins gros, blancs et transparens; mais comme il perd de son eau de cristallisation à l'air, il n'est pas rare de le trouver couvert d'une poudre blanche, de sous-borate de soude sec et par conséquent opaque (1).

DU NITRATE DE POTASSE.

Le nitrate de potasse, principalement employé dans les laboratoires de chimie, ainsi que nous l'avons vu, à la confection de l'acide nitrique, sert encore à faciliter la fusion de l'or et de l'argent, en même temps qu'il les affine par la propriété qu'a son acide de se décomposer à une haute température, d'oxider le cuivre allié à ces deux métaux en lui cédant son oxigène, l'un de ses principes constituans.

A Paris, on prépare le nitrate de potasse pour le besoin des arts de la manière suivante : on écrase, au moyen d'une *balle*, et on passe au travers d'une claie les vieux platras provenant de démolition. Ces platras, ainsi pulvérisés, sont placés dans des tonneaux portant, à quelque distance de leur fond, un trou fermé par une cheville. On met d'abord dans chaque tonneau un seau de fragmens de platras qui n'ont pu passer à travers la claie, afin de ne point obstruer l'entrée des robinets. On verse par dessus une certaine quantité d'eau; après quelques heures de contact on ouvre le robinet; on ajoute de nouvelle eau, et on renouvelle cette opération jusqu'à ce que les eaux qui

____

(1) Depuis quelques années on fait du borax de toute pièce, en combinant directement la soude avec l'acide borique, qu'on trouve dans certains lacs de l'Italie, et particulièrement dans ceux de la Toscane.

en sortent ne marquent plus pour ainsi dire que zéro à l'aréomètre de Baumé. Ces eaux, ayant repassé sur de nouveaux platras en poudre, y acquièrent 5 ou 6°. On les porte
alors dans des chaudières de cuivre et on les concentre
jusqu'à 25; on y verse en dissolution concentrée, et
jusqu'à ce qu'il ne se fasse plus de précipité, de la potasse
du commerce afin de décomposer le nitrate de chaux qui
forme environ les 70/100 des platras employés. On laisse
déposer, on tire à clair dans une nouvelle chaudière, et on
concentre à 45° de Baumé. Le sel marin se précipite pendant cette concentration, et, au moyen d'écumoirs, on l'y
pêche à mesure. La dissolution, ainsi rapprochée, est mise
dans des chaudières de cuivre où le salpêtre cristallise et
forme ce qu'on connaît sous le nom de salpêtre brut, qui
contient encore 1/4 de matières étrangères. On le purifie
en lui faisant subir de nouvelles cristallisations.

CHAPITRE III.

DE L'ESSAI D'ARGENT PAR LA VOIE SÈCHE.

PRÉLIMINAIRE.

L'analyse des alliages que forme le cuivre avec l'argent
constitue, suivant les proportions dans lesquelles ils sont
unis, deux espèces d'essais : le premier, connu sous le nom

d'*essai d'argent*, comprend tous les alliages de cuivre et d'argent dans lesquels l'argent domine ; et le second, appelé *essai de billon*, comprend tous les alliages de cuivre et d'argent dans lesquels le cuivre forme la plus grande partie. Ainsi, la détermination du titre d'une pièce de cinq francs, par exemple, donne naissance à l'*essai d'argent*, parce que sur 1000 parties elle contient, terme moyen, 900 parties d'argent pur, tandis que la détermination du titre des petites pièces de dix centimes constitue l'*essai de billon*, parce que sur 1000 parties elles ne contiennent, terme moyen, que 200 parties d'argent également pur.

Nous allons traiter de l'essai de ces deux alliages, et nous les confondrons ici sous le nom générique d'*essai d'argent*.

Le but de l'essai d'argent est de déterminer ce qu'un poids donné d'alliage de cuivre et d'argent contient de ce dernier métal. Cette opération se fait au fourneau à essai, dans une coupelle et au moyen du plomb. Elle est basée sur la propriété qu'a ce métal de s'oxider, de se vitrifier, de faciliter l'oxidation du cuivre, d'entraîner avec lui dans les pores des coupelles la totalité de ce métal, contenu dans la portion d'alliage employée, et de laisser sur la coupelle l'argent parfaitement pur. On conçoit d'après cela que, suivant que l'alliage soumis à l'essai contient plus ou moins de cuivre, les proportions de plomb doivent varier, puisque ce métal est l'agent au moyen duquel on débarrasse l'argent de son alliage : aussi ces proportions augmentent-elles en général en raison de la quantité de cuivre. Elles ne suivent cependant pas une progression arithmétique ; elles ont été déterminées par l'expérience et présentent dans leurs résultats de très fortes anomalies : la table suivante, due à M. d'Arcet, donne ces proportions.

TABLE

DES

QUANTITÉS DE PLOMB NÉCESSAIRES

POUR FAIRE LES ESSAIS D'ARGENT.

TITRES DE L'ARGENT.	QUANTITÉS de Cuivre alliées à l'Argent suivant les titres correspondans.	DOSES de Plomb nécessaire pour l'affinage complet de l'Argent.	RAPPORT qui existe dans le bain entre le Plomb et le Cuivre.
Argent à 1000	0	3/10	0
950	50	3	60 à 1
900	100	7	70 à 1
800	200	10	50 à 1
700	300	12	40 à 1
600	400	14	35 à 1
500	500	De 16 à 17	32 à 1
400	600	De 16 à 17	26.666 à 1
300	700	De 16 à 17	22.857 à 1
200	800	De 16 à 17	20.000 à 1
100	900	De 16 à 17	17.777 à 1
1	999	De 16 à 17	16.016 à 1
Cuivre pur	1000	De 16 à 17	16.000 à 1

Quant aux titres intermédiaires, c'est-à-dire ceux qui existent entre 900 et 800, 800 et 700, etc., et pour lesquels les quantités de plomb n'ont point été données, l'auteur pense que l'on peut partir de celles exprimées au tableau et établir pour eux une progression arithmétique (1).

On obtiendrait alors la table suivante, à quelques variations près :

(1) Voyez le Mémoire de M. d'Arcet, *Annales de chimie et de physique*, tome 1, page 66.

TABLE

DES

QUANTITÉS DE PLOMB A METTRE SUR L'ARGENT

A TOUS LES TITRES.

TITRES.	PLOMB.	TITRES.	PLOMB.	TITRES.	PLOMB.
	Millièmes.		Gram.		Gram.
1000	300	973	1.830	946	3.780
999	300	972	1.930	945	3.850
998	300	971	2.000	944	3.920
997	550	970	2.070	943	3.990
996	550	969	2.140	942	4.060
995	550	968	2.210	941	4.130
994	550	967	2.280	940	4.200
993	550	966	2.350	939	4.270
992	550	965	2.420	938	4.340
991	550	964	2.510	937	4.410
990	600	963	2.580	936	4.480
989	660	962	2.650	935	4.550
988	720	961	2.720	934	4.620
987	780	960	2.790	933	4.690
986	840	959	2.860	932	4.760
985	900	958	2.930	931	4.830
	gram.				
984	1.000	957	3.010	930	4.900
983	1.080	956	3.080	929	4.970
982	1.160	955	3.150	928	5.040
981	1.220	954	3.220	927	5.110
980	1.300	953	3.290	926	6.180
979	1.380	952	3.360	925	5.250
978	1.460	951	3.430	924	5.320
977	1.540	950	3.500	923	5.390
976	1.620	949	3.570	922	5.460
975	1.720	948	3.640	921	5.530
974	1.790	947	3.710	920	5.600

TITRES.	PLOMB.	TITRES.	PLOMB.	TITRES.	PLOMB.
	Gram.		Gram.		Gram.
919	5.670	886	7.420	853	8.420
918	5.740	885	7.450	852	8.450
917	5.810	884	7.480	851	8.480
916	5.880	883	7.510	850	8.510
915	5.950	882	7.540	849	8.540
914	6 020	881	7.570	848	8.570
913	6.090	880	7.600	847	8.600
912	6.160	879	7.630	846	8.630
911	6.230	878	7.670	845	8.660
910	6.300	877	7.700	844	8.690
909	6.370	876	7.730	843	8.720
908	6.440	875	7.760	842	8.750
907	6.510	874	7.790	841	8.780
906	6.580	873	7.820	840	8.810
905	6.650	872	7.850	839	8.840
904	6.720	871	7.880	838	8.870
903	6.790	870	7.910	837	8.900
902	6.860	869	7.940	836	8.930
901	6.930	868	7.970	835	8.960
900	7.000	867	8.000	834	8.990
899	7.030	866	8.030	833	9.020
898	7.060	865	8.060	832	9.050
897	7.090	864	8.090	831	9.080
896	7.120	863	8.120	830	9.110
895	7.150	862	8.150	829	9.140
894	7.180	861	8.180	828	9.170
893	7.210	860	8.210	827	9.200
892	7.240	859	8.240	826	9.230
891	7.270	858	8.270	825	9.250
890	7.300	857	8.300	824	9.280
889	7.330	856	8.330	823	9.310
888	7.360	855	8.360	822	9.340
887	7.390	854	8.390	821	9 370

TITRES.	PLOMB.	TITRES.	PLOMB.	TITRES.	PLOMB.
	Gram.		Gram.		Gram.
820	9.400	787	10.260	754	10.920
819	9.430	786	10.280	753	10.940
818	9.460	785	10.300	752	10.960
817	9.490	784	10.320	751	10.980
816	9.520	783	10.340	750	11.000
815	9.550	782	10.360	749	11.020
814	9.580	781	10.380	748	11.040
813	9.610	780	10.400	747	11.060
812	9.640	779	10.420	746	11.080
811	9.670	778	10.440	745	11.100
810	9.700	777	10.460	744	11.120
809	9.730	776	10.480	743	11.140
808	9.760	775	10.500	742	11.160
807	9.790	774	10.520	741	11.180
806	9.820	773	10.540	740	11.200
805	9.850	772	10.560	739	11.220
804	9.880	771	10.580	738	11.240
803	9.910	770	10.600	737	11.260
802	9.940	769	10 620	736	11.280
801	9.970	768	10.640	735	11.300
800	10.000	767	10.660	734	11.320
799	10.020	766	10.680	733	11.340
798	10.040	765	10.700	732	11.360
797	10.060	764	10.720	731	11.380
796	10.080	763	10.740	730	11.400
795	10.100	762	10.760	729	11.420
794	10.120	761	10.780	728	11.440
793	10.140	760	10.800	727	11 460
792	10.160	759	10.820	726	11.480
791	10.180	758	10.840	725	11.500
790	10.200	757	10.860	724	11.520
789	10.220	756	10.880	723	11.540
788	10.240	755	10.900	722	11.560

TITRES.	PLOMB.	TITRES.	PLOMB.	TITRES	PLOMB.
	Gram.		Gram.		Gram.
721	11.580	688	12.240	655	12.900
720	11.600	687	12.260	654	12.920
719	11.620	686	12.280	653	12.940
718	11.640	685	12.300	652	12.960
717	11.660	684	12.320	651	12.980
716	11.680	683	12.340	650	13.000
715	11.700	682	12.360	649	13.020
714	11.720	681	12.380	648	13.040
713	11.740	680	12.400	647	13.060
712	11.760	679	12.420	646	13.080
711	11.780	678	12.440	645	13.100
710	11.800	677	12.460	644	13.120
709	11.820	676	12.480	643	13.140
708	11.840	675	12.500	642	13.160
707	11.860	674	12.520	641	13.180
706	11.880	673	12.540	640	13.200
705	11.900	672	12.560	639	13.220
704	11.920	671	12.580	638	13.240
703	11.940	670	12.600	637	13.260
702	11.960	669	12.620	636	13.280
701	11.980	668	12.640	635	13.300
700	12.000	667	12.660	634	13.320
699	12.020	666	12.680	633	13.340
698	12.040	665	12.700	632	13.360
697	12.060	664	12.720	631	13.380
696	12.080	663	12.740	630	13.400
695	12.100	662	12.760	629	13.420
694	12.120	661	12.780	628	13.440
693	12.140	660	12.800	627	13.460
692	12.160	659	12.820	626	13.480
691	12.180	658	12.840	625	13.500
690	12.200	657	12.860	624	13.520
689	12.220	656	12.880	623	13.540

TITRES.	PLOMB.	TITRES.	PLOMB.	TITRES.	PLOMB.
	Gram.		Gram.		Gram.
622	13.560	589	14.275	556	15.100
621	13.580	588	14.300	555	15.125
620	13.600	587	14.325	554	15.150
619	13.620	586	14.350	553	15.175
618	13.640	585	14.375	552	15.200
617	13.660	584	14.400	551	15.225
616	13.680	583	14.425	550	15.250
615	13.700	582	14.450	549	15.275
614	13.720	581	14.475	548	15.300
613	13.740	580	14.500	547	15.325
612	13.760	579	14.525	546	15.350
611	13.780	578	14.550	545	15.375
610	13.800	577	14.575	544	15.400
609	13.820	576	14.600	543	15.425
608	13.840	575	14.625	542	15.450
607	13.860	574	14.650	541	15.475
606	13.880	573	14.675	540	15.500
605	13.900	572	14.700	539	15.525
604	13.920	571	14.725	538	15.550
603	13.940	570	14.750	537	15.575
602	13.960	569	14.775	536	15.600
601	13.980	568	14.800	535	15.625
600	14.000	567	14.825	534	15.650
599	14.025	566	14.850	533	15.675
598	14.050	565	14.875	532	15.700
597	14.075	564	14.900	531	15.725
596	14.100	563	14.925	530	15.750
595	14.125	562	14.950	529	15.775
594	14.150	561	14.975	528	15.800
593	14.175	560	15.000	527	15.825
592	14.200	559	15.025	526	15.850
591	14.225	558	15.050	525	15.875
590	14.250	557	15.075	524	15.900

TITRES.	PLOMB.	TITRES.	PLOMB.	TITRES.	PLOMB.
Mil.	Gram.	Mil.	Gram.	Mil.	Gram.
523	15.925	515	16.125	507	16.325
522	15.950	514	16.150	506	16.350
521	15.975	513	16.175	505	16.375
520	16.000	512	16.200	504	16.400
519	16.025	511	16.225	503	16.425
518	16.050	510	16.250	502	16.450
517	16.075	509	16.275	501	16.475
516	16.100	508	16.300	500	16.500

Les essais d'argent par la voie sèche se font soit sur le
gramme soit sur le demi-gramme, suivant le titre de ce
métal, c'est-à-dire suivant qu'il contient plus ou moins de
cuivre. Ainsi, depuis l'argent à 1000 millièmes, ou argent
pur, jusqu'à l'argent à 800 inclusivement, lequel contient
sur 1000 parties 200 parties de cuivre, l'essai se fait à
l'entier ; et on le fait toujours au 1|2 gramme, lorsque l'ar-
gent est au-dessous de 800 millièmes, ce qui, par exemple,
sur le titre de 500 réduit la quantité de plomb à 8 grammes
et 1|4, au lieu de 16 grammes 500, qu'on aurait été obligé
d'employer si l'on avait fait l'essai à l'entier ; et on a le
soin de doubler les résultats de ces opérations, parce qu'il
faut toujours que la quantité de millièmes de fin exprimés
se rapporte au poids principal, c'est-à-dire au gramme.

DESCRIPTION DU PROCÉDÉ.

La première chose à faire lorsqu'on a à déterminer le
titre soit d'un lingot, d'une *peuille* ou d'une pièce de monnaie, est d'en approximer le titre, ce qui est indispensable
puisque les quantités de plomb sont déterminées suivant

5

les divers titres. L'examen des propriétés physiques de l'alliage, et surtout beaucoup d'habitude, font arriver à ce résultat. Ainsi l'alliage sera d'autant plus élevé en titre, qu'il aura une plus grande pesanteur spécifique, qu'il sera plus blanc, plus ductile, c'est-à-dire qu'il se laissera plus facilement limer, aplatir et couper, et enfin qu'il sera plus dénué de son ; par la même raison, il sera à un titre d'autant plus bas qu'il sera plus léger, plus jaune, plus dur et plus sonore. Si ces moyens ne suffisent pas, on s'aidera de la pierre de touche (*voyez* le chapitre XIII où on traite de ce genre d'essai); on pourra aussi en faire rougir un petit morceau qui noircira, si le cuivre est abondant. Enfin, s'il y avait incertitude, il ne faudrait pas hésiter à en faire un essai au dixième que l'on passera avec 1 gramme de plomb ou un 1|2 gramme, si l'argent paraissait à un titre élevé. Le résultat de ce premier essai, multiplié par 10, donnera un titre assez approché pour ne rien craindre, en mettant la quantité de plomb que ce titre exige.

Supposons que l'alliage qui nous occupe ait donné pour résultat dans cet essai au dixième, 90 millièmes, cet alliage serait donc à 900 millièmes. En cherchant ce titre dans la table des quantités de plomb à mettre sur les titres d'argent, on voit qu'il en faut 7 parties ou 7 grammes pour enlever les 100 millièmes de cuivre qu'il recèle par gramme, quantité qui permet de faire l'essai sur le poids principal, puisque ce n'est qu'au-dessous de 800 millièmes qu'on commencera à opérer sur le 1|2 gramme.

Cette opération préparatoire faite, on enlève sur la pièce ou sur le lingot la quantité nécessaire pour faire deux essais, on l'aplatit sur un tas propre; et si le morceau est couvert à sa surface de corps étrangers, il faut l'en débarrasser au moyen d'un grattoir. Cela fait, et s'étant assuré que la balance est bien juste et bien sensible, on en pèse avec la plus grande exactitude un gramme, en évitant autant que possible les petits fragmens qui pourraient échapper et seraient autant de causes d'erreur. On enveloppe le tout dans un petit carré de papier fin, en ayant le soin de lui faire présenter le moins de surface possible, afin de pouvoir l'introduire sans danger dans la coupelle. Le fourneau étant suffisamment chaud et les coupelles à la même température, on portera dans l'une d'elles, placée au tiers à peu près de la moufle, et de devant en arrière, les sept grammes de plomb pur. Ce métal ne tarde pas à se fondre, a se couvrir d'une pellicule grisâtre d'oxide de plomb, lequel se fond lui-même et rend alors la surface du *bain* brillante. On dit de ce moment que le plomb est découvert; on y porte alors l'essai au moyen d'une pincette, le tout ne tarde pas à entrer en fusion; et en regardant avec soin, on commence à apercevoir à la surface du *bain* de petits points plus lumineux que le reste, lesquels vont en augmentant de grosseur et d'intensité, à mesure que l'opération approche de sa fin : c'est ici que l'attention de l'essayeur doit redoubler, car il est très important que l'essai n'ait ni trop chaud ni trop froid. Dans le premier cas, on perdrait de l'argent parce qu'une petite portion pourrait se vaporiser; et qu'une autre, par suite de la grande fluidité de la matière et du plus grand écartement des pores de la coupelle, pourrait s'introduire dans ce vase; dans l'autre cas, il serait à craindre que l'essai ne conservât de l'alliage. Quoiqu'il soit impossible dans un livre de donner des notions précises sur le degré de chaleur à employer, et que l'expérience peut seule apprendre, il est cependant des caractères qui peuvent servir de guide et que je vais décrire.

Lorsque l'essai commence, on voit se dégager de la surface du *bain* une fumée d'oxide de plomb; et la manière dont cette fumée se conduit dans la moufle est un indice du degré de chaleur, c'est-à-dire que lorsqu'elle s'élève presque perpendiculairement vers la voûte de la moufle et avec force, c'est une preuve que l'essai a trop chaud; il faut alors le rapprocher sur le devant. Lorsque, au con-

traire, cette fumée n'a point la force de s'élever et qu'elle
retombe sur le sol de la moufle, c'est que l'essai a trop froid,
il faut l'enfoncer un peu dans la moufle ; et si cela ne suffit pas, mettre de chacun de ses côtés un charbon allumé.
L'essai a une température convenable lorsque cette fumée
s'élève en serpentant sur la surface du *bain*. Au bout de
quelques minutes, on a un nouveau moyen beaucoup plus
sûr pour se guider : c'est la couleur de la partie de la coupelle qui vient d'être abandonnée par le *bain*, laquelle doit
être d'un rouge brun ; si elle était blanche, l'essai aurait
trop chaud, et trop froid si elle était presque noire. L'essai allant bien et étant à peu près au milieu de sa course,
on l'avance un peu vers la porte de la moufle ; et lorsqu'il
est près de finir, ce qu'on reconnaît à la grosseur et à l'intensité des points lumineux qui se promènent sur toute
sa surface, ainsi qu'au volume de l'essai, on le place tout-
à-fait sur le devant de la moufle, à l'endroit où elle se joint
au fourneau et sur une couche de poudre de coupelles
froide, afin de faciliter son refroidissement de bas en haut,
ce qui est important pour empêcher la *végétation*. Les
choses étant dans cet état, il faut tenir la porte de la moufle
très ouverte et observer l'essai avec soin : on le voit alors
se débarrasser des points lumineux dont il avait été couvert
jusqu'alors et devenir terne ; mais aussitôt serpentent dans
tous les sens et avec un mouvement assez rapide, des ru-
bans colorés en vert, jaune et rouge : aussi dit-on alors
que l'essai présente les *couleurs de l'iris*; l'essai ne tarde
pas à se débarrasser de ces couleurs et à se ternir de nouveau. Aussitôt que l'essai présente ce caractère, il faut rapprocher la porte de la moufle, afin de faciliter aux dernières
portions de cuivre et de plomb leur introduction dans les
pores de la coupelle : ce qui s'opère par un mouvement
rapide qu'on appelle l'*éclair*, nom qu'on lui a donné par
rapport à la rapidité avec laquelle il s'opère ; on dit aussi
que l'essai passe, qu'il se découvre, parce qu'en effet ce

rideau tiré et qui recouvrait la surface de l'essai présente l'argent presque aussitôt avec tout son brillant métallique. Ce mouvement, à partir du moment où les *couleurs de l'iris* ont cessé, doit s'opérer dans un temps donné pour avoir un essai cristallisé ; il varie suivant quelques circonstances, comme la température plus ou moins élevée du fourneau, et surtout suivant que les coupelles ont été faites sous une pression plus ou moins forte ; car lorsque l'essai doit rester long-temps à faire *l'éclair* pour être cristallisé, on peut être assuré que les coupelles sont très compactes. Du reste, ce temps n'est pas le même pour tous les titres : ainsi, terme moyen, les essais d'argent à 900 millièmes ont besoin de 30 à 35 secondes ; tandis que 12 à 15 secondes suffisent pour les essais à 200. Dans les coupelles très compactes *l'éclair* se produit assez facilement et surtout très promptement ; mais les essais ont toujours le caractère froid ; pour les obtenir cristallisés dans ces coupelles il faut les finir très chaud.

L'essai ayant fait *l'éclair* et l'argent étant au moment de se figer, il faut rapprocher la porte de la moufle et la laisser ainsi une ou deux minutes pour éviter la *végétation* qui ne manquerait pas d'avoir lieu si le refroidissement était trop prompt.

L'essai étant passé depuis trois ou quatre minutes environ, on le retire graduellement, en le laissant retourné quelques instans, ce qui se fait en plaçant la coupelle de champ et de manière que l'essai regarde le fond de la moufle. Celui-ci étant donc fini, on le détache de la coupelle au moyen d'une grosse bruxelle ; on le brosse parfaitement en dessous, en le serrant fortement dans les tenailles à mâchoires pour le débarrasser des portions de coupelles imbibées d'oxide de plomb et de cuivre qu'il a retenues ; et lorsque la *gratte-brosse* ne lui fait plus rien perdre, on le pèse ; si le gramme ou les 1000 millièmes, soumis à l'essai, ont perdu 100 millièmes, il est évident que l'alliage essayé contenait 900 millièmes de fin : ce nombre exprime le titre.

Si l'alliage soumis à l'essai était du nombre de ceux dont le titre se détermine sur le 1|2 gramme seulement, il faudrait doubler le poids obtenu, afin de ramener le résultat de l'opération au poids principal.

Les essais doivent être placés dans la moufle autant que possible l'un après l'autre, et à des distances telles qu'il ne passe jamais qu'un essai à la fois ; sans cette précaution il est impossible de les bien finir.

Les essais au 1|2 gramme, ainsi que nous l'avons déjà dit, doivent faire *l'éclair* en douze ou quinze secondes, et pour cela être finis un peu sur le devant de la moufle. Lorsqu'ils sont trop long-temps à opérer ce mouvement, ils ne sont point brillans, et on y remarque souvent des taches noires d'oxide de cuivre.

L'essayeur qui, par ses soins pendant le cours de l'opération, est parvenu à ne donner à l'essai que juste la température nécessaire pour l'affinage complet de l'argent, et qui a obtenu un bouton d'essai sans *végétation*, a fait tout ce qu'on peut attendre du procédé ; mais malheureusement le poids du bouton ne donne presque jamais le titre véritable, parce qu'on ne peut pas éviter qu'il ne s'introduise dans la coupelle une certaine quantité d'argent, quantité qui varie et est d'autant plus considérable, que la température du fourneau auquel on a opéré est plus élevée, les coupelles plus poreuses et les quantités de plomb employées à titre égal plus considérables. Il résulte de ces derniers faits la nécessité pour les essayeurs d'établir eux-mêmes les pertes qu'éprouvent leurs essais, à leurs fourneaux, dans leurs coupelles, et avec les quantités de plomb qu'ils sont dans l'usage d'employer, et de se faire ainsi une table de compensation qui leur fasse connaître la quantité de millièmes qu'ils doivent ajouter aux poids de eurs essais pour accuser toujours le titre véritable. Ils y parviendront facilement en faisant, à la balance d'essais, des alliages à divers titres, avec de l'argent et du cuivre parfaitement purs, en les passant à la coupelle et en constatant les pertes éprouvées.

L'importance de ces résultats doit faire sentir la nécessité de faire toutes ces opérations au moins doubles, et de n'y avoir confiance qu'autant qu'il y aura parité entre elles.

La table suivante, établie au laboratoire des essais des monnaies, peut donner un aperçu de ces pertes.

TABLE DE COMPENSATION

POUR

L'ESSAI DES MATIÈRES D'ARGENT,

ADOPTÉE AU LABORATOIRE DES ESSAIS DE LA COMMISSION DES MONNAIES ET MÉDAILLES.

TITRES EXACTS.	TITRES TROUVÉS par LA COUPELLATION.	PERTES ou QUANTITÉS DE FIN à ajouter aux titres correspondans obtenus par la coupellation.
1000	998,97	1,03
975	973,24	1,76
950	947,50	2,50
925	921,75	3,25
900	896, »	4, »
875	870,93	4,07
850	845,85	4,15
825	820,78	4,22
800	795,70	4,30
775	770,59	4,41
750	745,48	4,52
725	720,36	4,64

TITRES EXACTS.	TITRES TROUVÉS par LA COUPELLATION.	PERTES ou QUANTITÉS DE FIN à ajouter aux titres correspondans obtenus par la coupellation
700	695,25	4,75
675	670,27	4,73
650	645,29	4,71
625	620,30	4,70
600	595,32	4,68
575	570,32	4,68
550	545,32	4,68
525	520,32	4,68
500	495,32	4,68
475	470,50	4,50
450	445,69	4,31
425	420,87	4,13
400	396,05	3,95
375	371,39	3,61
350	346,73	3,27
325	322,06	2,94
300	297,40	2,60
275	272,42	2,58
250	247,44	2,56
225	222,45	2,55
200	197,47	2,53
175	172,88	2,12
150	148,30	1,70
125	123,71	1,29
100	99,12	0,88
75	74,34	0,66
50	49,56	0,44
25	24,78	0,22

REMARQUES.

PREMIÈRE REMARQUE.

L'expérience seule peut indiquer à quelle température doit être le fourneau au moment où l'on commence les essais. Il est cependant bon d'observer qu'il y a de l'avantage à le prendre chaud, parce qu'il est très facile de le refroidir, soit en tenant la porte de la moufle ouverte, ou en introduisant dans celle-ci des coupelles froides, tandis que au contraire il est d'autant plus difficile de lui faire reprendre la température convenable, si on l'a pris trop froid, qu'une fois les opérations commencées la porte doit rester ouverte. Il ne suffit pas que le fourneau soit à la température nécessaire, il faut encore qu'il soit convenablement garni de charbons, et de charbons allumés; car si le fourneau était chaud, mais vide de charbons allumés et qu'on vint de le recharger, il ne tarderait pas à descendre au-dessous de la température convenable. Enfin il faut *entretenir* le fourneau, c'est-à-dire y mettre de temps à autre de gros charbons pendant le cours de l'opération, afin de le maintenir plein et de manière que la température de la moufle ne change point.

DEUXIÈME REMARQUE.

Il faut avoir le soin, avant de porter les coupelles dans la moufle, de les tenir quelque temps sur le bord du fourneau afin de les bien sécher et de les chauffer graduellement; sans cette précaution, la plus petite pression de la pincette peut les briser. Les coupelles qui sont restées rouges quelque temps dans la moufle, et qui ensuite se sont refroidies, ne peuvent plus servir, parce que en les chauffant de nouveau elles se fendent dans tous les sens. Les coupelles neuves, après leur exposition dans la moufle, deviennent quelquefois roses à l'extérieur, ce qui est dû à du protoxide de cuivre et ce qui arrive lorsqu'on a passé dans la moufle une certaine quantité d'essais à très bas titres.

TROISIÈME REMARQUE.

Une coupelle peut absorber son poids de plomb ; si on était dans la nécessité de lui en faire absorber davantage, il faudrait retourner une autre coupelle et placer dessus celle dans laquelle se fait l'opération.

QUATRIÈME REMARQUE.

Le plomb employé à la détermination du titre des matières d'argent doit être exempt de ce dernier métal ou du moins ne pas en contenir plus d'un demi-millième sur 10 grammes ; dans le cas cependant où on ne pourrait faire autrement, il faudrait passer seule dans une coupelle une quantité de ce même plomb égale à celle employée dans l'essai, et retrancher de celui-ci le poids du petit grain d'argent que cette quantité aura laissé.

CINQUIÈME REMARQUE.

Si le plomb dont on se trouvait dans la nécessité de se servir contenait du cuivre, on conçoit que cela deviendrait plus difficile, car il faudrait en connaître la quantité et mettre en plus la quantité de plomb nécessaire à son absorption propre : ce qui d'ailleurs ferait laisser l'essai plus long-temps au feu et lui ferait perdre du fin.

SIXIÈME REMARQUE.

L'oxide de plomb qui se forme au moment où le plomb

entre en fusion dans la coupelle, étant, à ce qu'il paraît, plus facilement réduit que lorsqu'il est fondu , on doit attendre ce dernier moment pour y porter l'essai. Sans cette précaution, le charbon produit par le papier qui enveloppe l'essai, réduisant une certaine quantité d'oxide de plomb, et formant avec l'oxigène de celui-ci de l'acide carbonique, ce dernier en se dégageant pourrait projeter au dehors de petits globules d'argent et occasioner une certaine perte.

SEPTIÈME REMARQUE.

Si la quantité de plomb employée excédait celle déterminée par l'expérience et indiquée dans la table , l'essai restant au feu plus long-temps qu'il est nécessaire pour enlever l'alliage, il en résulterait une perte d'argent plus considérable que celle consignée dans la table de compensation. Si, au contraire, cette quantité de plomb était au-dessous de celle indiquée suivant les titres, l'essai conserverait du cuivre, et on indiquerait un titre supérieur au titre réel.

HUITIÈME REMARQUE.

Indépendamment des différences de poids que nous venons d'observer et résultant de trop ou trop peu de plomb, on remarque que les essais qui ont été faits avec une quantité trop considérable de ce métal *végètent* presque toujours, sont ternes, et au lieu de présenter une demi-sphère sont presque ronds, et semblent se détacher d'eux-mêmes de la coupelle, à laquelle d'ailleurs ils adhèrent fort peu, à moins qu'ils n'aient été finis très chauds. La partie par laquelle ils adhèrent à la coupelle est souvent d'un jaune citrin d'oxide de plomb. Les essais qui n'ont pas eu assez de plomb ne font point *l'éclair*, se figent en s'agitant de mouvemens qu'on ne peut mieux caractériser qu'en les appelant convulsifs, et en donnant des boutons plats

et ayant à leur surface des taches noires d'oxide de cuivre.
Ils adhèrent aux coupelles, qu'on est quelquefois obligé de
briser pour les en détacher, et présentent des points sur
leurs angles. De ce que dans un essai il y aurait absence de
ces caractères, il ne faudrait pas en conclure que l'essai a
la quantité de plomb nécessaire, car celle-ci pourrait varier assez peu pour ne point apporter de différences sensibles dans l'aspect du bouton et en apporter cependant
dans son titre.

NEUVIÈME REMARQUE.

La quantité précise de plomb et la température du fourneau, dont on n'acquiert la connaissance qu'avec beaucoup d'habitude, sont deux conditions indispensables pour
faire de bonnes opérations; car les essais qui pendant tout
le cours de l'opération ont été exposés à une chaleur inférieure à celle à laquelle on est dans l'habitude de les faire,
donnent des boutons plus pesans, ce qui, lorsqu'ils sont
bien finis, tient à ce qu'il s'est introduit moins d'argent
qu'à l'ordinaire dans les pores de la coupelle; mais si, indépendamment de cette circonstance, ils ont été aussi
finis très froids, ils peuvent recéler du cuivre et du plomb
qui concourent à l'augmentation de leurs poids; si, au
contraire, les essais ont été faits à une température trop
élevée, ils donnent des titres inférieurs aux titres réels,
par suite de plus de vaporisation d'argent et de l'introduction d'une plus grande quantité de ce métal dans les
pores des coupelles.

DIXIÈME REMARQUE.

Quoiqu'il devienne impossible de doubler toutes les
opérations lorsqu'on a une très grande quantité d'essais à
faire, on conçoit que les essais d'argent étant loin d'être

mathématiques, toutes les fois que le temps le permet ou dans les cas douteux, on ne doit pas éviter à les multiplier jusqu'à ce qu'il y ait parité dans les résultats. La *végétation* doit être une cause déterminante.

ONZIÈME REMARQUE.

Lorsque, vers la fin de l'opération, la température du fourneau vient à s'abaisser tout à coup, parce qu'on a négligé de l'entretenir, l'essai se fige et l'opération est arrêtée : on dit de ces essais qu'ils sont *noyés dans le plomb*, parce qu'en effet ils sont tout recouverts de ce métal en partie oxidé. Ces essais demandent ensuite une très forte chaleur pour rentrer en fusion, et ne donnent jamais que des résultats approximatifs.

DOUZIÈME REMARQUE.

Il arrive quelquefois dans les essais que des petits globules d'argent s'arrêtent sur la portion des coupelles qui vient d'être abandonnée par le *bain*; il faut avoir le soin de les réunir à la masse en inclinant légèrement la coupelle, et en les faisant ainsi toucher au *bain* dans lequel elles entrent de suite. Si on n'avait pas eu cette précaution, il faudrait enlever ces grenailles et les réunir au bouton d'essai; mais comme il arrive quelquefois qu'elles retiennent un peu de plomb, on ne peut plus avoir, dans ces essais, la même confiance.

TREIZIÈME REMARQUE.

Nous avons vu qu'un des moyens d'approximer le titre des alliages d'argent, afin de savoir quelle quantité de plomb on devait employer à leurs essais, était de les faire rougir, après en avoir aplati ou laminé un petit morceau ; car alors le cuivre s'oxidant les recouvre d'une couche plus ou moins considérable d'oxide noir qui indique que ce métal y existe en plus ou moins grande quantité. La table suivante pourra servir de guide : elle renferme les caractères qu'ont présenté quelques alliages bien brillans après avoir été rougis *très légèrement* sous la moufle ; car une haute températute donne des résultats différens.

TITRES.	CARACTÈRES.
1000	Terne mais blanc.
950	Blanc gris uniforme.
900	Blanc gris mat, filet noir sur les bords.
880	Gris presque noir.
860	Gris presque noir.
840	Complètement noir.
820	Complètement noir.
800	Complètement noir.

On voit qu'au dessous du titre de 840 millièmes ce moyen d'approximation devient nul, puisque ces derniers alliages deviennent complètement noirs et n'indiquent plus rien.

QUATORZIÈME REMARQUE.

Nous avons déjà remarqué que pour qu'un essai soit cristallisé, il fallait qu'un temps déterminé, et que nous avons fait connaître, eût lieu entre le moment où l'essai vient de cesser de présenter les *couleurs de l'iris* à celui où il fait *l'éclair* ; suivant donc que ce temps a été convenable, trop court ou trop long, les essais présentent des caractères différens et qu'il est important de connaître. Lorsque ce temps a été dans les limites nécessaires, l'essai est bien rond, bien brillant, cristallisé, se détache facilement de la coupelle, et est en dessous blanc et grenu ; tels sont les caractères d'un bel essai.

Lorsque ce mouvement s'est produit trop vite, l'essai est rarement rond ; il est à sa surface poli dans quelques-unes de ses parties, et d'un blanc mat dans d'autres ; il adhère ordinairement un peu moins aux coupelles, et a quelquefois des petits trous en dessous, ce qui indique suffisamment qu'il a été fini froid.

Lorsque ce mouvement, au contraire, a été trop long à se produire, que l'essai est resté en fusion, quoiqu'on ait ouvert la porte pour le faire passer, il est d'un blanc terne, présente à sa surface des taches noires d'oxide de cuivre, des dépressions plus ou moins étendues, adhère fortement à la coupelle, est noir en dessous et *végète* souvent.

QUINZIÈME REMARQUE.

Quoi qu'il en soit des causes qui donnent aux essais les caractères qui viennent d'être décrits, et entre lesquels il existe beaucoup de nuances qu'une grande pratique rendra familières, l'essayeur doit s'en servir, lorsqu'il fait plusieurs essais de suite, pour déterminer le temps qui s'écoule entre les *couleurs de l'iris* et *l'éclair*, et afin de provoquer ce mouvement en ouvrant vivement la porte, ou en frappant légèrement sur la tablette du fourneau s'il ne s'opérait pas au temps donné, ou pour rapprocher la porte de la moufle s'il paraissait vouloir se produire trop tôt; ce qu'on reconnaît à ce que l'essai n'est plus agité que d'un mouvement insensible; enfin il doit s'appliquer à se rendre maître de ce mouvement afin d'obtenir des essais bien cristallisés; car, si, comme il est très probable, l'argent a, comme l'or, la propriété de ne prendre des formes cristallines bien prononcées que lorsqu'il est bien pur, ce caractère devient important dans un essai d'argent, et doit couronner une opération bien conduite.

SEIZIÈME REMARQUE.

Lorsque les essais ont fini trop chaud ou lorsqu'ils ont été refroidis trop rapidement, ils *végètent*, c'est-à-dire que de leurs surfaces s'élance, sous des formes différentes, et souvent en aiguilles, une certaine quantité d'argent, lequel, au moment de cette projection, peut être porté au dehors de la coupelle ; aussi doit-on avoir peu de confiance dans ces essais, et les recommencer, à moins que cette *végétation* ne soit très faible, et qu'elle ait eu lieu sur la partie du bouton voisine de la cavité de la coupelle, car alors il est facile de s'apercevoir si des portions s'en sont détachées. On a cru long-temps que ce phénomène était dû à une cause toute mécanique et par suite de la pression que la surface, figée d'abord, exerçait sur le centre encore liquide; mais depuis les expériences de M. Samuel Lucas (1), il est prouvé qu'il est le résultat du dégagement

____

(1) Voyez *Annales de chimie et de physique*, tome 12, page 402.

brusque d'une certaine quautité d'oxigène que retient toujours l'argent fondu ; aussi évite-t-on souvent la *végétation* en soutirant cet oxigène par du charbon , c'est-à-dire en couvrant la coupelle, au moment où l'essai a fait l'*éclair*, d'une rondelle de charbon allumé qu'on laisse s'éteindre dessus ; les essais faits ainsi sont toujours d'un blanc terne.

Les essais d'argent fin sont ceux qui *végètent* le plus fréquemment, et on les en empêche en les passant avec un gramme de plomb contenant 25 millièmes de cuivre ; alliage qui se fait très bien en faisant rougir le plomb , en y mettant le cuivre mince, et en coulant le tout à la température rouge ; sans cette précaution, et lorsque la température est basse, il y a *liquation*. Le plomb, presque pur, coule d'abord , et on trouve dans le creuset un alliage contenant beaucoup de cuivre.

Le meilleur moyen que j'aie trouvé pour empêcher les essais de *végéter* sans corps intermédiaire, c'est de ne pas cesser d'agiter *très légèrement* l'essai en le prenant avec la pincette au moment où les *couleurs de l'iris* vont cesser et jusqu'à ce que l'argent soit parfaitement figé.

DIX-SEPTIÈME REMARQUE.

Par suite de la manière dont les essais ont été terminés, ils peuvent retenir du plomb et du cuivre. Si on veut y démontrer la présence de ces métaux, voici la marche qu'il faudra suivre : un de ces essais, après avoir été bien brossé, aplati, sera mis dans un matras et dissout à chaud dans l'acide nitrique à 22°, ayant soin d'en mettre la plus petite quantité possible ; si après le dégagement du gaz nitreux la dissolution est complète, il n'y a point d'or, lequel , contenu dans l'argent, reste comme ce métal sur la coupelle ; mais si , au contraire, il reste au fond du vase

6

une poudre brune, et que cette poudre recuite prenne la couleur jaune, il n'y a point de doute que l'or existe dans l'argent soumis à l'essai.

Dans l'un ou l'autre cas, il faut mettre dans la dissolution qu'on laissera dans le matras, et au moyen d'un entonnoir à long bec, de l'acide muriatique jusqu'à ce que tout l'argent soit précipité; on chauffera de manière à précipiter complètement le chlorure d'argent; on décantera la liqueur claire dans un verre à expériences, et on la divisera en deux portions égales; dans l'une on versera quelques gouttes de prussiate de potasse, qui lui donneront une couleur cramoisie si elle contient du cuivre, et ne produiront aucun changement si ce métal n'y existe pas. Dans la seconde portion on versera quelques gouttes de dissolution de sulfate de soude qui troubleront la liqueur en blanc si elle contient du plomb.

DIX-HUITIÈME REMARQUE.

Quelques propriétés du bismuth, assez analogues à celles du plomb, avaient fait penser depuis long-temps que ce métal serait propre à remplacer ce dernier dans l'opération de la coupellation; et la plupart des auteurs de chimie, et même quelques-uns de ceux qui ont écrit sur l'art des essais, tels que *Sage* et *Ribaucourt*, ont dit que ce métal pouvait remplacer le plomb pour les essais; ce dernier a même ajouté qu'il y était préférable. *Vauquelin* est le seul qui, dans son Manuel de l'essayeur, ait dit que le bismuth avait des inconvéniens qui l'avaient fait abandonner; mais quels étaient ces inconvéniens? étaient-ils dus à des substances étrangères contenues dans le bismuth lui-même, et pouvait-on le rendre propre à la détermination du titre exact des matières d'or et d'argent? Telles étaient les questions qui se présentaient et dont je crois avoir donné l'entière solution dans un Mémoire que j'ai publié dans les Annales de chimie et de physique (1).

Je rapporterai ici seulement les conclusions de ce Mémoire et donnerai la table des quantités de bismuth à mettre suivant les divers titres ; car la question principale : le bismuth peut-il servir à la détermination du titre exact des matières d'or et d'argent ? a été résolue positivement.

Il résulte donc du travail ci-dessus mentionné :

1° Que le bismuth du commerce ne peut pas servir à déterminer le titre des matières d'or et d'argent en raison de l'arsenic qu'il contient toujours, lequel, en se vaporisant, projette au-dehors des coupelles une plus ou moins grande quantité des métaux précieux dont on recherche les proportions et lors même que ce phénomène n'est point sensible à l'œil ;

2° Que le bismuth donnant à ses alliages une très grande fluidité et favorisant ainsi l'introduction d'une plus grande quantité d'argent ou d'or dans les pores des coupelles, ne peut pas non plus, et lors même qu'il est parfaitement pur, servir à déterminer le titre de ces matières, en suivant le procédé en usage, et qu'il ne devient propre à cette opération qu'en employant des coupelles moins perméables que celles employées ordinairement ;

3° Que le bismuth propre à cette opération est celui qui, réduit, au moyen du flux noir, des coupelles dans lesquelles on l'a fait passer, ne laisse rien au-dessus de ce vase, qu'il doit colorer en beau jaune-orange ;

4° Que les quantités de bismuth qu'exigent les divers titres de l'argent et de l'or pour leur affinage complet, sont beaucoup moins considérables que celles de plomb employées sur les mêmes titres ; différence qu'on pouvait prévoir en se rendant compte de la manière d'agir de ces deux métaux dans l'essai de l'or et de l'argent, qu'ils ne

(1) Voyez cet ouvrage, tome VIII, page 113.

laissent privés de cuivre que par la propriété qu'ils ont de favoriser l'oxidation de ce dernier; oxidation d'autant plus prompte qu'il y a plus d'oxigène en présence; ce qui est en effet, puisque 100 parties de bismuth exigent 11,27 d'oxigène pour passer à l'état d'oxide, tandis qu'une même quantité de plomb n'en exige que 7,70 pour être amenée à l'état de protoxide jaune qui se forme dans l'opération de la coupellation, raison à laquelle vient encore se joindre le temps plus considérable que met le bismuth à s'introduire dans les pores des coupelles, et l'oxidation du cuivre étant, sans doute, en raison directe du temps que ce métal reste en contact avec les oxides de plomb et de bismuth ;

5° Enfin, qu'en comparant la manière dont se comportent le bismuth et le plomb dans l'opération de la coupellation en petit, on trouve qu'avec le bismuth le *bain* est rarement rond ; que les points lumineux sont sensiblement moins intenses, surtout vers la fin de l'essai, qu'ils ne le sont lorsque l'essai fait avec le plomb est au même point ; que le mouvement dont la matière est agitée durant l'opération est moins rapide ; que l'*éclair* est plus prononcée, mais qu'il lui faut beaucoup moins de temps pour se produire à température égale ; que l'essai n'est pas parfaitement rond à tous les titres ; qu'il ne cristallise presque jamais, adhère quelquefois légèrement à la coupelle, doit être fait à une plus basse température, *végète* beaucoup plus rarement, et, suite naturelle de la plus petite quantité de bismuth employée, donne des coupelles d'une couleur presque noire, au lieu de vert foncé, dont sont colorées les coupelles dans lesquelles on a passé des essais avec le plomb.

TABLE

DES

QUANTITÉS DE BISMUTH NÉCESSAIRES

POUR FAIRE LES ESSAIS D'ARGENT.

TITRES DE L'ARGENT.	QUANTITÉS de Cuivre alliées à l'Argent suivant les titres correspondans.	DOSES de Bismuth nécessaires pour l'affinage complet de l'Argent.	RAPPORT qui existe dans le bain entre le Bismuth et le Cuivre.
		Gram.	
Argent à 1000	0	3/10	0
950	50	2	40
900	100	3	30
800	200	6	30
700	300	8	26, 60
600	400	10	25
500	500	11	22
400	600	12	20
300	700	12	17
100	800	12	15
100	900	12	13, 30
Cuivre pur	1000	8	8

Les quantités de bismuth exprimées dans cette table,
suivant les divers titres de l'argent, étant relatives à la
température à laquelle elles ont été établies, on doit
avertir que les essais qui leur ont servi de base, ont été
faits à un fourneau qui marque sur le devant, au milieu et
au fond de la moufle, 8, 12 et 21° du pyromètre de Wedgwood, et qu'à l'exception des trois premiers titres, c'est-
à-dire depuis le titre de 800 millièmes jusqu'au cuivre pur,
titres sur lesquels on n'opère que sur le demi-gramme, les
résultats n'ont été obtenus qu'en commençant les essais

tout-à-fait sur le devant de la moufle , et en les terminant là où commencent ordinairement les autres essais.

Quant aux trois premiers titres , ils doivent être déterminés à une plus basse température que celle employée communément. Un peu d'habitude rendrait promptement familier ce nouvel agent, si n'ayant point de plomb, on se trouvait obligé de le remplacer par le bismuth.

CHAPITRE IV.

DE L'ESSAI D'ARGENT PAR LA VOIE HUMIDE.

PRÉLIMINAIRE.

On appelle essai d'argent par la *voie humide*, celui qui résulte de la précipitation de ce métal de sa dissolution nitrique par une dissolution de sel marin , pour l'opposer à celui qui a lieu par la coupellation, lequel est connu sous le nom d'essai par *la voie sèche*. Cette précipitation de l'argent par le sel marin a été une des premières opérations de la chimie; mais il était réservé à M. Gay-Lussac de l'appliquer , dans ces derniers tems , à l'une des opérations les plus rigoureuses de cette science , à la détermination du titre des matières d'argent (1).

(1) Voyez l'ouvrage que ce savant a publié en 1832, sous le titre suivant :

Cette opération est basée, 1° sur la propriété qu'ont l'argent et le cuivre de se dissoudre dans l'acide nitrique; 2° sur celle qu'a la dissolution dans l'eau du sel marin de précipiter l'argent à l'état de chlorure d'argent insoluble, sans toucher au cuivre auquel il pourrait être allié, et d'exiger constamment une quantité donnée et fixe de sel marin, pour convertir en chlorure d'argent une quantité également donnée de ce métal.

Il résulte donc de ces faits qu'il suffit de connaître la quantité de dissolution de sel marin d'une force déterminée, nécessaire pour précipiter complètement l'argent d'un gramme, par exemple, de ce métal allié de cuivre, pour savoir ce que ce gramme contient d'argent pur, puisqu'il aura fallu d'autant plus de dissolution de sel que cet argent approchera de l'état de finesse, et d'autant moins qu'il contiendra plus de cuivre.

On conçoit d'après ce que nous venons de dire que deux moyens se présentaient pour faire l'essai de l'argent par la *voie humide*. Le premier en employant des *poids*; le second en employant des *volumes*; ce dernier moyen, nécessairement plus expéditif, est celui qui a été adopté. Mais comme, dans certains cas, le premier peut présenter plus d'avantage en se réduisant à une suite d'instrumens moins dispendieux, nous entreterons dans quelques détails à son égard après avoir décrit celui dans lequel on emploie les *volumes*, lequel est, depuis plus de quatre années, en pratique au laboratoire des essais des monnaies de France, ainsi qu'au bureau de garantie de Paris.

Dans l'essai d'argent par la *voie humide* en employant les *poids*, la prise d'essai est constamment de 2 grammes, ainsi que nous le verrons plus tard, et la quantité de

---

Instruction sur l'essai des matières d'argent par la voie humide. Cet ouvrage, qui se vend à l'imprimerie royale, se trouve aussi chez M. Desmarais, rue des Bernardins, n. 26, à Paris.

dissolution de sel marin seule varie; le contraire a lieu dans l'essai qui se fait au *volume* ; c'est-à-dire que le volume de dissolution est toujours le même, tandis que le poids de la *prise* d'essai varie suivant le titre, et de manière que la quantité d'alliage soumis à l'essai contienne toujours, à peu de chose près, 1000 millièmes d'argent pur. Ainsi, si l'on faisait l'essai d'un lingot d'argent présumé fin, on en prendrait seulement 1 gramme ou 1000 millièmes ; tandis que si on avait à titrer un alliage soupçonné à 500 millièmes environ, on en prendrait 2 grammes, parce que 2 grammes d'un alliage à 500 juste contiennent juste aussi 1 gramme d'argent pur.

Rien n'est donc plus simple que d'établir par une règle de proportion la quantité d'alliage à prendre suivant le titre pour avoir toujours 1 gramme d'argent pur dans la *prise* d'essai ; il suffit d'approximer d'abord le titre de l'alliage, soit d'après ses propriétés physiques, soit au moyen de la pierre de touche, ou plus rigoureusement, si cela est reconnu nécessaire, en en faisant un premier essai grossièrement, ainsi que le conseille l'auteur du procédé. Quant aux opérations arithmétiques, nous nous proposons d'en tirer dans plus de développemens en traitant du poids de la *prise* d'essai à la suite duquel nous donnerons quelques tables établies au quart de millième.

PRÉPARATION DE LA LIQUEUR NORMALE.

L'expérience ayant indiqué qu'il fallait cent parties de sel marin pour convertir en chlorure d'argent 184, 25 de ce métal, il devient facile d'établir ce qu'il en faut pour précipiter 1 gramme d'argent pur, quantité qui doit, à quelques millièmes près, ainsi que nous l'avons déjà dit, se trouver constamment dans la *prise* d'essai ; en effet, le quatrième terme de la proportion suivante fournit cette donnée.

$$\overset{\text{Arg.}}{184,25} : \overset{\text{Sel.}}{100} :: \overset{\text{Arg.}}{1} : \overset{\text{Sel.}}{x} = 0,542,74$$

Un gramme d'argent parfaitement pur exigera donc 0 gramme 542 milligrammes 74 de sel marin *sec et fondu* pour être complètement converti en chlorure d'argent. Supposons maintenant cette quantité de sel en dissolution dans un volume d'eau distillée donnée , comme un décilitre, par exemple , nous aurons les renseignemens nécessaires pour préparer de suite 100 litres de liqueur normale qu'il faudra pour faire mille essais, puisque dans 100 litres il y a 1000 décilitres , et , nous le répétons encore, chaque décilitre de cette liqueur , constamment employé pour faire un essai, doit contenir en dissolution, la quantité de sel marin calculée pour précipiter complètement à l'état de chlorure d'argent, 1 gramme de ce métal parfaitement pur. La quantité pour 100 litres d'eau sera donc de 542 grammes 740 millièmes de sel *sec et fondu*.

On arrivera facilement et assez promptement à préparer cette quantité de liqueur en suivant le procédé que nous allons indiquer. On prendra du sel de cuisine ordinaire, et on en fera une dissolution saturée à froid, en laissant l'eau et le sel en contact pendant 24 heures environ , et en agitant de temps en temps ; on filtrera, et la liqueur claire sera enfermée dans des flacons bien bouchés à l'émeri, après en avoir évaporé 100 grammes et avoir déterminé bien exactement ce que cette quantité contient de sel sec. Supposons que cette quantité ait produit 24 grammes, on fera la proportion suivante :

$$\overset{\text{Gr. Sel.}}{24} : \overset{\text{Gr. Liq.}}{100} :: \overset{\text{Gr. Sel.}}{542,74} : \overset{\text{Gr. Liq.}}{x} = 2,261,4$$

Il faudra donc mettre 2 kilog. 261 grammes 4 décigrammes de cette dissolution concentrée dans 100 litres d'eau ordinaire, pour avoir une liqueur dont 100 grammes précipiteront juste 1 gramme d'argent pur. Le mélange étant bien fait, dans le vase même où il doit rester, et au moyen d'un agitateur formé d'une baguette en jonc fendue en quatre à l'une de ses extrémités, à laquelle on aura fixé avec du fil de platine les quatre coins d'un petit morceau de soie de quatre à cinq pouces carrés environ ; on procédera à l'essai de la liqueur avec 1 gramme d'argent réduit deux fois du chlorure d'argent et en dissolution dans 10 grammes d'acide nitrique à 22°, après avoir élevé à 20° centigrades de température, la portion de liqueur employée à l'essai, laquelle aura été remontée dans la pipette au moyen d'un petit tube d'argent aspirateur qu'on aura mis en communication avec le robinet à air (*voyez plus loin la description du procédé*). Ce premier essai doit être fait double, afin de déterminer par quel réactif elle précipite soit du nitrate d'argent ou du sel.

D'après cet essai, on s'occupera de la rectification de la liqueur ; rectification que plusieurs causes rendent inévitable ; au premier rang de ces causes nous placerons la difficulté d'un jaugeage parfait des pipettes et ensuite l'impureté du sel employé, lequel contient toujours des matières salines sans action sur l'argent (1).

DE LA RECTIFICATION DE LA LIQUEUR NORMALE.

Supposons que la liqueur résultant du mélange des 2 kilogrammes 261 grammes 4 de dissolution de sel cou-

---

(1) Une pipette ayant été remplacée dans le cours d'un travail, et la liqueur ayant été de suite essayée, s'est trouvée trop faible de 4 millièmes au lieu d'un demi seulement, par le fait seul de ce changement qui a mis dans la nécessité d'une nouvelle rectification.

centrée et des 100 litres ou 100 kilogrammes d'eau se trouve *trop faible* de 5 millièmes ; pour connaître ce qu'il faudra ajouter de dissolution concentrée pour l'amener à ne plus précipiter par le sel , on fera la proportion suivante :

$$\overset{\text{Gr.Arg.}}{995} : \overset{\text{K. Gr. Liq.}}{2{,}261{,}4} :: \overset{\text{Gr.Arg.}}{5} : \overset{\text{Gr. Liq.}}{x} = 11{,}36$$

Il faudra donc ajouter à la liqueur 11 grammes 36 centigrammes de la dissolution concentrée pour l'amener à précipiter juste et par 100 grammes, 1 gramme d'argent parfaitement pur ; et le tout bien mélangé, l'essayer de nouveau.

Si la liqueur, au lieu d'être *faible* de 5 millièmes , était trop *forte* de cette quantité , on ferait la proportion suivante, pour savoir ce qu'il faudrait y ajouter d'eau :

$$\overset{\text{Gr. Arg.}}{1005} : \overset{\text{K. Eau.}}{100} :: \overset{\text{Gr.Arg.}}{5} : \overset{\text{K. Gr. Eau.}}{x} = 0{,}497{,}51$$

C'est-à-dire qu'il faudrait ajouter 497 grammes 51 centigrammes d'eau, pour ramener la liqueur à n'avoir plus d'action sur le nitrate d'argent, après l'addition des 100 grammes contenus dans la pipette.

Comme il est assez difficile d'obtenir une liqueur qui soit parfaitement juste, on la considérera comme bien préparée lorsqu'elle ne présentera qu'un 1|2 millième de différence en dessus ou en dessous.

PRÉPARATION DE LA LIQUEUR DÉCUPLE.

Cette liqueur est destinée à terminer l'essai en y versant successivement une quantité calculée représentant 1 millième d'argent, dans le cas où la *prise* d'essai se trouverait au-dessus du titre approximé ; circonstance dans laquelle il faut autant que possible se trouver, parce qu'ainsi que nous le verrons en décrivant l'opération de l'essai, il est beaucoup plus prompt et plus sûr de monter de titre avec la dissolution de sel que de descendre au moyen de la dissolution de nitrate d'argent. Pour préparer la liqueur décuple, on pèse avec soin 100 grammes de la liqueur normale et 900 grammes d'eau ; le mélange étant bien fait, on l'enferme dans un flacon bien bouché. Cent grammes de la liqueur normale représentant 1000 millièmes d'argent pur, 1 gramme de cette nouvelle liqueur représente 1 millième d'argent.

La préparation de la liqueur décuple indispensable à la rectification de la liqueur normale, est extrêmement simple dans le cas ci-dessus, mais elle devient un peu plus longue, lorsqu'on prépare la liqueur normale pour la première fois; car alors la liqueur décuple doit se faire à la balance en pesant avec soin 1 kilogramme d'eau distillée et 542 millièmes 74 ou 3|4 de millième de sel *sec et fondu.* Ce dernier peut se faire de toute pièce en combinant directement dans une capsule de la soude pure avec de l'acide muriatique, en mettant un excès de ce dernier, en évaporant à siccité, en fondant dans un petit creuset en platine et en coulant sur un marbre.

PRÉPARATION DU NITRATE D'ARGENT.

Si la *prise* d'essai contenait moins de 1000 millièmes d'argent ou, ce qui revient au même, était au-dessous du titre approximé, on conçoit que les 100 grammes de liqueur normale employés dans l'essai se trouveraient trop considérables ; pour déterminer la quantité excédante, on emploie une dissolution de nitrate d'argent, en mettant de celle-ci dans l'essai des quantités successives représentant 1 millième d'argent.

Cette nouvelle liqueur se prépare en faisant dissoudre 1 gramme d'argent parfaitement pur dans le moins d'acide nitrique possible et dans un ballon d'un poids connu , et assez grand pour pouvoir bien faire le mélange de cette dissolution avec une quantité d'eau distillée, formant 1 kilogramme ; 1 gramme de cette dissolution représente 1 millième d'argent pur , et peut détruire 1 gramme de dissolution décuple.

DESCRIPTION DE L'APPAREIL.

L'appareil se compose : 1° d'un cylindre en cuivre rouge, de la contenance d'un peu plus de 100 litres. Ce cylindre est enduit intérieurement d'un vernis , de manière à prévenir l'oxidation du métal ; sa partie supérieure porte une ouverture fermant à vis, et dont le couvercle est muni d'un tube en cuivre à très petit diamètre, également verni et plongeant à quelques pouces du fond ; il est destiné à laisser entrer l'air à mesure qu'on fait écouler de la liqueur. Ce vase doit être placé à environ six pieds du sol. A sa partie inférieure est un tube horizontal en cuivre rouge portant un robinet , à quelque distance duquel part un autre tube en cuivre jaune et courbé à angle droit. La partie de ce tube qui descend verticalement peut avoir environ un pied ; à ce tube en est joint un autre en verre contenant un petit thermomètre centigrade à l'alcool allant jusqu'à 30 degrés ; il est destiné à faire connaître la température de la liqueur dans laquelle il plonge constamment. La partie inférieure de ce dernier tube est fixée au moyen de mastic à un ajutage en argent, à l'extrémité duquel est également fixée une pipette en verre qui contient exactement jusqu'au trait de diamant qui y est marqué, 100 grammes de liqueur normale. L'ajutage en argent porte un robinet pour faire écouler la liqueur ; un second robinet à air est placé au-dessous et destiné à retenir à volonté la liqueur dans la pipette ; du côté opposé est placée une petite vis donnant accès à assez d'air pour ne faire descendre la liqueur que lentement, et permettre ainsi de saisir facilement le moment où elle arrive au trait de diamant. Au moyen d'un petit appareil en bois fixé au mur, cette pipette est retenue bien verticalement et ne peut faire aucun mouvement. A quatre pouces environ de sa partie inférieure, est fixé un entonnoir en verre dont la grande ouverture est en bas, et qui se trouve traversé par la partie inférieure de la pipette ; çet entonnoir porte sur le derrière un tube en verre réuni à un tube en cuivre dont l'extrémité va se jeter dans un tuyau de poële ou dans une cheminée. Cette dernière partie de l'appareil est destinée, comme nous le verrons, à entraîner les vapeurs acides. Pour déterminer l'appel de ces vapeurs, en été, une petite lampe est placée dans le tube en cuivre.

2° Au-dessous de l'entonnoir dont nous venons de parler, et placé sur une petite table, est un chariot en ferblanc verni, servant à faire glisser juste au-dessous de la partie inférieure de la pipette, le goulot du flacon dans lequel se fait l'essai. Ce chariot se compose d'une feuille de ferblanc de huit pouces et demi de long et de quatre pouces de large, sur laquelle sont soudés : 1° un petit vase cylindrique de 5 pouces de haut et de deux pouces et demi de large ; il reçoit le flacon dans lequel se fait l'essai; 2° d'une cuvette ovale de deux pouces de hauteur, quatre de longueur et de deux et demi environ de largeur : elle reçoit la liqueur qui s'échappe pendant les manipulations ; 3° enfin d'une espèce d'entonnoir portant une petite éponge élevée à la hauteur de l'extrémité inférieure de la pipette, qu'elle doit débarasser de la dernière goutte de liqueur , ainsi que nous le verrons en décrivant le procédé d'essai. Ce chariot, maintenu par de petites règles en bois ,doit avoir une marche facile et régulière.

3° De très petites pipettes en verre graduées pour mettre à volonté 1 ou 2 millièmes de la dissolution décuple ou du nitrate d'argent préparé.

4° D'un agitateur circulaire en tôle verni pouvant contenir dix flacons dont chaque place porte un numéro correspondant ; sa partie supérieure est accrochée à un fort ressort scellé dans le mur, et à sa partie inférieure est accroché un ressort à boudins qui, tirant en en bas, rend le mouvement aussi facile et aussi doux que possible.

5° D'un porte-flacon en tôle verni pour dix flacons portant également des numéros ;

6° D'une tablette longue et étroite, placée autant que possible devant le jour; cette tablette porte dix ouvertures dans lesquelles les flacons entrent jusqu'au goulot, et devant lesquelles est un tableau noir marqué de 1 à 10 inclusivement, et sur lequel on indique, au moyen d'un crayon blanc, les additions successives de liqueur décuple ou de nitrate d'argent représentant 1 millième ;

7° Enfin d'un *bain-marie* en cuivre rouge , étamé, portant un double vase, percé de douze ouvertures circulaires, et disposé de manière que les flacons ne touchent que le fond de ce second vase, dont la partie inférieure est percée d'une foule de petits trous (1).

DU POIDS DE LA PRISE D'ESSAI.

En commençant ce chapitre , et dans son préliminaire,

(1) Le prix de l'appareil complet est de 500 fr. environ. On trouve de ces appareils tout montés, chez M. Desmarais , chargé par la commission des monnaies , de la fabrication des coupelles et de la préparation des agens chimiques, rue des Bernardins, n. 26 , à Paris.

nous avons vu que le poids de la *prise* d'essai variait suivant le titre, qu'il était d'autant plus faible, sans cependant être jamais moindre d'un gramme, que l'argent était
plus fin, et d'autant plus fort que l'argent contenait plus
de cuivre; qu'enfin elle devait contenir constamment, à
quelque titre que soit l'alliage auquel elle appartenait,
à quelques millièmes près, 1000 millièmes d'argent pur.
De ce fait il résulte la nécessité de connaître le titre à
5 millièmes environ en dessus ou en dessous; les matières
qui par leur nature doivent être à tel ou tel titre et qui
ne donnent naissance qu'à de véritables vérifications,
comme les monnaies d'argent dont les titres sont connus,
les objets d'orfèvrerie qui se trouvent dans le même cas,
ainsi que les médailles, n'offrent aucune difficulté. Dans
toute autre circonstance une bonne approximation devient
indispensable, ou ce qui est mieux, un premier essai fait
grossièrement.

Comme il est beaucoup plus facile et plus prompt de
monter de titre au moyen de la dissolution décuple,
ainsi que nous l'avons déjà fait observer, on aura le soin
de se tenir de quelques millièmes en dessous du titre
présumé; par ce moyen, on évitera l'emploi du nitrate
d'argent qui donne des liqueurs difficiles à éclaircir. Nous
allons prendre pour exemple les monnaies d'argent françaises, et nous verrons ainsi la marche à suivre pour les
autres matières d'argent : ces monnaies sont au titre moyen
de 900 millièmes de fin sur 1000 d'alliage; mais elles
peuvent n'être qu'à celui de 897 et être encore dans les
limites fixées par la loi. En conséquence nous ferons le calcul sur le dernier titre et nous dirons : si pour avoir 897
millièmes d'argent fin nous sommes obligés de prendre
1000 millièmes de l'alliage pour avoir 1000 millièmes
d'argent fin, combien devrons-nous prendre de ce même
alliage? Le quatrième terme de la proportion donnera
1114 mil. 82, ou en forçant la fraction, 1114 mil. 83.

Dans l'impossibilité de représenter en poids ces fractions de millièmes, on prendra le nombre rond de 1115 millièmes et on recherchera le titre exact qu'il représente, en faisant la proportion suivante :

$$1115 : 1000 :: 1000 : x = 896,86.$$

On aura donc dans ce cas à ajouter au titre de 896,86 les millièmes de dissolution décuple qu'il aura fallu mettre dans l'essai pour le terminer, en faisant toutefois un calcul que nous indiquerons plus tard, pour faire disparaître les différences proportionnelles qui résultent de l'emploi du poids de 1115 à celui de 1000 millièmes seulement, auquel on rapporte constamment le titre des métaux précieux.

Des tables dressées à l'avance peuvent donner ces résultats. (*Voy.* l'ouvrage de M. Gay-Lussac.) Je me bornerai à indiquer les moyens de les établir soi-même, en traitant du procédé d'essai. Quant au poids de la *prise* d'essai, je pense que l'exemple donné ci-dessus indique suffisamment la marche à suivre, pour la fixer d'après le titre approximé, et ainsi que nous le recommandons, en ayant soin de se tenir, autant que possible, de quelques millièmes en-dessous de ce titre.

DU PROCÉDÉ D'ESSAI.

Maintenant que nous avons indiqué la théorie de l'opération; que nous avons décrit successivement la préparation de la liqueur normale et sa rectification, la préparation de la liqueur décuple, celle du nitrate d'argent, et jeté un coup d'œil sur les diverses parties de l'appareil, ainsi qu'indiqué les moyens de déterminer le poids de la *prise* d'essai, suivant les divers titres, il nous reste, pour compléter ce travail, à décrire le procédé d'essai.

Pour ne point multiplier les chiffres, nous prendrons la pièce de cinq francs pour le titre de laquelle nous avons déjà établi le poids de la *prise* d'essai, en partant de 896, 86. Ce poids étant de 1 gramme 115 millièmes, on pèsera à la balance d'essai cette quantité de la pièce dont une portion aura été préalablement aplatie, tant pour faciliter la pesée que la dissolution. La *prise* d'essai bien ajustée, et dans laquelle on aura évité les trop petits morceaux, sera introduite, au moyen d'un entonnoir, dans un flacon bouché à l'émeri, portant, ainsi que son bouchon, un numéro d'ordre, et entrant bien exactement dans le vase cylindrique en fer-blanc verni qui fait partie du chariot dont nous avons parlé en décrivant l'appareil. La *prise* d'essai étant donc introduite avec soin dans le flacon, on mettra dans celui-ci, au moyen d'une pipette jaugée, 5 ou 6 grammes d'acide nitrique à 32°, et on le mettra dans le *bain-marie* froid qu'on posera alors sur un fourneau bien allumé. Comme le *bain-marie* doit contenir peu d'eau et que d'ailleurs l'acide est concentré et l'argent aplati mince, la dissolution s'opère rapidement ; lorsqu'elle est complète, ce dont il est facile de s'assurer, en regardant s'il y a absence de bulles et disparition totale du métal au fond du vase, on le retire du *bain-marie* et on le laisse un peu refroidir. Au moyen d'un soufflet, portant à son extrémité un tube en verre courbé à angle droit, mais n'entrant qu'au tiers environ de la hauteur du flacon, on souffle légèrement pour chasser le gaz acide nitreux dont toute la capacité vide de ce vase se trouve remplie, puis on bouche. Cela fait, on place le flacon dans le cylindre du chariot ; avec l'index de la main gauche on bouche l'extrémité inférieure de la pipette ; puis le robinet à air étant ouvert on ouvre doucement le robinet placé au-dessus et qui doit donner passage à la liqueur forte : la pipette étant remplie un peu au-dessus du trait de diamant (1), on ferme le robinet à air, on retire le doigt de dessous la pipette ; et en faisant glisser le chariot à gauche, on fait toucher à l'éponge l'ex. trémité de celle-ci, précaution nécessaire pour lui enlever la goutte qui est au moment de se détacher et qui ne doit pas entrer dans l'essai. Les choses étant dans cet état, on débouche le flacon ; et si la vis qui laisse entrer assez d'air pour faire descendre la liqueur lentement marche bien, on saisit facilement le moment où celle-ci arrive au trait de diamant; on pousse alors vivement le chariot à droite pour faire trouver l'extrémité inférieure de la pipette juste au-dessus du goulot du flacon ; on ouvre alors le robinet à air et on fait ainsi écouler toute la liqueur normale dans le flacon, enévitant d'y laisser tomber la dernière goutte , qui d'ailleurs ne se détache qu'assez long-temps après que la pipette s'est vidée. On rebouche le flacon et on le porte dans l'agitateur, que l'on met en mouvement, après avoir fixé le premier au moyen d'une petite cale en bois. Au bout d'une minute et demie environ le chlorure d'argent est ordinairement précipité et la liqueur claire. Celle-ci étant en repos et le flacon débouché, on y versera , au moyen de l'une des petites pipettes dont nous avons parlé en décrivant les diverses parties de l'appareil, 1 gramme de liqueur décuple, lequel est indiqué par un trait de dia- mant. Ce gramme représente 1 millième d'argent; s'il se forme un nuage à la surface du liquide , on rebouchera le flacon; on éclaircira, au moyen de l'agitateur ; on remettra un nouveau gramme de dissolution décuple, et on répétera ces opérations jusqu'à ce qu'il n'arrive aucun changement dans la liqueur. Supposons ici qu'il nous en ait fallu 4

---

(1) Cette pipette doit contenir cent grammes d'eau distillée , étant remplie jusqu'au trait de diamant. Lorsqu'on commence les opérations , il faut rejeter une pipette de liqueur normale. La portion de cette liqueur qui la baignait ayant pu se concentrer pendant la nuit, ce qui ferait accuser un titre un peu inférieur au titre véritable.

grammes représentant 4 millièmes d'argent pour arriver
à ce résultat, il est évident que nous devrons retrancher
le dernier millième ajouté, puisqu'il n'a rien fait ; il nous
restera donc 3 millièmes ; mais, dans ce cas, on peut penser
que ce troisième millième était trop fort, et qu'en en prenant la moitié on se rapprochera beaucoup plus de la vérité. Nous aurons donc pour dernier résultat 2, mil. 50
Si nous n'avions pas de correction de poids à faire, il est
évident qu'étant parti du titre de 896, 86, nous aurions
$+$ 2, mil. 50 $=$ 899, 36 ; mais nous avions 1000 mil.
d'argent dans la *prise* d'essai de 1115, et cela nous donne
en argent fin 1002, 50. Nous ferons donc la proportion
suivante pour faire disparaître cette différence :

$$1115 : 1002,50 :: 1000 : x = 899,10$$

La pièce soumise à l'essai sera donc au titre de 899, 10 ;
si la liqueur est à 20° centigrades de température et si
l'essai qui en a été fait a prouvé qu'à ce degré elle précipitait juste un gramme d'argent pur ; mais ces deux circonstances se présentant rarement, on a été obligé d'établir une
table de corrections à faire à l'essai suivant les températures ; puis d'un autre côté de tenir compte de la différence
que la liqueur a pu présenter lors de son essai définitif.
Si celle-ci précipite d'un 1/2 millième par le sel, il faudra
retrancher un 1/2 à l'essai ; si au contraire elle précipite
de cette quantité par le nitrate d'argent, il faudra y ajouter 1/2. Si le thermomètre qui plonge dans la liqueur, au
lieu d'être à 20° centigrades, n'était qu'à 16, par exemple,
il faudrait consulter la table (*Voy.* la fin de ce chapitre.),
qui indiquera 0, mil. 50 à ajouter ; enfin, on fera concor-
der ces deux circonstances ; car si, par exemple, la liqueur
précipitant par la dissolution décuple indiquait 0, 75 à
retrancher à l'essai et que la température étant de 12°

vous obligeât d'ajouter 0, 75, votre correction serait faite naturellement, et le premier chiffre, trouvé après la correction de poids faite, serait le titre de la pièce. (*Voy.* à la fin de ce chapitre la remarque cinquième.)

Il se pourrait que la portion de dissolution décuple, représentant 1 millième d'argent, soit à la troisième, soit à la quatrième addition, occasionât un léger nuage à la surface du liquide : l'expérience indiquera si l'on devra continuer l'opération ou estimer à un 1|2 ou un 1|4 de millième le précipité, à moins qu'il ne soit tellement léger qu'il ne fasse que confirmer le millième précédent, dans lequel cas le dernier millième ajouté sera retranché.

Si le premier gramme de dissolution décuple ajouté à l'essai n'y produisait aucun changement, la pièce serait au-dessous de 896, 86, en supposant la liqueur juste et à 20° de température ; pour savoir de combien, on détruira le premier gramme de dissolution décuple ajouté à l'essai, par un gramme du nitrate d'argent dont nous avons indiqué la préparation, et après l'agitation on en ajoutera un nouveau gramme, en continuant ainsi jusqu'à ce qu'il ne se produise plus de changement dans la liqueur. Supposons que le premier gramme détruit, il en ait fallu encore trois pour arriver à ce résultat, on fera alors la proportion suivante :

$$1115 : 997 :: 1000 : x = 894,16$$

Suivant la température et l'état de la liqueur, on fera à ce dernier chiffre les corrections nécessaires, s'il y a lieu. L'emploi du nitrate d'argent donnant des liqueurs qui s'éclaircissent en général assez difficilement, il est prudent dans ce cas de recommencer l'essai, en calculant l'alliage à 5 ou 6 millièmes au-dessous du premier titre présumé et de manière à n'avoir plus à employer que la dissolution décuple de sel. Si dans cette nouvelle opération on a pris de l'alliage 1120 millièmes au lieu de 1115, on partira alors du titre de 892, 85 que donne en effet la proportion suivante qui aura été faite :

$$1120 : 1000 :: 1000 : x = 892,85$$

et s'il a fallu 2 millièmes de dissolution de sel pour terminer ce dernier essai, on aura le titre en établissant la proportion suivante, et toujours en faisant à ce titre les corrections indiquées par la liqueur et sa température :

$$1120 : 1002 :: 1000 : x = 894,64$$

DE L'ESSAI D'ARGENT PAR LA VOIE HUMIDE EN EMPLOYANT LES POIDS.

Une bonne balance, indiquant facilement 5 millièmes et pouvant peser de 300 à 400 grammes, deux boîtes de poids, l'une contenant depuis 500 grammes jusqu'à 1 gramme, et l'autre depuis 1 gramme jusqu'à 5 millièmes ; une burette en verre, contenant environ 120 à 130 grammes d'eau distillée, graduée de manière à guider dans l'addition successive de la liqueur normale, portant dans toute sa longueur un petit tube en communication à sa base avec son intérieur, courbé à sa partie supérieure, et au moyen duquel il est facile de verser la liqueur goutte à goutte, sont les seuls instrumens qu'exigent les essais d'argent par la *voie humide* au moyen des *poids* : moyen plus rigoureux encore que celui dans lequel on emploie les *volumes*, et qui serait préférable, si les opérations lentes de la balance ne le rendaient pas impraticable dans un travail suivi. Nous ne le décrirons donc ici que comme moyen de vérification et lorsqu'on n'a que deux ou trois essais d'argent à faire.

Les données suivantes forment la base de l'opération :

1° Cent grammes de liqueur normale doit précipiter juste 2 grammes d'argent pur ;

2° La liqueur décuple est faite avec une partie de liqueur normale et neuf parties d'eau distillée ;

3° Le nitrate d'argent se compose de deux grammes d'argent en dissolution dans le moins possible d'acide nitrique, puis étendu d'eau distillée de manière à former un kilogramme ;

4° La *prise* d'essai est constamment de deux grammes , quel que soit le titre.

Ici il n'y a point de correction de température à faire, point de correction de poids non plus, quoiqu'en employant 2 grammes d'alliage au lieu de 1 gramme, parce que toutes les liqueurs sont doubles et que le titre se trouve naturellement ramené à l'unité. La seule correction à faire résulte du titre de la liqueur normale qu'il est toujours extrêmement difficile d'obtenir juste. Si 2 grammes d'argent parfaitement pur exigeaient pour être complètement précipités, non-seulement 100 grammes de la liqueur normale, mais encore 1|2 millième, par exemple, de liqueur décuple, il faudrait retrancher ce 1|2 millième du titre trouvé, ou l'ajouter si, dans le cas contraire, l'essai, au lieu de précipiter d'un 1|2 millième par la liqueur décuple, précipitait de cette quantité par le nitrate d'argent.

Pour faciliter l'exécution de cet essai , nous allons décrire une opération.

Les 2 grammes de l'alliage, dont le titre sera ou connu ou approximé, étant en dissolution dans 10 grammes d'acide nitrique pur et dans un flacon d'une ouverture un peu plus grande que celle des petits flacons bouchés à l'émeri et dont on se sert pour l'essai par la voie humide au *volume*, on placera dans un des plateaux de la balance la burette remplie jusqu'au zéro, de liqueur normale, et bien essuyée extérieurement. Elle y est maintenue à sa partie supérieure au moyen d'un collier placé un peu au-dessous de l'extrémité du fléau ; les choses étant dans cet état, on en fera la tare bien exactement au moyen de petits fragmens de plomb ; l'équilibre étant parfait , on placera un poids de 100 grammes du côté de la burette , et suivant le titre on placera du côté opposé un poids qui fasse approcher de ce titre en ayant le soin de se tenir au-dessous pour ne pas avoir, autant que possible, à remonter au moyen du nitrate d'argent.

Si l'argent soumis à l'essai était pur , on conçoit qu'il serait inutile de mettre des poids du côté opposé à la burette et qu'il suffirait de mettre par le tâtonnement 99 ^{g} 8 par exemple , de liqueur pour n'avoir plus qu'à s'assurer qu'en effet il est parfaitement pur par l'addition d'une quantité de liqueur décuple représentant 2 millièmes qu'exigera l'essai, dans ce dernier cas, pour être terminé, sauf la correction de liqueur, si elle n'est pas juste.

Supposons que l'alliage soumis à l'essai est au titre de 901 millièmes , on placera du côté de la burette les 100 grammes dont nous avons parlé , et de l'autre côté 10 ^{g} 5 ; on versera alors par le tube recourbé, de la liqueur dans l'essai, en se guidant sur les divisions et sur les chiffres portés sur la burette et en ne perdant pas de vue que le chiffre 6, par exemple, indique 60 grammes de liqueur et représente le titre 600 millièmes ; le chiffre 9 , 90 grammes de liqueur et 900 millièmes , etc. Supposons donc qu'ayant versé de la liqueur dans l'essai, on soit arrivé à établir l'équilibre avec 100 grammes du côté de la burette et 10 ^{g} 5 du côté opposé, en soustrayant cette dernière quantité de la première , il est évident qu'on aura mis dans l'essai 89 ^{g} 5 de la liqueur ; ce qui représentera, en multipliant par 10, le titre de 895 ; mais comme le titre de l'alliage est de 901 millièmes, on pourra continuer en se rappelant que chaque goutte qui s'échappe par le tube recourbé, pèse 1 décigramme et représente 1 millième ; on pourra donc dans le cas présent, ajouter à l'essai quatre gouttes qui peuvent se mettre et se compter facilement en inclinant la burette légèrement de côté ; on repèsera alors avec soin ; si la totalité de la liqueur mise dans l'essai est de 89, 9 ou 899 millièmes, on éclaircira la liqueur, et au moyen d'une petite pipette graduée, on mettra de la liqueur décuple une quantité représentant 1 millième ; puis on continuera l'essai, ainsi que nous l'avons indiqué pour l'essai d'argent, par la voie humide au *volume* ; si donc il a fallu 2 millièmes 1|2 pour terminer l'opération, on les ajoutera au titre de 899, ce qui donnera 901, 50, ce qui ferait une différence d'un 1|2 millième avec le titre connu de 901, si toutefois l'état de la liqueur n'oblige pas à retrancher le 1/2 millième.

REMARQUES.

PREMIÈRE REMARQUE.

L'argent employé pour l'essai de la liqueur doit être chimiquement pur, et, après avoir été laminé, gratté à sa surface pour enlever les corps gras qu'y déposent quelquefois les rouleaux du laminoir ; on ne saurait prendre trop de précautions dans cette opération de laquelle dépend une grande partie de l'exactitude des autres.

DEUXIÈME REMARQUE.

Pour éviter l'emploi des deux réactifs dans l'essai de la liqueur, je conseille de le faire avec une dissolution composée de 1005 d'argent pur et de 100 de cuivre ; dans ce cas on n'aura jamais à employer que la liqueur décuple de sel, et cet essai fait avec ceux du jour indiquera la correction à y faire ; car si au lieu de 1005 on n'a obtenu que 1004, il faudra ajouter 1 millième à tous les essais, et retrancher cette quantité si on avait trouvé 1006.

TROISIÈME REMARQUE.

Pour fixer le titre de la liqueur et déterminer les corrections à faire aux essais, il faut toujours l'essayer par la dissolution décuple de sel et par celle de nitrate d'argent, si on n'a employé que 1000 d'argent dans l'essai, et faire les essais doubles jusqu'à ce qu'on soit parfaitement d'accord.

QUATRIÈME REMARQUE.

Lorsqu'après plusieurs rectifications la liqueur normale est très voisine de l'état de justesse, il arrive alors qu'elle précipite également par les deux réactifs; dans ce cas, il n'y a point de correction à faire aux titres trouvés.

CINQUIÈME REMARQUE.

Il faut éviter l'emploi du nitrate d'argent pour fixer le titre, parce que avec ce réactif les liqueurs s'éclaircissent difficilement et quelquefois pas du tout ; on ne doit l'employer que dans les cas d'approximation. Il est mieux de recommencer l'essai dont le titre aurait été approximé trop haut, avec un poids plus considérable et de manière à n'avoir jamais à employer que la liqueur décuple de sel.

SIXIÈME REMARQUE.

A mesure que la liqueur normale descend dans le cylindre par suite de son emploi journalier, elle s'évapore et se concentre sensiblement. Il est donc préférable de l'essayer chaque jour, que d'employer la table de corrections pour la différence de température, puisque la circonstance que nous venons de signaler la rend insuffisante.

SEPTIÈME REMARQUE.

Il résulte de la remarque ci-dessus qu'il devient inutile de porter à 20° de température la liqueur normale lors de sa préparation, puisqu'il est impossible de s'éviter et sa rectification et des corrections qui deviennent beaucoup plus sûres en faisant chaque jour l'essai de la liqueur.

HUITIÈME REMARQUE.

Avec de l'habitude on peut mettre jusqu'à 3 millièmes de dissolution décuple de suite, lorsque le 1er millième paraît abondant, mais jamais plus, car on s'exposerait à dépasser le titre, ce qui obligerait à l'emploi du nitrate d'argent qui est toujours un mauvais réactif dans ce cas, ou à recommencer l'essai.

Ce que nous disons ici est relatif aux essais bien approximés et qu'on termine ; car pour les essais approximatifs, on peut en mettre jusqu'à 10 ou 20 millièmes.

NEUVIÈME REMARQUE.

Lorsqu'en emplissant la pipette la liqueur normale est arrivée jusque dans le robinet à air, il arrive quelquefois que l'extrémité inférieure de la pipette retient pendant quelques secondes une goutte de liqueur, tandis que la totalité est déjà entrée dans le flacon ; il faut donc, lorsque cela a lieu, avoir l'attention de ne pas toucher au chariot jusqu'à ce que cette goutte se soit détachée.

Il arrive assez souvent aussi dans le cas que nous venons de signaler, qu'une petite portion de liqueur reste engagée dans la partie de l'ajutage qui est dans le tube de la pipette, de sorte qu'après avoir nivelé la liqueur normale et avoir ouvert le robinet à air, elle s'en détache, entraînée par la chute de celle-ci et, se réunissant à l'essai, peut occasioner une légère erreur en moins. Lorsque cette circonstance se présente, il faut rejeter la liqueur de cette pipette.

DIXIÈME REMARQUE.

La nécessité de changer de poids suivant le titre, peut être considérée comme un des légers inconvéniens attachés aux choses les meilleures. Quelques expériences ont été tentées pour ramener la *prise* d'essai à être constamment d'un gramme, quel que soit le titre; elles consistent à porter dans la dissolution *d'un gramme* de l'alliage approximé, une quantité d'argent en dissolution qui en élève la quantité à 1000 millièmes environ. Nous allons décrire les opérations et les rendre manuelles pour les personnes qui voudraient les répéter et y porter les perfectionnemens dont sans doute elles sont susceptibles.

PRÉPARATION DU NITRATE D'ARGENT.

On introduira dans un ballon taré avec soin et de la contenance d'un peu plus d'un litre, 10 grammes d'argent réduit du chlorure d'argent; on en opérera la dissolution au *bain-marie* dans environ 36 grammes d'acide nitrique pur à 32°. La dissolution étant complète, on y introduira une certaine quantité d'eau distillée pour éviter la

cristallisation ; lorsque cette dissolution sera complètement froide , on portera ce ballon dans un des plateaux
d'une bonne balance indiquant facilement 1 décigramme;
on posera la tare de ce dernier dans le plateau opposé ; on
y placera également un poids d'un kilogramme, et au moyen
d'eau distillée on établira l'équilibre ; ce qui se fera très
facilement en mettant les dernières quantités d'eau au
moyen d'une pipette dont la contenance sera connue. Les
1000 grammes de dissolution obtenus contiendront donc
10 grammes d'argent pur en dissolution ; 100 grammes ,
1 gramme . 10 grammes , 100 millièmes, et ainsi de suite.
En faisant jauger des pipettes à une température donnée ,
avec cette dissolution, et de manière à en obtenir 1, 2, 5,10,
20 grammes et au-dessus , non compris la goutte qui reste
toujours attachée à l'extrémité de la pipette, on aura les
moyens de mettre dans la dissolution 10, 20, 50, 100, 200
millièmes et plus d'argent. Il est important que la partie du
tube où se trouve marqué le trait de diamant soit étroite.

Supposons maintenant un alliage d'argent et de cuivre
dont on veut connaître le titre précis , mais qui aura été
approximé à 860 millièmes, par exemple ; on en pèsera
1 *gramme* ; on en opérera la dissolution au *bain-marie* dans
5 grammes d'acide nitrique pur à 32°. La dissolution étant
complète, on y introduira, au moyen de la pipette de 10
grammes, d'abord 100 millièmes d'argent (1) , puis avec
la pipette de 5 grammes, 50 millièmes ; total 150, lesquels
ôtés de 1000 millièmes d'argent que précipite constamment
le décilitre de liqueur normale , laissent le titre de 850
qu'on écrira sur le tableau. La pipette de liqueur normale
ayant ensuite été introduite dans le flacon et la liqueur
éclaircie par l'agitation , on continuera l'essai comme de
coutume en mettant successivement les millièmes de dis-

---

(1) Il faut avoir le soin avant d'employer le nitrate d'argent, de le mettre
à la même température à laquelle les pipettes ont été jaugées.

solution décuple, jusqu'à ce que le dernier millième n'apporte plus de changement dans la liqueur, et l'essai se terminera simplement en additionnant les millièmes ajoutés au titre écrit sur le tableau ; la seule correction à faire sera celle qui résultera de l'état de la liqueur normale dont l'essai devra être fait chaque jour.

ONZIÈME REMARQUE.

Il est indispensable d'agiter les essais afin de marcher rapidement ; la première fois que l'essai à 900 subit cette opération, il ne demande qu'une minute pour s'éclaircir ; mais ce temps va en augmentant progressivement au fur et à mesure des additions successives de liqueur décuple.

Un essai à 900 millièmes, abandonné à lui-même après y avoir introduit le décilitre de liqueur normale, ne s'est éclairci qu'au bout de quatre heures.

Les essais d'argent fin demandent plus de temps pour s'éclaircir que les essais d'argent allié.

TABLE

DES

CORRECTIONS A FAIRE POUR LES TEMPÉRATURES INFÉRIEURES

ET SUPÉRIEURES A **20** DEGRÉS.

Degrés centigrades.

5	0, 74	
6	0, 76	
7	0, 79	
8	0, 80	
9	0, 80	
10	0, 79	
11	0, 77	
12	0, 75	Millièmes à ajouter
13	0, 71	au titre trouvé.
14	0, 67	
15	0, 60	
16	0, 50	
17	0, 39	
18	0, 26	
19	0, 14	
20	0, 00	
20	0, 00	
21	0, 18	
22	0, 38	
23	0, 56	
24	0, 75	Millièmes à retrancher
25	0, 95	au titre trouvé.
26	1, 15	
27	1, 38	
28	1, 60	
29	1, 81	
30	2, 03	

TABLE POUR L'ESSAI DES MONNAIES FRANÇAISES

(dans les limites).

POIDS DE LA PRISE D'ESSAI 1115; TITRE CORRESPONDANT 896,86.

TITRE ASCENDANT.

	0	1	2	3	4	5	6	7	8	9	10,
	896.86	897.75	898.65	899.55	900.44	901.34	902.24	903.13	904.03	904.93	905.82
0,25	897.08	897.98	898.87	899.77	900.67	901.56	902.46	903.36	904.26	905.15	906.05
0,50	897.30	898.20	899.10	900.00	900.89	901.79	902.69	903.58	904.48	905.38	906.27
0,75	897.53	898.43	899.32	900.22	901.12	902.01	902.91	903.81	904.70	905.60	906.50

TABLE POUR L'ESSAI DES MONNAIES FRANÇAISES.

(hors des limites en-dessous.)

POIDS DE LA PRISE D'ESSAI 1120; TITRE CORRESPONDANT 892,85.

TITRE ASCENDANT.

	0	1	2	3	4	5	6	7	8	9	10
	892.85	893.75	894.64	895.53	895.42	897.32	898.21	899 10	900.00	900.89	901.78
0,25	893.08	893.97	894 86	895.75	896 65	897.54	898.43	899.33	900.22	901.11	902.00
0,50	893.30	894.19	895.08	895.98	896.87	897.76	898.66	899.55	900.44	901.33	902.23
0,75	893.52	894.41	895.31	896.20	897.09	897.99	898.88	899.77	900.66	901.56	902.45

TABLE POUR L'ESSAI DES MÉDAILLES FABRIQUÉES EN FRANCE.

(dans les limites.)

POIDS DE LA PRISE D'ESSAI, 1056; TITRE CORRESPONDANT 946,96.

TITRE ASCENDANT.

	0	1	2	3	4	5	6	7	8	9	10
	946.96	947.91	948.86	949.81	950.75	951.70	952.65	953.59	954.54	955.49	956.43
0,25	947.20	948.15	949.10	950.04	950.99	951.94	952.88	953.83	954.78	955.68	956.62
0,50	947.41	948.39	949.33	950.28	951.23	952.17	953.12	954.07	955.01	955.96	956.91
0,75	947.67	948.62	949.57	950.52	951.46	952.41	953.36	954.30	955.25	956.20	957.14

TABLE POUR L'ESSAI DES MÉDAILLES FABRIQUÉES EN FRANCE.

(hors des limites en-dessous).

POIDS DE LA PRISE D'ESSAI 1060 ; TITRE CORRESPONDAMT 913,39.

TITRE ASCENDANT.

	0	1	2	3	4	5	6	7	8	9	10
	943.39	944.33	945.28	946.22	947.16	948.11	949.05	950.00	950.94	951.88	952.83
0,25	943.63	944.57	945.51	946.46	947.40	948.34	949.29	950.23	951.17	952.12	953.06
0,50	943.86	944.81	945.75	946.69	947.64	948.58	949.52	950.47	951.41	952.35	953.34
0,75	944.10	945.04	945.99	946.93	947.87	948.82	949.76	950.70	951.65	952.59	953.53

TABLE POUR L'ESSAI DES MONNAIES ANGLAISES.

POIDS DE LA PRISE D'ESSAI 1085; TITRE CORRESPONDANT 921,65.

TITRE ASCENDANT.

	0	1	2	3	4	5	6	7	8	9	10
	921.65	922.58	923.50	924.42	925.34	926.26	927.18	928.11	929.03	929.95	930.87
0,25	921.88	922.81	923.73	924.65	925.57	926.49	927.41	928.34	929.29	930.18	931.10
0,50	922.11	923.04	923.96	924.88	925.80	926.72	927.64	928.57	929.49	930.41	931.33
0,75	922.35	923.27	924.19	925.11	926.03	926.95	927.88	928.80	929.72	930.64	931.56

TABLE POUR L'ESSAI DES LINGOTS D'ARGENT D'AFFINAGE.

POIDS DE LA PRISE D'ESSAI 1015; TITRE CORRESPONDANT 985,22 (1).

TITRE ASCENDANT.

	0	1	2	3	4	5	6	7	8	9	10	11	12	13	14	15
	985.22	986.20	987.19	988.17	989.16	990.14	991.13	992.11	993.10	994.08	995.07	996.05	997.04	998.02	999.01	1000.00
0.25	985.46	986.45	987.43	988.42	989.40	990.39	991.37	992.36	993.34	994.33	995.32	996.30	997.29	998.27	999.26	«
0.50	985.71	986.69	987.68	988.66	989.65	990.64	991.62	992.61	993.59	994.58	995.56	996.55	997.53	998.52	999.50	«
0.75	985.96	986.94	987.93	988.91	989.90	990.88	991.87	992.85	993.84	994.82	995.81	996.79	997.78	998.76	999.75	«

(1) Le titre le plus bas résultant d'un relevé fait sur 100 lingots d'argent d'affinage, s'étant trouvé de 989 millièmes, on est parti, pour établir la table ci-dessus, du titre de 985,22 seulement, afin d'être sûr de n'avoir jamais à employer que la dissolution décuple de sel. Le titre le plus fort résultant de ce même relevé était de 998 millièmes.

CHAPITRE V.

DE L'ESSAI D'ARGENT TENANT PLATINE.

PRÉLIMINAIRE.

L'essai d'argent tenant platine serait assez facile à faire si l'alliage ne contenait jamais plus d'un dixième de platine, et s'il était toujours formé de ces deux métaux ; mais indépendamment des cas dans lesquels le platine peut former le cinquième ou même le quart de l'alliage, il est extrêmement rare de le trouver exempt de cuivre, et l'essai en devient alors plus difficile, en raison de la forte adhérence que contracte ce métal avec le platine, et surtout en raison de la haute température qu'exige l'alliage pour être tenu en fusion, lorsque le platine y est abondant.

M. d'Arcet, auquel nous devons un excellent Mémoire sur l'analyse de ces alliages non étudiés avant lui, sous le rapport de l'art des essais, a indiqué le procédé à suivre pour l'essai des alliages binaires d'argent et de platine (1).

Ce procédé, basé sur la propriété qu'a l'acide sulfurique concentré de dissoudre l'argent sans attaquer le platine,

(1) Voyez les *Annales de Chimie*, tome 89, page 135.

est d'autant plus précieux qu'il fournit les moyens de séparer ces deux métaux en grand lorsqu'ils se trouvent mêlés comme dans la mine d'argent de Guadalcanal, ainsi que l'a découvert M. Vauquelin.

Je me suis servi de ce procédé pour mettre les essayeurs en état d'analyser ces alliages lorsqu'ils contiennent du cuivre, et c'est du travail de M. d'Arcet et de mes expériences que je tirerai tout ce que je vais dire sur l'*essai d'argent tenant platine.*

Comme il est extrêmement rare, ainsi que nous l'avons déjà dit, de trouver les alliages d'argent et de platine exempts de cuivre, c'est donc de l'essai de ces alliages ternaires dont nous allons nous occuper.

La couleur grise, la dureté et la pesanteur spécifique de l'argent allié de platine, sont autant de caractères auxquels on reconnaît la présence de ce métal ; mais comme il peut y exister en assez petite quantité pour que les propriétés physiques de l'argent n'en soient pas sensiblement altérées, on doit s'assurer de l'existence de ce métal par les nouvelles propriétés chimiques qu'il fait prendre à l'alliage. La coupellation est un des moyens qu'on doit employer ; car les essais d'argent qui contiennent du platine ne font pas tous l'*éclair*, se figent quelquefois aussitôt les *couleurs* de l'*iris* et donnent des boutons mats, d'un blanc gris, et lorsqu'il y est abondant, tout mamelonnés. L'essai pouvant en recéler 10 à 15 millièmes sur 890 de fin, sans présenter aucun de ces caractères, il devient alors nécessaire d'opérer la dissolution du bouton dans l'acide nitrique à 22° et à chaud ; car ne contiendrait-il qu'un demi-millième de platine, l'acide devient presque noir et laisse déposer par le repos une poudre de cette couleur, mais tellement divisée qu'il devient presque impossible de la recueillir ; l'acide éclairci prend une couleur jaune-paille très faible. Ce moyen est sans contredit le plus rigoureux qu'on puisse employer pour reconnaître des atômes de platine dans l'argent ; mais il faut avoir le soin de faire précéder cette opération de la coupellation.

Une fois le platine reconnu, il faut en approximer le titre, afin de déterminer les quantités de plomb que l'alliage exige pour son affinage complet. Ces quantités ne changent point, quel que soit le titre, lorsque le platine n'excède point 80 millièmes, ainsi qu'on s'en est assuré par beaucoup d'expériences, et sont par conséquent les mêmes que pour l'argent (*Voy.* le chapitre III); mais comme au-dessus de cette quantité l'essai retient du cuivre et du plomb, et qu'il y a une *surcharge* d'autant plus considérable que le platine est plus abondant dans l'argent, il devient nécessaire d'apporter quelques modifications au procédé suivi ordinairement pour la détermination du titre de l'argent.

Le résultat des quatre expériences suivantes donne la mesure de cette *surcharge*.

	1er alliage.	2me alliage.	3me alliage.	4me alliage.
Argent. . . .	0,800	0,750	0,700	0,650
Platine. . .	0,100	0,150	0,200	0,250
Cuivre. . . .	0,100	0,100	0,100	0,100
	1,000	1,000	1,000	1,000

Ces quatre alliages ont été passés avec sept parties de plomb à la température à laquelle on fait les essais d'argent et ont donné de *surcharge*, savoir :

Le 1er. . . . .   7 millièmes.
Le 2. 13
Le 3. 30
Le 4. 100

A 200 millièmes et à la température des fourneaux à

coupelles en usage au laboratoire des essais des monnaies, le bouton reste encore rond, mais à 250 millièmes, c'est-à-dire lorqu'il forme le quart de l'alliage, la température du devant de la moufle n'étant plus suffisante pour tenir en fusion l'alliage quaternaire d'argent, de platine, de plomb et de cuivre, l'essai, au lieu de passer, se fige en s'aplatissant et conserve, ainsi que nous l'avons vu, par la *surcharge* du dernier alliage, une très grande quantité de plomb.

Nous distinguerons donc les *essais d'argent tenant platine* en trois espèces : ceux qui ne contiennent, par gramme ou 1000 millièmes, que depuis 1 jusqu'à 80 millièmes de platine; pour ces essais la quantité de plomb et la température doivent être les mêmes que pour les essais d'argent ordinaires à quantités égales de cuivre; 2º les essais d'argent qui contiennent depuis 90 jusqu'a 200 millièmes de platine par gramme; ces essais restent ronds (du moins à la température à laquelle on fait les essais au laboratoire des essais des monnaies), mais conservent, ainsi que nous l'avons vu, du cuivre et du plomb, et doivent être faits à une température plus élevée que celle qu'on a coutume d'employer; celle du milieu de la moufle m'a paru la plus convenable en les laissant finir où ils ont commencé; 3º enfin, dans la troisième espèce nous comprendrons les essais d'argent dans lesquels le platine forme environ le quart de la masse; Cés essais doivent être commencés et finis au fond de la moufle. Quant aux essais qui contiennent 3 à 400 millièmes de platine, il faut les repasser avec un ou deux grammes de plomb, toujours au fond de la moufle et dans une nouvelle coupelle; sans cette double opération on obtient toujours une certaine *surcharge*, et si par ce dernier moyen on ne l'évite pas toujours, on la rend du moins beaucoup moins considérable.

DESCRIPTION DU PROCÉDÉ.

Lorsqu'on aura un *essai d'argent tenant platine* à faire, on commencera par déterminer, par un essai fait *grosso modo*, à laquelle des trois espèces ci-dessus désignées appartient cet essai. A cet effet on passera au milieu de la moufle d'un fourneau bien chaud, et en laissant finir à la même place, 100 millièmes de la boîte à l'argent de l'alliage, avec un gramme de plomb; la perte indiquera, à peu près, la quantité de cuivre, et par conséquent celle de plomb à mettre.

Après cette première opération, faite au dixième, on pèsera deux essais d'un demi-gramme chaque ; on passera le premier comme un essai ordinaire et le second au milieu de la moufle, en l'y laissant finir complétement et en observant que l'essai, étant fait sur le demi-gramme, exige moitié moins de plomb ; et on se guidera pour la quantité de ce métal sur celles indiquées pour les divers titres de l'argent.

Si l'essai passé comme un essai ordinaire s'aplatit en finissant, l'alliage contiendra, au moins, le quart de platine et appartiendra à la troisième espèce (1); il faudra alors en peser un nouveau demi-gramme, le passer au fond de la moufle en l'y laissant finir, et en repassant le bouton de retour avec 2 grammes de plomb, le plus chaud possible, si le platine paraissait faire plus du quart de l'alliage; si, au contraire, il reste rond, c'est qu'il appartiendra aux deux premières ; pour savoir à laquelle de de ces deux espèces il se rattache, on pèsera l'essai passé au milieu de la moufle, on l'aplatira seulement et on le

---

(1) Il est bien entendu que ces phénomènes sont relatifs à la température à laquelle on opère ; il est indispensable que les essayeurs fassent des synthèses de ces alliages pour se rendre compte de la température de leurs fourneaux.

traitera dans un petit matras, à deux reprises différentes, et pendant dix minutes chaque fois, par de l'acide sulfurique pur et à 66° de Baumé. On recueillera le platine ainsi qu'on le fait pour les essais *d'argent tenant or* ; on le sèchera, on le fera rougir et on le pèsera. Si l'essai, ainsi traité, donne une quantité de platine qui n'excède pas 80 millièmes par gramme, on le passera, comme un essai d'argent ordinaire, avec les quantités de plomb que les opérations précédentes auront indiquées, en conservant celles exprimées au tableau pour les divers titres de l'argent et en ne mettant que moitié, parce que, ainsi que nous l'avons vu, tous ces essais doivent être faits au demi-gramme. Si le platine excède 80 millièmes, on le passera presque au milieu de la moufle et on l'y laissera finir.

L'essai passé convenablement sera pesé, et son poids indiquera la quantité d'argent et de platine réunis (1). On y alliera alors, en se guidant sur l'essai fait *grosso modo*, de l'argent, si cela est nécessaire, pour ramener les deux métaux dans les proportions de deux parties d'argent contre une de platine. Cet alliage se fera au fond de la moufle d'un fourneau bien chaud ; comme j'ai observé que cet alliage retenait d'autant plus de plomb que ce métal se trouvait en contact avec l'argent et le platine seulement, j'engage à ajouter au bouton de retour 100 millièmes de la boîte à l'or de cuivre, et à passer le tout avec 3 g. 1/2 de plomb et en laissant le bouton fini quelques minutes au fond de la moufle ; on le retirera, et lorsqu'il sera froid, on l'aplatira avec soin en le recuisant à plusieurs reprises ; on le laminera de deux centimètres 1/2 de long environ ; on le recuira fortement ; on le roulera en spirale et on le traitera à deux reprises différentes dans un petit matras

---

(1) Tous ces essais sont, en général, fort difficiles à faire rigoureusement exacts, par rapport à l'argent, et ceux surtout de la troisième espèce conservent souvent une petite *surcharge*, vraisemblablement faute de température.

par de l'acide sulfurique pur et à 66°, pendant huit à dix minutes, ainsi qu'on le fait pour les essais *d'argent tenant or* contenant platine, chapitre auquel je renvoie pour plus de détails.

REMARQUES.

PREMIÈRE REMARQUE.

Dans les diverses espèces d'essais dont nous venons de nous occuper, le platine, après le *départ* par l'acide sulfurique, est toujours plus ou moins divisé.

DEUXIÈME REMARQUE.

L'or, allié dans une certaine proportion au bouton d'essai, avant le départ par l'acide sulfurique, aurait le grand avantage de donner des boutons de retour beaucoup plus ductiles et surtout des *cornets* qui ne se briseraient pas; mais il y a alors presque toujours perte en platine.

TROISIÈME REMARQUE.

On a cherché à baisser la proportion de deux parties d'argent contre une d'or et de platine réunis, pour obvier à l'inconvénient signalé dans la remarque précédente, et on est arrivé, pour quelques alliages, à d'assez bons ré-sultats; mais comme ces nouvelles quantités varient sui-vant les masses, il a été impossible d'asseoir un procédé;

c'est ainsi qu'avec 1 partie 1/4 d'argent dans un alliage qui contenait 100 millièmes d'or et 100 millièmes de platine de la boîte à l'or, j'ai retrouvé juste 200; tandis qu'avec cette proportion, dans un alliage qui contenait 200 millièmes d'or et 200 millièmes de platine de la boîte à l'or, j'ai obtenu une *surcharge* de 9 millièmes, et qu'en recommençant cette opération avec 1 partie 1/2 d'argent, on a retrouvé juste 400 millièmes; de même qu'il y aurait vraisemblablement du danger à se tenir au-dessous de cette proportion pour la plupart des alliages, il est vraisemblable qu'on pourrait conserver celle d'une partie 1/2 d'argent contre une d'or et de platine réunis, et faire une semblable opération de manière à pouvoir la comparer à celle qu'on a décrite, et dans laquelle l'alliage est seulement composé de platine et d'argent.

CHAPITRE VI.

DE L'ESSAI D'OR.

PRÉLIMINAIRES.

Les alliages que forme l'or avec le cuivre, constituant les *essais d'or*, on conçoit, d'après ce que nous avons appris de la coupellation de l'argent, que si ces alliages se composaient uniquement de ces deux métaux, il suffirait, comme on le pratique pour les *essais d'argent*, de passer la *prise* d'essai à la coupelle avec une quantité de plomb déterminée et à une température assez élevée pour en déterminer le titre; mais comme ces alliages contiennent souvent une petite quantité d'argent trop faible pour en être séparée avec avantage, et que ce métal reste uni avec l'or après la coupellation, il devient nécessaire de faire succéder à cette opération celle du *départ* par l'acide nitrique, laquelle est basée sur la propriété qu'a l'acide nitrique de dissoudre l'argent sans attaquer l'or. Ce *départ* ne se fait jamais qu'après avoir allié à l'or, dont on se propose de déterminer le titre, et au moment de sa coupellation, une quantité d'argent telle, que le bouton de retour présente un alliage dans lequel ce métal forme les 3/4 de la masse; ce qui a fait donner à cette opération le nom d'*inquartation*, opération indispensable pour diviser les molécules de l'or et permettre la dissolution de la petite quantité d'argent contenue dans l'alliage, laquelle, sans cette précaution, ne s'opérerait point, parce que l'or, dominant de beaucoup, recouvrirait ce métal et le défendrait de l'action de l'acide nitrique. Cette quantité de trois parties d'argent contre une d'or a été déterminée par l'expérience, et elle a démontré qu'il y aurait également inconvénient à la mettre plus forte, comme à la mettre plus faible; parce que, dans le premier cas, les molécules de l'or étant trop divisées, ce métal se briserait dans l'acide nitrique et rendrait sa réunion plus difficile; tandis que dans le second cas, ces mêmes molécules n'étant point suffisamment divisées, l'acide nitrique ne dissoudrait pas les derniers millièmes, ainsi que nous l'avons déjà fait remarquer. Il est de la dernière importance que l'argent employé dans l'*inquartation* soit pur et surtout exempt d'or; car s'il en recélait, il ferait accuser un titre plus élevé que le titre réel; quant au cuivre on conçoit qu'il pourrait, sans inconvénient, en contenir quelques millièmes, puisque ce métal est enlevé dans la coupellation et qu'il est d'ailleurs, comme l'argent, soluble dans l'acide nitri que ; il ne faudrait cependant pas qu'il en contînt trop, car, dans ce cas, il réduirait la proportion de l'argent, par rapport à l'or, au-dessous des 3/4 ; on ne pourrait alors s'en servir qu'en en mettant davantage et proportionnellement à la quantité de cuivre qu'il contiendrait.

On voit, d'après ce qui vient d'être dit, qu'il devient doublement nécessaire d'approximer le titre de l'or soumis à l'essai, puisque les quantités de plomb et celles d'argent de l'*inquartation* doivent être en rapport avec ce titre. Comme ces quantités peuvent légèrement varier sans préjudicier au titre de l'or ; les propriétés physiques suffisent ici pour les déterminer, surtout lorsqu'on a une certaine habitude.

L'expérience a appris que les alliages d'or et de cuivre contenaient d'autant plus de ce premier métal qu'ils étaient spécifiquement plus pesans, plus jaunes (la couleur verte qu'ont quelquefois les alliages d'or indique la présence d'une quantité notable d'argent) ; qu'ils étaient plus doux à la lime et à la cisaille ; qu'ils offraient plus de résistance à l'acide nitrique ; que le recuit ne leur faisait éprouver aucun changement, et que la trace qu'ils laissaient sur la pierre de touche était plus jaune et se laissait moins attaquer par l'acide préparé pour le *touchau* (*Voy.* le chapitre XIII).

L'examen de toutes ces propriétés fait avec soin, et le titre approximé, on multipliera la quantité de fin par trois, et ce nombre exprimera la quantité d'argent fin à mettre pour l'*inquartation*. Quant à la quantité de plomb nécessaire à son affinage complet, on la trouvera dans la table suivante, que M. d'Arcet vient de faire établir récemment au laboratoire des essais des monnaies.

TABLE

DES

QUANTITÉS DE PLOMB NÉCESSAIRES

POUR FAIRE LES ESSAIS D'OR.

TITRES DE L'OR.	QUANTITÉS de Cuivre alliées à l'Or suivant les titres correspondans.	DOSES de Plomb nécessaire pour l'affinage complet de l'Or.		RAPPORT qui existe dans le bain entre le Plomb et le Cuivre.
Or à 1000	0		1/2 gr.	0
900	100	10p ou	5	100.000 à 1
800	200	16 ou	8	80.000 à 1
700	300	22 ou	11	73.333 à 1
600	400	24 ou	12	60.000 à 1
500	500	26 ou	13	52.600 à 1
400	600	34 ou	17	56.666 à 1
300	700	34 ou	17	48.571 à 1
200	800	34 ou	17	42.500 à 1
100	900	34 ou	17	37.777 à 1

On dit dans cette table 10 parties ou 5 grammes, cela veut dire que dans l'essai, au titre de 900 par exemple, on ne doit employer que 5 grammes de plomb, parce que cet essai, comme tous les essais d'or en général, ne se fait jamais qu'au demi-gramme, en ce qu'ils exigent plus de plomb que l'argent à titre égal, pour leur affinage complet, et obligent à l'addition de plus ou moins d'argent, ce qui mettrait dans la nécessité de prendre des coupelles plus grandes, rendrait l'essai plus long, ferait user plus d'acide nitrique et rendrait certainement le *départ* plus difficile, car il se fait d'autant mieux qu'on opère sur de plus petites masses.

Quant aux titres intermédiaires et pour lesquels les quantités de plomb n'ont point été déterminées, on peut, sans inconvénient, les établir par le calcul ; on obtiendra alors la table suivante, à quelques variations près, et jusqu'au titre de 400 millièmes inclusivement.

TABLE

DES

QUANTITÉS RÉELLES DE PLOMB A METTRE SUR L'OR ALLIÉ DE CUIVRE SEULEMENT.

TITRES.	PLOMB.	TITRES.	PLOMB	TITRES.	PLOMB.
	Millièm.		Millièm.		Millièm.
1000	500	991	500	982	900
999	500	990	500	981	950
998	500	989	550	980	gram. 1.000
997	500	988	600	979	1.050
996	500	987	650	978	1.100
995	500	986	700	977	1.150
994	500	985	750	976	1.200
993	500	984	800	975	1.250
992	500	983	850	974	1.300

TITRES.	PLOMB.	TITRES.	PLOMB.	TITRES.	PLOMB.
	Gram.		Gram.		Gram.
973	1.350	940	3.000	907	4.650
972	1.400	939	3.050	906	4.700
971	1.450	938	3.100	905	4.750
970	1.500	937	3.150	904	4.800
969	1.550	936	3.200	903	4.850
968	1.600	935	3.250	902	4.900
967	1.650	934	3.300	901	4.950
966	1.700	933	3.350	900	5.000
965	1.750	932	3.400	899	5.030
964	1.800	931	3.450	898	5.060
963	1.850	930	3.500	897	5.090
962	1.900	929	3.550	896	5.120
961	1.950	928	3.600	895	5.150
960	2.000	927	3.650	894	5.180
959	2.050	926	3.700	893	5.210
958	2.100	925	3.750	892	5.240
957	2.150	924	3.800	891	5.270
956	2.200	923	3.850	890	5.300
955	2.250	922	3.900	889	5.330
954	2.300	921	3.950	888	5.360
953	2.350	920	4.000	887	5.390
952	2.400	919	4.050	886	5.420
951	2.450	918	4.100	885	5.450
950	2.500	917	4.150	884	5.480
949	2.550	916	4.200	883	5.510
948	2.600	915	4.250	882	5.540
947	2.650	914	4.300	881	5.570
946	2.700	913	4.350	880	5.600
945	2.750	912	4.400	879	5.630
944	2.800	911	4.450	878	5.660
943	2.850	910	4.500	877	5.690
942	2.900	909	4.550	876	5.720
941	2.950	908	4.600	875	5.750

TITRES.	PLOMB.	TITRES.	PLOMB.	TITRES.	PLOMB.
	Gram.		Gram.		Gram.
874	5.780	841	6.860	808	7.820
873	5.910	840	6.890	807	7.840
872	5.940	839	6.910	806	7.850
871	5.970	838	6.940	805	7.870
870	6.000	837	6.970	804	7.900
869	6.030	836	7.000	803	7.920
868	6.060	835	7.030	802	7.940
867	6.090	834	7.060	801	7.970
866	6.120	833	7.090	800	8.000
865	6.150	832	7.120	799	8.030
864	6.180	831	7.150	798	8.060
863	6.210	830	7.180	797	8.090
862	6.240	829	7.210	796	8 120
861	6.270	828	7.240	795	8.150
860	6.300	827	7.270	794	8.180
859	6.330	826	7.300	793	8.210
858	6.360	825	7.330	792	8.240
857	6.390	824	7.360	791	8.270
856	6.420	823	7.390	790	8.300
855	6 450	822	7.420	789	8.330
854	6 480	821	7.450	788	8.360
853	6.510	820	7.480	787	8.390
852	6.540	819	7.510	786	8.420
851	6.570	818	7.540	785	8.450
850	6.600	817	7.570	784	8.480
849	6.630	816	7.600	783	8.510
848	6.660	815	7.630	782	8.540
847	6.690	814	7.660	781	8.570
846	6.710	813	7.690	780	8.600
845	6.740	812	7.720	779	8.630
844	6.770	811	7.750	778	8 660
843	6.800	810	7.780	777	8.690
842	6.830	809	7.810	776	8.720

TITRES.	PLOMB.	TITRES.	PLOMB.	TITRES.	PLOMB.
	Gram.		Gram.		Gram.
775	8.750	742	9.740	709	10.730
774	8.780	741	9.770	708	10.760
773	8.810	740	9.800	707	10.790
772	8.840	739	9.830	706	10.820
771	8.870	738	9.860	705	10.850
770	8.900	737	9.890	704	10.880
769	8.930	736	9.920	703	10.910
768	8.960	735	9.950	702	10.940
767	8.990	734	9.980	701	10.970
766	9.020	733	10.010	700	11.000
765	9.050	732	10.040	699	11.010
764	9.080	731	10.070	698	11.020
763	9.110	730	10.100	697	11.030
762	9.140	729	10.130	696	11.040
761	9.170	728	10.160	695	11.050
760	9.200	727	10.190	694	11.060
759	9.230	726	10.220	693	11.070
758	9.260	725	10.250	692	11.080
757	9.290	724	10.280	691	11.090
756	9.320	723	10.310	690	11.100
755	9.350	722	10.340	689	11.110
754	9.380	721	10.370	688	11.120
753	9.410	720	10.400	687	11.130
752	9.440	719	10.430	686	11.140
751	9.470	718	10.460	685	11.150
750	9.500	717	10.490	684	11.160
749	9.530	716	10.520	683	11.170
748	9.560	715	10.550	682	11.180
747	9.590	714	10.580	681	11.190
746	9.620	713	10.610	680	11.200
745	9.650	712	10.640	679	11.210
744	9.680	711	10.670	678	11.220
743	9.710	710	10.700	677	11.230

TITRES.	PLOMB.	TITRES.	PLOMB.	TITRES.	PLOMB.
	Gram.		Gram.		Gram.
676	11.240	643	11.570	610	11.900
675	11.250	642	11.580	609	11.910
674	11.260	641	11.590	608	11.920
673	11.270	640	11.600	607	11.930
672	11.280	639	11.610	606	11.940
671	11.290	638	11.620	605	11.950
670	11.300	637	11.630	604	11.960
669	11.310	636	11.640	603	11.970
668	11.320	635	11.650	602	11.980
667	11.330	634	11.660	601	11.990
666	11.340	633	11.670	600	12.000
665	11.350	632	11.680	599	12.010
664	11.360	631	11.690	598	12.020
663	11.370	630	11.700	597	12.030
662	11.380	629	11.710	596	12.040
661	11.390	628	11.720	595	12.050
660	11.400	627	11.730	594	12.060
659	11.410	626	11.740	593	12.070
658	11.420	625	11.750	592	12.080
657	11.430	624	11.760	591	12.090
656	11.440	623	11.770	590	12.100
655	11.450	622	11.780	589	12.110
654	11.460	621	11.790	588	12.120
653	11.470	620	11.800	587	12.130
652	11.480	619	11.810	586	12.140
651	11.490	618	11.820	585	12.150
650	11.500	617	11.830	584	12.160
649	11.510	616	11.840	583	12.170
648	11.520	615	11.850	582	12.180
647	11.530	614	11.860	581	12.190
646	11.540	613	11.870	580	12.200
645	11.550	612	11.880	579	12.210
644	11.560	611	11.890	578	12.230

TITRES.	PLOMB.	TITRES.	PLOMB.	TITRES.	PLOMB.
	Gram.		Gram.		Gram.
577	12.230	544	12.560	511	12.890
576	12.240	543	12.570	510	12.900
575	12.250	542	12.580	509	12.910
574	12.260	541	12.590	508	12.920
573	12.270	540	12.600	507	12.930
572	12.280	539	12.610	506	12.940
571	12.290	538	12.620	505	12.950
570	12.300	537	12.630	504	12.960
569	12.310	536	12.640	503	12.970
568	12.320	535	12.650	502	12.980
567	12.330	534	12.660	501	12.990
566	12.340	533	12.670	500	13.000
565	12.350	532	12.680	499	13.040
564	12.360	531	12.690	498	13.080
563	12.370	530	12.700	497	13.120
562	12.380	529	12.710	496	13.160
561	12.390	528	12.720	495	13.200
560	12.400	527	12.730	494	13.240
559	12.410	526	12.740	493	13.280
558	12.420	525	12.750	492	13.320
557	12.430	524	12.760	491	13.360
556	12.440	523	12.770	490	13.400
555	12.450	522	12.780	489	13.440
554	12.460	521	12.790	488	13.480
553	12.470	520	12.800	487	13.520
552	12.480	519	12.810	486	13.560
551	12.490	518	12.820	485	13.600
550	12.500	517	12.830	484	13.640
549	12.510	516	12.840	483	13.680
548	12.520	515	12.850	482	13.720
547	12.530	514	12.860	481	13.760
546	12.540	513	12.870	480	13.800
545	12.550	512	12.880	479	13.840

TITRES.	PLOMB.	TITRES.	PLOMB.	TITRES.	PLOMB.
	Gram.		Gram.		Gram.
478	13.880	451	14.960	424	16.040
477	13.920	450	15.000	423	16.080
476	13.960	449	15.040	422	16.120
475	14.000	448	15.080	421	16.160
474	14.040	447	15.120	420	16.200
473	14.080	446	15.160	419	16.240
472	14.120	445	15.200	418	16.280
471	14.160	444	15.240	417	16.320
470	14.200	443	15.280	416	16.360
469	14.240	442	15.320	415	16.400
468	14.280	441	15.360	414	16.440
467	14.320	440	15.400	413	16.480
466	14.360	439	15.440	412	16.520
465	14.400	438	15.480	411	16.560
464	14.440	437	15.520	410	16.600
463	14.480	436	15.560	409	16.640
462	14.520	435	15.600	408	16.680
461	14.560	434	15.640	407	16.720
460	14.600	433	15.680	406	16.760
459	14.640	432	15.720	405	16.800
458	14.680	431	15.760	404	16.840
457	14.720	430	15.800	403	16.880
456	14.760	429	15.840	402	16.920
455	14.800	428	15.880	401	16.960
454	14.840	427	15.920	400	17.000
453	14.880	426	15.960		
452	14.920	425	16.000		

DESCRIPTION DU PROCÉDÉ.

Lorsque le titre de l'alliage soumis à *l'essai* aura été approximé, et qu'on sera ainsi dans la possibilité de déterminer les quantités de plomb nécessaires à son affinage, ainsi que celle de l'argent nécessaire à *l'inquartation*, on procédera à la détermination de son titre de la manière suivante : Supposons donc que le titre approximatif ait indiqué 750 millièmes d'or fin sur 1000 parties et 250 millièmes de cuivre : on cherchera dans le tableau des quantités de plomb nécessaires à l'affinage complet des alliages d'or à tous les titres, celle qu'il faudra pour celui dont on s'occupe ; quant à l'argent *d'inquartation*, lequel doit toujours être de trois parties contre une d'or fin, on le déterminera en multipliant 750 millièmes qui existent en or fin dans l'alliage ; et la moitié de ce nombre indiquera la quantité qu'il en faudra mettre, laquelle ici sera de 1125 mil., les essais d'or se faisant toujours au demi-gramme.

Le plomb étant fondu et découvert, on y portera le demi-gramme de l'alliage enveloppé dans du papier avec les 1125 mil. d'argent, et on laissera l'essai finir seul ; car on peut ici impunément perdre quelques millièmes d'argent, n'étant qu'à la recherche de l'or. L'essai passé à une température convenable, laquelle doit être peu supérieure à celle à laquelle on fait les essais d'argent, on le retire de la moufle, on le laisse refroidir ; on le brosse après l'avoir détaché de la coupelle, on l'aplatit ; on le recuit, en le faisant rougir légèrement, afin de lui rendre la ductilité que lui a ôtée l'action du marteau ; on le lamine progressivement de la longueur de 6 centimètres et de 12 à 13 millimètres de large (ces dimensions varient

suivant les titres et doivent être d'autant plus grandes que
l'or dont on fait l'essai est plus fin); l'essai ainsi laminé,
on le recuit avec précaution, car la lame étant mince est
susceptible d'une facile fusion ; on la roule en spirale; on
la recuit de nouveau et légèrement pour enlever la matière
grasse que les doigts auraient pu y porter, et on l'introduit froid dans un matras à essais ordinaires, contenant à
peu près la moitié de sa boule d'acide nitrique à 20 ou 22°
de Baumé ; et on fait bouillir 20 minutes, à feu nu, et sur
des petits charbons allumés, posés sur des cendres ; après
quoi on décante le nitrate d'argent formé pendant le *départ*, et on procède à l'opération de la *reprise*, en mettant
sur le *cornet* une nouvelle quantité d'acide nitrique, mais
à 32°, et moitié environ de celle employée dans la première
opération, laquelle on fait bouillir 8 à 10 minutes (1).
L'ébullition de ce nouvel acide ne se fait pas toujours aussi
régulièrement que celle du *départ*, parce que, lors de cette
première opération, la grande quantité d'argent qui existe
dans le *cornet* la détermine par sa propre dissolution; tandis
que dans la *reprise*, comme il n'existe plus que quelques
millièmes d'argent dans l'essai, rien ne détermine l'ébullition que la chaleur, laquelle s'accumule quelquefois dans
les circonvolutions de l'essai, met en vapeur une grande
quantité d'acide à la fois, et en s'échappant avec force,
soulève une portion de l'acide nitrique liquide, lequel
est quelquefois projeté au dehors et brise l'essai ou l'entraîne même avec lui. Pour éviter cet inconvénient, il
faut d'abord ménager le feu et ôter un peu d'acide si sa
quantité le permet ; quand l'essai, après quelques bouil-
lons, s'arrête tout court, ou qu'il va par saccades, l'essai
est en danger de sauter ; alors il faut tourner doucement
le matras sur le feu de manière à y exposer sa partie la

____

(1) Un petit sablier de 10 minutes donne un moyen commode de compter
ce temps.

plus mince, dans lequel cas l'ébullition se détermine de suite; car l'inégalité d'épaisseur du verre, dont est formé le matras, est souvent la cause de cette inégalité d'ébullition et des accidens qui en sont la suite (1).

L'essai ayant bien bouilli à la *reprise* pendant 8 à 10 minutes, ainsi qu'il est nécessaire pour l'affinage complet de l'or, on décante le nitrate d'argent; on lave le *cornet* à l'eau distillée, on remplit de cette eau le matras; on fait passer avec adresse le *cornet* dans un petit creuset à essai; on recuit et on pèse : le poids obtenu indique le titre.

Tel est le procédé qu'on doit mettre en usage pour déterminer le titre de l'or allié; mais l'*essai de l'or* fin exige qu'on y fasse quelques modifications sans lesquelles, lorsque l'or est véritablement à 1000 millièmes, on a presque toujours une *surcharge* de 1 à 2 millièmes.

On trouve dans les *Annales de chimie et de physique*, tome IV, page 356, les manipulations qu'on doit employer pour faire ces essais; elles consistent à laminer l'essai moins qu'on ne le fait ordinairement, c'est-à-dire de 8 centimètres au plus; à le traiter par l'acide nitrique à 22°, seulement jusqu'à l'entier dégagement du gaz acide nitreux, dégagement qui s'opère communément dans les 4 ou 5 premières minutes; à décanter et à faire bouillir successivement, et pendant dix minutes chaque fois, deux nouvelles quantités d'acide nitrique à 32° (2).

____

(1) Pour empêcher les essais d'or de sauter, on emploie depuis quelque temps au laboratoire des essais, un moyen extrêmement simple; il consiste à introduire dans le matras, après l'acide à 32°, un morceau de charbon de bois du volume d'une grosse tête d'épingle.

(2) Des expériences faites depuis quelques années, au laboratoire des essais des monnaies, ont prouvé qu'à 700 millièmes et au-dessus, il y avait encore une légère *surcharge*, en ne passant sur l'essai qu'un seul acide à 32°.

REMARQUES.

PREMIÈRE REMARQUE.

Si les *essais d'or* avaient été *inquartés* à beaucoup moins de trois parties d'argent contre une d'or fin, s'ils n'avaient pas été suffisamment laminés, si le second acide n'avait pas bouilli convenablement ou si les acides employés étaient au-dessous des degrés indiqués, ils pourraient retenir une petite quantité d'argent, qui en augmenterait le poids. On s'assure de la présence de ce métal en dissolvant le *cornet*, soupçonné en contenir, dans une petite quantité d'eau régale et en rapprochant la dissolution qui sera complète, si le *cornet* ne contient pas d'argent, et dans le cas contraire laissera déposer une poudre blanche de chlorure d'argent insoluble.

Il ne faut pas rouler le *cornet* trop serré ; dans ce cas, il bout difficilement au second acide, se brise presque toujours et donne une légère *surcharge* d'un quart de millième, ainsi que nous l'avons constaté sur deux essais d'une pièce d'or de 40 fr. qui avaient été roulés très fortement, et entre les circonvolutions desquels on ne voyait point du tout le jour.

DEUXIÈME REMARQUE.

Quoiqu'on puisse laisser les *essais d'or* finir seuls dans la moufle, la température n'est cependant pas indifférente et doit être peu supérieure à celle à laquelle on fait les *essais d'argent*, car si cette température est trop élevée il est constant qu'il y a perte d'or.

TROISIÈME REMARQUE.

L'aigreur des boutons d'essais d'or, bien fait d'ailleurs, provient moins de ce qu'ils retiennent du plomb que parce qu'ils sont complètement privés de cuivre ; l'alliage binaire d'or, à cette proportion de 3 parties d'argent contre 1 de ce métal, paraissant moins ductile que l'alliage ternaire que forment ces deux métaux avec le cuivre. Ce fait est si vrai qu'on rend facilement la ductilité aux essais d'or fin, qui sont presque toujours aigres, en les passant à la coupelle avec une petite quantité de cuivre et une quantité de plomb, telle qu'il reste un peu de ce premier métal dans l'essai. Ainsi, soit qu'on ait un essai d'or fin à faire, ou à repasser à la coupelle un essai tellement aigre qu'il ne pourrait point supporter l'action du laminoir, j'engagerai à les passer avec 1 gramme de plomb, tenant sur 100 grammes 2 grammes 1/2 de cuivre ; alliage qu'on fait facilement en faisant fondre le plomb au rouge, en y introduisant le cuivre mince et en coulant l'alliage rouge ; car sans cette précaution il y a *liquation*. A défaut de cet alliage, on peut mettre dans la *prise* d'essai 25 millièmes de cuivre et passer avec 1 gramme de plomb à une température moyenne ; en recuisant le bouton avant de le serrer dans les pinces et de le brosser, on arrive souvent à l'avoir doux sans y laisser de cuivre, ainsi que nous venons de le conseiller.

QUATRIÈME REMARQUE.

L'opération du *départ* et de la *reprise* se fait sur des

charbons allumés ou sur de la braise ; mais le sable serait préférable ; car l'ébullition y est plus soutenue, plus régulière, et les soubresauts moins fréquens.

CINQUIÈME REMARQUE.

Les deux opérations, appelées le *départ* et la *reprise*, se faisaient anciennement au laboratoire des essais des monnaies, sous le manteau d'une cheminée ordinaire ; de sorte que le gaz acide nitreux, dégagé de l'acide nitrique, dont une portion se vaporise, se condensant toujours avant d'arriver dans le haut de la cheminée, même quand celle-ci allait bien, remplissait le laboratoire de ces deux gaz délétères et en rendait le séjour tellement insupportable et nuisible qu'on ne pouvait y rester qu'en ouvrant toutes les croisées. Depuis environ vingt ans, M. d'Arcet, auquel le laboratoire doit tant et de si utiles perfectionnemens, a fait abaisser sur le devant de la cheminée un mur qui descend à environ 26 centimètres du niveau de la *paillasse*, et en a fait élever un sur la même ligne de 18 centimètres de hauteur, ce qui ne laisse environ que 13 centimètres d'ouverture, dans laquelle viennent s'engager les cols des matras. Cette fente, qui a à peu près 16 décimètres de long et qui peut recevoir 20 ou 24 matras, est assez hermétiquement bouchée par plusieurs feuilles de tôle, qui s'ôtent et se mettent à volonté, suivant qu'on a plus ou moins d'essais à faire ; à l'un des côtés, sur la *paillasse*, et entre le petit mur élevé, et celui de la cheminée, est un petit fourneau d'appel, dans lequel on a le soin de mettre un peu de feu pour déterminer le courant si le temps contrariait l'appareil, ce qui n'arrive que très rarement.

Un mur est également élevé sur la partie latérale de la *paillasse*, de manière à former une caisse dans laquelle se répandent les vapeurs acides, avant d'être appelées à la partie supérieure de la cheminée.

L'acide des matras est décanté dans un vase placé sous un appel ; les matras reçoivent l'acide de la *reprise* de la même manière, de sorte qu'aucune vapeur ne peut entrer dans le laboratoire.

Enfin on est tellement maître de cet appareil qu'on peut, à volonté, le faire bien ou mal aller, en tenant fermés ou ouverts les vasistas disposés pour déterminer les appels (1).

SIXIÈME REMARQUE.

L'extrême solubilité du cuivre dans l'acide nitrique et sa facile union avec l'or, a dû faire penser qu'il pourrait, dans l'*inquartation*, remplacer l'argent ; on s'est donc livré à quelques essais qui ont résolu la question positivement, mais qui ont indiqué, pour arriver au même but, une suite de manipulations desquelles on ne peut pas s'écarter sans tomber dans de graves erreurs. Ainsi on a reconnu que l'alliage ne pouvait pas se faire à la lampe, car dans ce cas il y a toujours perte d'or ; qu'il ne peut pas non plus se faire sous le charbon en poudre, parce qu'il y a rarement réunion, c'est-à-dire qu'on trouve souvent plusieurs globules ; que le meilleur moyen est de le faire sous le verre de borax en ne le laissant que le temps nécessaire pour fondre, car ce verre dissout quelquefois des quantités assez considérables de cuivre, pour devenir complètement opaque, ce qui change les proportions de l'*inquartation* ;

(1) Voyez pour plus de détail la description du laboratoire des essais des monnaies, publié dans les *Annales de l'industrie française*, numéro d'août 1830.

perte de poids dont on peut s'assurer d'ailleurs par la pesée du petit bouton fondu ; que la quantité de 3 parties de cuivre contre une d'or est trop considérable, car les *cornets* se brisent ; qu'une partie et demie suffit ; enfin que les procédés de *départ* et de *reprise*, ainsi qu'on le pratique, sont impuissans et qu'il faut faire bouillir le *cornet* une demi-heure avec l'acide nitrique à 22°, et 25 minutes avec de l'acide nitrique à 36°.

L'alliage de cuivre et d'or dans cette proportion de 1 1/2 de cuivre contre 1 d'or, est quelquefois doux, quelquefois aigre ; on conçoit qu'il faut, dans tous les cas, recuire le bouton aplati, et ensuite la lame dans le charbon en poudre ; car sans cette précaution le cuivre s'oxide, il se détache des écailles qui occasionent la perte d'une petite quantité d'or ; elle est cependant beaucoup moins considérable qu'on serait porté à le croire.

SEPTIÈME REMARQUE.

L'acide sulfurique peut, jusqu'à un certain point, remplacer l'acide nitrique dans l'opération de l'essai d'or ; mais alors il ne faut mettre que deux parties d'argent contre une d'or fin, au lieu de trois qu'on met ordinairement ; car avec cette dernière proportion le *cornet* est boursouflé et indique trop d'argent ; il ne faut aussi laisser bouillir que 10 minutes au premier acide et 10 minutes au second ; on en a fait qui avaient bouilli 22 minutes au premier acide ; mais alors, au second, ils bouillaient très difficilement. L'opération se fait bien au bain de sable : il faut avoir le soin de laver le *cornet* avec de l'acide sulfurique pur entre les deux acides et ensuite plusieurs fois avec cet acide avant d'employer l'eau distillée.

Il est à remarquer que par ce procédé on obtient presque constamment moins que par l'acide nitrique ; tantôt un millième, quelquefois un demi-millième seulement. Ces expériences ont été répétées dernièrement au laboratoire des essais des monnaies, et on a obtenu les mêmes résultats qu'avec l'acide nitrique ; la seule différence qui ait existé dans les deux opérations, est que dans la première les essais ont été passés avec 7 grammes de plomb, et seulement 5 dans les dernières.

HUITIÈME REMARQUE.

Nous avons vu que la proportion de 3 parties d'argent contre une d'or fin était constamment employée dans les essais d'or ; cette quantité est le maximum, car lorsqu'elle est portée un peu au-dessus les essais sont en danger de se briser ; elle pourrait n'être que de 2 parties 1/2 et donner encore de bons résultats.

NEUVIÈME REMARQUE.

Un *essai d'or*, provenant d'une pièce de 20 fr., au lieu d'être couleur chocolat, comme cela arrive toujours lorsque ces essais sortent de l'acide nitrique du *départ* et de la *reprise*, était verdâtre, et au recuit est devenue rouge-brun très foncé au lieu de prendre une belle couleur jaune-d'or ; on s'est assuré que ce phénomène était dû à une certaine quantité d'oxide d'étain qui se trouvait en petite quantité, attaché aux parois intérieures du matras employé, et dans lequel on avait traité de ce métal par l'acide nitrique.

DIXIÈME REMARQUE.

Lorsque la dissolution d'argent, provenant du travail des essais d'or, a été poussée trop loin à la distillation, il reste constamment dans la cornue un résidu qui est en grande partie inattaquable par l'eau et par l'acide nitrique, même à chaud; ce résidu, complètement séché, fond mal quand on le soumet seul à l'action de la chaleur, même élevée; mais il se fond très bien et promptement dès qu'on le mêle à partie égale de flux noir; on obtient alors un culot métallique très bien formé.

Comme les *scories* de cette opération contiennent toujours une petite quantité d'argent, il serait peut-être convenable de mêler au flux une certaine quantité de litharge; le culot obtenu serait alors passé à la coupelle.

ONZIÈME REMARQUE.

L'acide nitrique, employé aux essais d'or, doit être pur et surtout exempt d'acide muriatique et d'acide sulfurique; dans le premier cas, il y aurait dissolution d'une petite portion d'or, et dans le second *surchaege*; et cette *surcharge* serait d'autant plus considérable qu'il y en existerait davantage. Deux essais d'or, faits avec de l'acide nitrique qui contenait des proportions différentes d'acide sulfurique, ont donné, l'un 17 milliemes de *surcharge*, et l'autre 493; ce second essai recuit s'est brisé dans les doigts et le centre était blanc.

Un *essai d'or* a été fait pour constater à quelle température s'élevait l'acide nitrique dans les deux opérations du *départ*, et de la *reprise*. En conséquence, un thermomètre centigrade a été placé dans le matras où se faisait l'opération. Les vapeurs rouges de gaz acide nitreux ont commencé à se dégager sensiblement à 94°; et pendant les 22 minutes de cette opération, le thermomètre s'est élevé dans son maximum à 109°.

Au second acide le premier bouillon a eu lieu à 102°, et la température s'est élevée dans son maximum à 115°.

CHAPITRE VII.

DE L'ESSAI D'OR TENANT ARGENT.

PRÉLIMINAIRE.

Ces alliages se composent d'or, d'argent et de cuivre; mais l'argent, au lieu de former au plus les 4/5 de la masse, comme dans les *essais d'argent tenant or*, s'y trouve rarement au-dessus d'un dixième; et leur essai se fait par les procédés réunis qui sont employés pour déterminer le titre de ces derniers alliages et ceux d'or.

Après avoir déterminé le titre à peu près par rapport à la quantité de cuivre qu'il contient, on en passera un demi-gramme à la coupelle avec un peu moins de plomb que si l'alliage n'était composé que d'or et de cuivre, parce que dans ce cas, ainsi que nous le savons parfaitement, ce dernier métal exige plus de plomb pour être entraîné dans les pores des coupelles que lorsqu'il se trouve uni à l'argent, comme cela arrive à l'*essai d'or tenant argent*.

DESCRIPTION DU PROCÉDÉ.

Supposons que l'alliage soumis à l'*essai* soit estimé contenir 900 millièmes d'or et d'argent réunis, et 100 de cuivre; le tableau des quantités de plomb pour les alliages d'or indique 10 parties, ce qui donnerait, l'opération se faisant au demi, 5 grammes; je conseillerais de ne mettre que 4 grammes ou 4 1/2 de plomb seulement, suivant que l'or paraîtra contenir plus ou moins d'argent; de passer l'*essai* à la coupelle un peu plus chaud que l'*essai d'argent*, en le finissant sur le devant de la moufle comme on le fait pour ces derniers, et de peser le bouton de retour après l'avoir bien brossé. Si l'estimation a été exacte, son poids sera de 900 millièmes. Cette première opération faite, on prendra un nouveau demi-gramme de l'alliage que l'on passera à la coupelle avec la même quantité de plomb que celle employée dans l'opération précédente, et après y avoir réuni la quantité d'argent nécessaire à l'*inquartation*. . Il est évident que si l'alliage ne contenait que du cuivre et de l'or, ayant obtenu 900, il faudrait 2700 mil. d'argent; mais comme il contient de l'argent et que ce métal est estimé y être dans la proportion d'un neuvième ou 100 millièmes, il faudra retrancher ces 100 millièmes, ce qui laisse 800 d'or et ce qui donne 2400 mil. d'argent pour l'*inquartation*, dont il faut retrancher 100 millièmes pour l'argent déjà existant; ce qui en réduira la proportion à 2300 mil. ou plutôt à 1150 mil., puisque l'opération se fait sur le demi-gramme. L'*essai* étant terminé et le bouton aplati, recuit, laminé de 7 centimètres de long environ, on le recuit encore une fois; on le roule en spirale; et après l'avoir fait chauffer légèrement dans une coupelle, on le traite successivement par l'acide nitrique à 22° et à 32°, vingt minutes le premier acide et 10 le second; on lave à l'eau distillée, on introduit le *cornet* dans un petit creuset d'essai, on recuit et on pèse. Si le *cornet* ou l'or pur pèse 800 millièmes, il n'y a pas de doute que l'alliage contient 100 millièmes d'argent, puisque le premier bouton pesait 900 millièmes, poids réunis de l'or et de l'argent.

Ainsi que pour l'essai d'or, il faut éviter d'outre-passer la proportion de l'argent de l'*inquartation* ou de se tenir trop au-dessous; parce que dans le premier cas le *cornet* se briserait, et dans le second l'or pourrait retenir quelques millièmes d'argent.

REMARQUES.

PREMIÈRE REMARQUE.

D'après une observation faite par M. Cozette, ancien essayeur du commerce, il a été constaté qu'il y avait perte d'or de 1, 2, et même 3 millièmes, lorsqu'on passait la *prise d'essai* seule avec le plomb avant d'y mettre l'argent de l'*inquartation*, et lorsqu'on reprenait ce bouton et

qu'on le repassait une seconde fois à la coupelle pour y
allier ce métal ; il conseillait d'y allier tout de suite l'argent
de l'*inquartation* et de le défalquer du poids du bouton.

DEUXIÈME REMARQUE.

La nécessité d'avoir de l'argent à 1000 millièmes juste,
et la crainte qu'on doit avoir de perdre d'autant plus
d'argent qu'il existe plus de ce métal dans la coupelle,
nous a engagé à faire deux *prises d'essai*, la première servant à indiquer la quantité d'or et d'argent réunis, et la
seconde celle de l'or seulement.

TROISIÈME REMARQUE.

Il est indispensable de faire des *synthèses* en faisant
varier les quantités d'argent, et de manière à constater ce
qu'il faudra retrancher aux essais obtenus, ces alliages
donnant toujours des *surcharges*.

Ces *synthèses* doivent se faire, autant que possible, en
même temps que l'essai de l'alliage dont elles doivent
servir à rectifier le titre.

CHAPITRE VIII.

DE L'ESSAI D'ARGENT TENANT OR.

PRÉLIMINAIRE.

On entend par *essai d'argent tenant or* l'analyse des alliages que forme l'argent avec l'or et dans lesquels ce dernier forme, au plus, le cinquième de la masse et s'y trouve plus souvent dans une proportion infiniment moindre; car on essaie comme *argent tenant or* l'argent qui ne contient qu'un demi-millième d'or, cette quantité payant les frais d'affinage.

Le procédé employé à l'essai de ces alliages est également basé sur la propriété qu'a l'acide nitrique de dissoudre l'argent sans attaquer l'or; on conçoit qu'il suffirait de faire agir ce réactif pour en opérer la séparation, si l'alliage n'était formé que de ces deux métaux. Mais comme il contient toujours du cuivre dans une certaine proportion, il faut le passer à la coupelle pour lui enlever ce métal au moyen du plomb.

Les lingots d'*argent tenant or* sont toujours blancs, à moins qu'ils soient très bas en titres et qu'ils contiennent beaucoup de cuivre; car dans ce cas ils peuvent avoir une teinte rouge. Ainsi que pour les *essais d'argent,* on doit en passer 100 millièmes à la coupelle avec un gramme de plomb afin de déterminer à peu près la quantité de cuivre et savoir celle de plomb à mettre, observant qu'à titre égal, par rapport à l'or et à l'argent réunis, il faut toujours mettre sur les lingots d'*argent tenant or* un peu plus de plomb que sur l'argent, une même quantité de cuivre alliée à l'or ayant besoin de plus de plomb pour s'oxider et se vitrifier que s'il était allié à l'argent.

Malheureusement il n'existe point de table des quantités de plomb à mettre sur les lingots d'*argent tenant or*, et chacun suit à peu près ses idées à cet égard ; nous engageons à se rapprocher cependant des quantités de plomb exprimées au tableau des quantités de plomb à mettre sur les divers titres de l'argent, et d'autant plus que l'alliage dont on aura à déterminer le titre sera pauvre en or.

DESCRIPTION DU PROCÉDÉ.

Supposons que l'alliage dont on ait à faire l'*essai* soit au titre approximatif de 800 millièmes or et argent réunis ; les quantités de plomb, pour les titres d'argent, indiquant 10 parties pour ce titre et les lingots d'*argent tenant or* exigeant un peu plus de plomb, on pourra en mettre 11 à 12 parties, suivant qu'il paraîtra contenir plus ou moins d'or ; ces *essais* se faisant presque toujours au demi-gramme, on en pèse un gramme de la boîte à l'or, c'est-à-dire 500 millièmes, et on le passe à la coupelle avec 5 grammes 1/2 ou 6 grammes de plomb et de la même manière que si c'était un *essai d'argent*.

L'*essai* étant froid, on le brosse, on le pèse et on tient note exacte de son poids ; nous supposerons qu'il s'est trouvé de 800 millièmes.

Le poids bien déterminé, on l'aplatit sur le tas et on le met dans un matras ordinaire avec de l'acide nitrique pur à 22°, dont on l'emplit au quart : si l'alliage était très riche en or, il faudrait le laminer avant de le soumettre à l'action de l'acide. Aussitôt que l'acide s'échauffe, il se décompose, dégage des vapeurs rutilantes qui ne tardent pas à disparaître et à laisser l'acide blanc. La totalité de l'argent, dans ce moment, est presque dissoute et l'or en poudre, à moins que ce ne soit un alliage riche en or, car alors il est en fragmens plus ou moins gros. On laisse bouillir dix minutes le premier acide et on décante avec le plus grand soin, surtout si l'or est très divisé : on remet dans le matras une nouvelle quantité d'acide nitrique pur à 32°, mais moitié moins que la première fois, et on fait bouillir de nouveau huit à dix minutes, quelle que soit la quantité d'or ; on décante de nouveau avec le même soin ; on introduit dans le matras une petite quantité d'eau distillée qu'on décante après avoir laissé reposer, et on le remplit ensuite de la même eau pour recueillir l'or dans le petit creuset d'essai : l'or en poudre traverse lentement l'eau et vient occuper le fond de ce vase. Cette dernière opération demande beaucoup de patience et une certaine habitude. On ne doit enlever le matras, qu'il faut avoir le soin d'agiter de temps en temps, que lorsqu'il ne descend plus rien. Il faut éviter aussi en retirant le matras du creuset que l'eau ne vienne au niveau de celui-ci, car l'or extrêmement divisé et nageant dans le liquide pourrait éprouver quelque perte si une portion de ce dernier venait à se répandre au dehors. Le matras retiré et l'or bien réuni dans le fond du creuset, on décante l'eau, on sèche sur des cendres chaudes de manière que les molécules d'or restent bien rapprochées ; on le recuit en le portant sous la moufle et en le faisant rougir légèrement. Lorsqu'il est retiré et froid, on le verse avec soin dans le plateau mobile de la balance sous lequel on a eu le soin de poser un petit carré de papier blanc, et lorsqu'on est assuré que tout l'or y est bien, on le pèse ; si, par exemple, son poids était de 100 millièmes, le bouton obtenu de la coupellation pesant 800 et représentant les poids réunis de l'or et de l'argent, il est évident que l'alliage essayé contiendrait, par gramme ou 1000 millièmes, 700 millièmes d'argent, 100 millièmes d'or et 200 millièmes de cuivre.

S'il arrivait que le lingot essayé comme *argent tenant or* donnât une quantité d'or telle que ce métal se trouvât former plus du quart de l'or et de l'argent réunis, il faudrait le recommencer et y allier la quantité nécessaire d'argent pur pour l'amener à cette proportion, et laminer alors le bouton de retour, après l'avoir aplati et recuit, et opérer enfin comme pour un *essai d'or* (*Voy.* le chapitre VI).

REMARQUES.

PREMIÈRE REMARQUE.

Les *essais d'argent tenant or* présentent à la coupellation les mêmes phénomènes que les *essais d'argent*, et n'en diffèrent qu'en ce que l'*éclair* ne se produit pas toujours aussi bien, et que les boutons de retour ne sont jamais cristallisés à moins que les quantités d'or y soient infiniment petites; car alors ils peuvent prendre ce caractère. Ces essais sont, en général, pointillés à leur surface, d'un blanc mat dans quelques-unes de leurs parties, brillans dans d'autres, et ressemblent assez aux *essais d'argent* dans lesquels l'*éclair* s'est produit trop tôt.

DEUXIÈME REMARQUE.

Les *essais d'argent tenant or* éprouvant à la coupellation une certaine perte d'argent, il est indispensable de faire des *synthèses* à divers titres afin de ramener le bouton à son véritable poids.

CHAPITRE IX.

DE L'ESSAI D'OR TENANT PLATINE.

PRÉLIMINAIRE.

Les alliages d'*or tenant platine* contenant toujours une certaine quantité de cuivre, il devient donc indispensable de commencer par approximer cette quantité afin de déterminer celle de plomb nécessaire à son oxidation ; et en observant d'en mettre un peu plus que s'il n'y avait point de platine.

Cette approximation se fait par l'inspection des propriétés physiques de l'alliage et on ne peut s'y rendre familier qu'avec beaucoup d'habitude. Si on avait quelque méfiance de ses forces, il ne faudrait pas hésiter à en faire un essai *grosso modo*.

DESCRIPTION DU PROCÉDÉ.

On pèse un demi-gramme de l'alliage que nous supposerons composé de 800 millièmes d'or, de 100 de platine et d'autant de cuivre ; on passe au fond de la moufle, à la plus haute température possible, avec 8 grammes de plomb, et on pèse le bouton qui doit donner le poids réuni de l'or et du platine.

Cette première opération faite, on repassera un nouveau demi-gramme de l'alliage toujours à une température élevée avec 8 grammes de plomb et les 1200 millièmes d'argent de l'*inquartation*. L'*essai* avec cette quantité de platine présente tous les caractères des autres essais d'or ; mais l'aspect du bouton froid décèle bientôt la présence du platine. Sa surface est mate dans beaucoup d'endroits et brillante dans quelques autres. Ce nouveau bouton obtenu et brossé, on l'aplatit; il est ordinairement doux; on recuit; on lamine de 7 à 8 centimètres de longueur ; on recuit de nouveau ; on roule en spirale, et on le traite dans un matras avec quantité suffisante d'acide nitrique à 22° de Baumé, 1179 de pesanteur spécifique ; on met sur le feu, et aussitôt que le gaz acide nitreux est dégagé, on décante cet acide qui est légèrement coloré en jaune paille et on remet une nouvelle quantité d'acide nitrique à 1290 de pesanteur spécifique (32° de Baumé) que l'on fait bouillir 10 minutes ; on décante, on lave à l'eau distillée ; on recueille le *cornet* dans un petit creuset; on recuit et on pèse; son poids est ordinairement supérieur au titre véritable, en raison de la petite quantité de platine retenue par l'or. Un essai à cette proportion n'a donné que 5 millièmes de *surcharge* ; mais cette *surcharge* varie beaucoup. On allie de nouveau ce *cornet* à 1200 millièmes d'argent pur, on passe à la coupelle avec un gramme de plomb et on opère de nouveau le départ, en traitant par l'acide nitrique à 22° pendant 20 minutes, et pendant 10 minutes par l'acide nitrique à 32°. Le *cornet d'or* obtenu donne ordinairement le titre réel du lingot, quand la proportion du platine ne s'élève pas au delà de 100 millièmes. Néanmoins il faut refaire une troisième opération et ne regarder l'essai terminé, et le titre fixé, que lorsqu'on aura obtenu deux fois de suite le même résultat.

REMARQUE.

Si le platine existait en assez petite quantité pour ne point changer l'aspect du bouton de retour ni colorer sensiblement en jaune paille l'acide nitrique du *départ*, il faudrait recueillir avec soin les liqueurs du *départ* et de la *reprise*, les faire évaporer à siccité dans une petite capsule de porcelaine ; mêler la poudre qui en proviendra à une certaine quantité de verre de borax en poudre, et mettre le tout dans un petit creuset à essai préalablement enduit intérieurement et au fourneau à essais, d'une couche de verre de borax fondu; la matière chauffée progressivement et avec soin, car il y a boursouflement, étant en fonte tranquille, on retire du fourneau, on laisse refroidir, on casse le petit creuset, et le petit bouton d'argent provenant de cette opération est traité par l'acide sulfurique concentré qui dissout l'argent et laisse le platine sous la forme de poudre grise.

Ce moyen, qui est dû à M. Darcet, est très bon et indique les plus petites quantités de platine

CHAPITRE X.

DE L'ESSAI D'OR TENANT ARGENT ET PLATINE.

PRÉLIMINAIRE.

Cet alliage dans lequel l'or domine de beaucoup, contient presque toujours une petite quantité de cuivre, et il devient alors indispensable de déterminer les quantités approximatives de ce métal ; ce à quoi on parvient facilement en en passant un demi-gramme avec deux grammes de plomb au fond de la moufle. Le poids du bouton obtenu dans cette opération indique le cuivre et par conséquent les quantités de plomb à mettre pour son affinage, en ne perdant pas de vue que partout où il y a du platine les doses de plomb à titres égaux doivent être plus considérables.

DESCRIPTION DU PROCÉDÉ.

On pèsera un demi-gramme de l'alliage soumis à l'*essai* et on le passera au fond de la moufle avec la quantité de plomb qu'aura indiquée son titre et en en mettant 1 ou 2 grammes de plus que la quantité que l'on met à titre égal sur les alliages d'or.

Le bouton de retour étant pesé, on y alliera, au moyen d'un gramme de plomb et au fond de la moufle, une quantité d'argent telle que ce métal se trouve dans la proportion de 2 1/2 contre 1 d'or et de platine réunis. Le nouveau bouton, ordinairement très doux, est aplati, recuit, laminé convenablement, roulé en spirale et traité par l'acide sulfurique pur et à 66°, à deux reprises différentes et 10 minutes chaque fois. Le *cornet* bien lavé, d'abord à l'acide sulfurique et ensuite à l'eau distillée, séché et recuit, donne par la nouvelle perte éprouvée la quantité d'argent. On allie alors à ce *cornet* trois fois son poids d'argent fin, au moyen d'un gramme de plomb et à une haute température, et on le traite comme un *essai d'or* ordinaire, en recommençant cette dernière opération jusqu'à ce qu'on trouve deux fois de suite le même résultat du fort au faible : dernières opérations qui rentrent tout-à-fait dans celles pratiquées pour les *essais d'argent tenant or et platine*; je renvoie pour plus de détails au chapitre suivant qui traite de ces essais.

Depuis quelque temps on cherche à introduire le platine dans certains bijoux d'or qui ne doivent être essayés qu'à la pierre de touche, pour leur donner l'aspect des bijoux anglais qui sont en or pâle.

Un anneau d'un semblable alliage dans lequel on avait trouvé du platine au bureau de garantie de Paris, ayant été essayé au laboratoire des essais des monnaies, a donné les résultats suivans, ayant eu la précaution de prendre une nouvelle *peuille* pour chaque opération.

Or.	665,00
Argent.	170,50
Cuivre.	127,00
Platine.	37,50
	1000,00

Les liqueurs de l'opération du *départ* et de la *reprise* ayant été recueillies avec soin et traitées par le procédé de M. d'Arcet (Voyez la remarque du chapitre IX) ont donné 38 millièmes de platine : sans un petit accident arrivé pendant la réduction du nitrate d'argent, il n'y a point de doute qu'on aurait retrouvé les 37 1/2.

Du reste, ce nouveau métal est facilement reconnu par la teinte pâle qu'il donne aux alliages dans lesquels il entre. J'ai fait un alliage contenant 725 millièmes d'or, 250 de cuivre et seulement 25 de platine, et je me suis assuré que la trace qu'il laissait sur la pierre de touche était sensiblement plus pâle que les alliages d'or à 750 millièmes.

REMARQUES.

PREMIÈRE REMARQUE.

On est parvenu par les moyens indiqués ci-dessus à déterminer le titre d'un alliage contenant 700 millièmes d'or, 100 millièmes de platine, 100 millièmes d'argent et 100 millièmes de cuivre, en passant au fond de la moufle avec 8 grammes de plomb, en alliant le bouton de retour avec 1900 millièmes d'argent fin, en laminant de 5 centimètres, en traitant deux fois par l'acide sulfurique pur 10 minutes chaque fois, et en traitant ensuite le *cornet* obtenu comme un *essai d'or* ordinaire.

DEUXIÈME REMARQUE.

Comme dans les *essais d'argent tenant or et platine* il y a dissolution de quelques millièmes de ce métal dans l'acide sulfurique employé à dissoudre l'argent, il en résulte qu'on ne peut jamais estimer rigoureusement les proportions de ce dernier métal.

CHAPITRE XI.

DE L'ESSAI D'ARGENT TENANT OR ET PLATINE.

PRÉLIMINAIRE.

L'*essai d'argent tenant or et platine* est toujours formé, en commençant par les métaux les plus abondans dans l'alliage, d'argent, d'or, de platine et de cuivre, et pour l'ordre de ces deux derniers, quelquefois de cuivre et de platine.

Il peut arriver que cet alliage contienne assez peu de platine pour qu'on puisse suivre, pour son analyse, absolument la même marche que celle que nous avons tracée pour les *essais d'argent tenant or*, parce que dans ce cas il est possible que l'acide nitrique employé à entraîner l'argent puisse dissoudre le platine à la faveur de ce dernier métal; mais dans le cas contraire ce moyen devient insuffisant et ne serait pas sans danger, puisque l'or pourrait en retenir une certaine quantité et faire accuser une quantité de ce métal supérieure à celle qui existe véritablement dans le lingot.

Comme il est impossible de saisir cette limite, il est prudent de considérer, de suite, cet alliage comme chargé d'une quantité de platine supérieure à celle qui peut se dissoudre dans l'acide nitrique à la faveur de l'argent, et à opérer son analyse ainsi que nous allons le décrire. Avant d'entrer en matière, nous allons indiquer quelques-uns des caractères que présentent ces alliages et mettre à même de reconnaître si le platine y existe, car il se pourrait qu'on ne fît que l'y soupçonner.

Si l'alliage qui fait l'objet de l'examen est gris, dur et d'une pesanteur spécifique considérable, il est vraisemblable qu'il contient du platine et même une assez grande quantité. Si en en passant un demi-gramme à la coupelle avec 6 grammes de plomb environ à la température à laquelle on fait les essais d'argent, on obtient un bouton d'un gris noir, terne, aigre sous le marteau et qui allié au double de son poids d'argent fin, au moyen de deux grammes de plomb, laminé ensuite et traité par l'acide nitrique à 22°, donne à cet acide une couleur paille, et qu'après 15 ou 20 minutes d'ébullition, l'or recuit prenne une couleur grise ou laisse distinguer à la loupe des points de cette couleur, on ne pourra pas douter que l'alliage ne contienne du platine.

Si cependant ce métal y était en assez petite quantité pour ne présenter aucun de ces caractères, il faudrait en dissoudre à chaud une certaine quantité dans le moins possible d'*eau régale* ; décanter les liqueurs qui surnagent le chlorure d'argent insoluble ; les rapprocher en les faisant évaporer légèrement dans une petite capsule de porcelaine, ou même dans un matras à essais, et y verser, après les avoir mis dans un verre à expérience, plein deux dés environ d'une dissolution concentrée de muriate d'ammoniaque ; si l'alliage contient du platine il se formera un muriate-ammoniaco de platine, insoluble, d'une couleur jaune orangé. Ce précipité ne se formant quelquefois, que quelques heures après l'addition du muriate d'ammoniaque, il faudra attendre ce temps avant de prononcer, et n'opérer que sur des liqueurs de la plus grande transparence.

DESCRIPTION DU PROCÉDÉ.

Le platine reconnu dans l'alliage et après avoir fait un essai *grosso modo* afin de pouvoir marcher plus sûrement dans le cours de l'opération, on en prend un demi-gramme ainsi qu'on le fait, en général, pour les *essais d'argent tenant or*, et on le passe à la coupelle au fond de la moufle d'un fourneau bien chaud, avec 8, 14 ou 30 parties de plomb, suivant qu'il se rapproche de l'un des trois alliages suivans :

	1er alliage.	2me alliage.	3me alliage.
Cuivre. . . .	0,550	0,200	0,100
Or.	0,100	0,020	0,005
Platine. . . .	0,100	0,200	0,300
Argent. . . .	0,250	0,580	0,595
	1,000	1,000	1,000

Et en faisant attention que le plomb augmente en raison du platine et n'est plus en rapport avec les quantités de plomb employées ordinairement pour enlever le cuivre contenu dans les alliages d'or et d'argent ; et qu'il arrive pour quelques-uns de ces alliages qu'on ne parvient aux véritables titres qu'en repassant le bouton de retour avec 1 ou 2 grammes de plomb et à la plus haute température possible.

L'essai étant fini à la même place où il a commencé, c'est à dire au fond de la moufle, on le pèse et son poids indique par la perte qu'il a éprouvée, celui du cuivre.

Si l'argent qui s'y trouve contenu formait plus du double de l'or et du platine réunis, ce qu'on sait par l'essai *grosso modo* préalablement fait, il faudrait y ajouter de l'or fin pour ramener l'argent à cette proportion (comme cependant il y a par le départ par l'acide sulfurique presque toujours perte de quelques millièmes de platine, il est vraisemblable qu'on la rendrait moins forte en ne mettant qu'une partie et demie d'argent contre une d'or et de platine réunis). La quantité d'or allié au bouton de retour, s'il y a eu lieu, au moyen d'un gramme de plomb et au fond de la moufle, on brosse le nouveau bouton ; on l'aplatit avec soin en recuisant plusieurs fois s'il paraissait aigre et ayant le soin de ne le faire rougir que légèrement.

Enfin on le lamine avec soin si l'alliage le permet d'un centimètre et demi de long environ, ou bien on l'aplatit seulement s'il se trouvait tellement aigre qu'il ne pût pas supporter l'action du laminoir. Cela fait et après l'avoir recuit et roulé en spirale s'il a été laminé, on en opère le *départ* au moyen de l'acide sulfurique rectifié marquant 66° de Baumé et ayant 1844 de pesanteur spécifique, en en mettant le tiers du volume de la boule des matras dont nous avons déjà parlé et qui ne peuvent guère contenir que 22 grammes d'eau distillée, et en faisant bouillir 12 minutes un premier acide et 7 à 8 minutes un second ; ayant la précaution d'attendre que le matras soit sensiblement refroidi avant de décanter les acides ; car sans cette précaution les matras cassent ; il faut également avoir le soin de ne laisser au col du matras que 18 centimètres de longueur. Le *cornet* lavé avec de l'acide sulfurique, puis avec de l'eau distillée, séché et recuit, donne par la perte la quantité d'argent. Il ne reste plus maintenant qu'à opérer la séparation du platine de l'or ; en conséquence et pour plus d'exactitude, on repassera un nouveau demi-gramme de l'alliage avec le plomb nécessaire et le poids de ce nouveau bouton servira à corroborer le premier résultat; on allie alors à ce bouton, au moyen d'un gramme de plomb et toujours à la plus haute température, 900 millièmes de la boîte à l'or, d'or à 1000 millièmes et dont le titre aura été bien constaté, ainsi que les trois parties de l'argent fin de *l'inquartation*, ayant égard à l'argent qui s'y trouve déjà et dont on connaît la quantité, ainsi que celle approximée de l'or qui s'y trouve également contenue.

Le bouton obtenu, on le lamine d'à peu près 11 centimètres de long et on le traite par l'acide nitrique à 22°, seulement l'espace de 15 à 20 minutes; on décante, on lave, on sèche et on recuit; le poids excédant 900, représente l'or contenu dans l'alliage, plus la portion de platine qui n'a pas été dissoute dans cette opération. On l'allie de nouveau à trois parties d'argent fin; on repasse à la coupelle avec un gramme de plomb et en agitant l'*essai* au moment où il est près de passer, afin de le faire figer aussitôt qu'il perd les dernières portions de plomb qui le tenaient en fusion. On en opère le *départ* ainsi qu'il est dit ci-dessus au moyen d'un seul acide; enfin on fait une nouvelle *inquartation* et on procède à un troisième *départ* dans lequel on fait bouillir l'acide nitrique à 22° pendant 20 à 22 minutes; et ensuite avec moitié environ d'acide nitrique à 32° pendant 8 à 10 minutes, et l'opération est ordinairement terminée si le platine ne s'élève pas à beaucoup plus d'un cinquième de l'alliage; ce dont on s'assure par une quatrième opération, dans laquelle il ne doit point y avoir de perte.

Si la proportion de platine s'élevait au tiers de l'alliage, ce qui serait facile à reconnaître à la perte qu'aurait éprouvée le *cornet* au premier *départ*; perte d'autant plus grande que ce métal y est plus abondant, il faudrait ajouter au *cornet* après le deuxième ou troisième *départ*, 100 millièmes de la boîte à l'or de platine pur, départir avec un acide seulement, et procéder ensuite à de nouveaux *départs* ainsi qu'on le pratique pour les *essais d'or* ordinaires, et jusqu'à ce qu'on obtienne, deux fois de suite, le même résultat. On est parvenu, de cette manière, à enlever en 3 départs 300 millièmes de platine existant dans un gramme de la boîte à l'or, d'un alliage fait exprès avec des métaux purs, tandis qu'il en avait fallu 10 pour en enlever même quantité en n'y ajoutant point de platine (1).

REMARQUES.

PREMIÈRE REMARQUE.

Les quantités de plomb à mettre sur les *essais d'argent tenant or et platine* sont très difficiles à saisir, parce qu'elles dépendent des proportions extrêmement variées dans lesquelles se trouvent unis l'argent, l'or, le cuivre et le platine, et surtout de la proportion de celui-ci ; ce qui ne permet pas, comme on le fait pour l'or, d'arriver au dernier millième, par rapport à l'argent.

DEUXIÈME REMARQUE.

Il est indispensable que l'essayeur qui a des *essais d'argent tenant or et platine* à faire, se livre à quelques *synthèses* avec ces métaux bien purs, afin d'étudier, non-seulement ces nouvelles opérations, mais encore la température du

______

(1) Voyez les *Annales de chimie et de physique*, tome 2, page 26;

fond de la moufle du fourneau où ils doivent être faits.

On obtient de l'or parfaitement pur, en le précipitant de sa dissolution dans l'eau régale, par une dissolution de couperose; ces deux dissolutions doivent être bien limpides, l'or est alors jeté sur un filtre ; lavé d'abord avec de l'eau aiguisée d'acide muriatique, puis ensuite avec de l'eau chaude, séché, fondu et coulé bien chaud, sans addition de borax.

Pour obtenir l'argent pur voyez le chapitre II.

TROISIÈME REMARQUE.

Il est nécessaire d'agiter l'*essai* au moment où il va finir afin de maintenir l'alliage bien uniforme. Il arrive quelquefois que des essais de cette nature finis seuls, laissent apercevoir sur leur surface des taches noires qui s'étendent sur toute la lame au moment où on les lamine, et sont encore apparentes après le *départ* et le recuit ; elles paraissent dues à une petite portion de platine qui s'est séparée de la masse , le départ complet de ces essais devient alors presqu'impossible.

QUATRIÈME REMARQUE.

Le platine par son infusibilité donne quelquefois des alliages peu homogènes; nous avons eu occasion de faire l'essai d'un lingot *d'argent tenant or et platine* qui a donné les titres de 237 et 277 1/2. Les liqueurs du premier essai étaient incolores ; celles du second colorées.

CHAPITRE XII.

DE QUELQUES MÉTAUX DE LA MINE DE PLATINE DANS LES ESSAIS.

DU PALLADIUM DANS LES ESSAIS D'ARGENT.

PRÉLIMINAIRE.

Le palladium qu'on extrait maintenant avec plus de facilité de la mine de platine, et qui, destiné par le ton chaud de son poli à remplacer peut-être l'argent dans quelques-uns des ouvrages d'orfévrerie, devant nécessairement faire craindre les mélanges qui résultent toujours du travail de plusieurs métaux dans le même atelier, il devient important d'étudier les nouveaux phénomènes qu'il fait présenter aux essais d'or et d'argent, afin de mettre à même d'en reconnaître la présence, ce qui sera très facile en lisant avec attention les expériences qui suivent :

PREMIÈRE EXPÉRIENCE.

Sur un gramme d'argent d'une pièce de cinq fr., au titre de 900 millièmes, on a mis *un millième de palladium*; l'essai a été passé à la coupelle, à la température ordinaire et avec 7 grammes de plomb: il n'a présenté aucune différence avec les essais ordinaires; *les couleurs de l'iris* et l'*éclair* se sont bien produits; froid il était légèrement cristallisé comme un essai bien fait et pesait 899 millièmes au lieu de 901 qu'il aurait dû peser; différence qui se trouve dans les limites des erreurs qui peuvent se commettre sur des essais d'argent même bien soignés.

Ce bouton traité à chaud par l'acide nitrique à 22° a été dissout complètement, sauf la très petite quantité d'or contenu dans l'argent; cette dissolution était limpide, mais d'un jaune-paille faible; précipitée par l'acide muriatique, filtrée et ensuite mêlée à une certaine quantité de prussiate de potasse a donné un liquide trouble d'un vert jaunâtre, au milieu duquel a fini par se déposer un précipité assez abondant d'un vert-olive pâle; la liqueur surnageante est devenue, au bout d'une heure environ, d'un jaune rougeâtre foncé, et le lendemain sa teinte était tellement intense que la lumière ne passait plus au travers.

Lorsqu'on fait la même opération sur un bouton d'essai en argent pur, on obtient par le prussiate de potasse un précipité vert-pré et la liqueur conservée ne change point de couleur et reste verte; ce précipité est sans doute dû à une portion d'argent échappée à l'action de l'acide muriatique, précipité alors à l'état de prussiate d'argent et mêlé à un peu d'oxide de fer abandonné par ce réactif.

On ne pourra donc prononcer par ce moyen d'une manière bien certaine qu'il y a du palladium dans un essai d'argent, que lorsque la liqueur précipitée par le prussiate de potasse, prendra au bout de quelques heures une teinte rougeâtre sale.

DEUXIÈME EXPÉRIENCE.

Sur un gramme d'argent d'une pièce de cinq fr. à 900

millièmes, on a mis *cinq millièmes de palladium*; l'essai a été passé à la température ordinaire avec 7 grammes de plomb ; il n'a présenté aucune différence avec les essais ordinaires et pesait 904 millièmes au lieu de 905 ; différence qu'il faut attribuer aux légères variations de température du fourneau à coupelle.

Le bouton provenant de cette opération, traité à chaud par l'acide nitrique à 22°, a été dissout complétement; la dissolution était limpide mais d'un jaune-paille très foncé. Cette dissolution précipitée par l'acide muriatique, filtrée et ensuite mêlée d'un certaine quantité de prussiate de potasse, a donné un liquide trouble d'un beau vert au milieu duquel il s'est bientôt formé un précipité très abondant d'un beau vert-olive. La liqueur surnageante est devenue au bout de quelques heures d'un rouge jaunâtre foncé.

TROISIÈME EXPÉRIENCE.

Sur un gramme d'argent d'une pièce de cinq fr. à 900 millièmes, on a mis *dix millièmes de palladium*; l'essai a été passé à la coupelle à la température ordinaire et avec 7 grammes de plomb ; il a passé comme un essai ordinaire, mais il avait le caractère des essais qui ont fini froids et en y soupçonnant un métal étranger, ce caractère aurait confirmé dans cette opinion ; car dans le cas contraire on aurait pu penser simplement qu'il n'avait pas fini assez chaud.

Cet essai pesait 910 millièmes. Le prussiate de potasse ayant indiqué dans la première expérience un millième de palladium, il devenait inutile de le rechercher par ce réactif qui l'avait démontré avec une si grande facilité ; la dissolution du bouton a cependant été faite ; elle a été complète et sa couleur d'un beau jaune d'or.

QUATRIÈME EXPÉRIENCE.

Sur un gramme d'argent d'une pièce de cinq **fr.** à 900 millièmes, on a mis *vingt millièmes de palladium* ; l'essai a été passé comme de coutume ; il n'a présenté rien de remarquable pendant le cours de l'opération ; mais au lieu de faire l'*éclair* au bout de 34 à 36 secondes environ, ainsi que l'exigent les essais ordinaires, il s'est figé au bout de 15 à 18 secondes, et étant refroidi sa surface était d'un blanc mat ; le bouton s'est dissout complètement dans l'acide nitrique et la couleur de cette dissolution était d'un jaune rougeâtre ; ce bouton pesait 920 millièmes.

CINQUIÈME EXPÉRIENCE.

Sur un gramme d'argent d'une pièce de cinq **fr.** à 900 millièmes, on a mis *cinquante millièmes de palladium*. L'essai après avoir passé comme un essai ordinaire, s'est figé après 5 secondes ; il était très rond, d'un blanc mat, il pesait 955 au lieu de 950. Sa dissolution dans l'acide nitrique a été complète, elle était d'un rouge jaunâtre.

Un second bouton d'argent contenant 50 millièmes de palladium a été traité par l'acide sulfurique ; sa dissolution a été complète et fortement colorée en rougeâtre (1).

SIXIÈME EXPÉRIENCE.

Sur un gramme d'argent d'une pièce de cinq **fr.** à 900 millièmes, on a mis *cent millièmes de palladium* ; l'essai a

(1) On s'est assuré par une expérience faite avec soin que le palladium n'entraînait point la dissolution du platine dans l'acide sulfurique.

passé comme à l'ordinaire, mais les *couleurs de l'iris* ont été longues et faibles; et l'essai s'est figé immédiatement après. Le bouton pesait 1020 millièmes au lieu de 1000 seulement qu'il aurait dû peser s'il n'avait point retenu de plomb; il était très rond, brillant et à facettes; résultat anomal qui a engagé à recommencer les deux dernières expériences dans lesquelles l'aspect des boutons terminés était si différent. Ces nouvelles expériences ont donné à peu de chose près les mêmes résultats et absolument les mêmes augmentations de poids.

La dissolution à chaud dans l'acide nitrique à 22°, du bouton qui contenait 100 millièmes de palladium, a été complète et d'un rouge jaunâtre très intense.

SEPTIÈME EXPÉRIENCE.

200 millièmes de palladium passés à la coupelle, à la température à laquelle on fait les essais d'argent et avec un gramme de plomb, ont donné un petit bouton couleur d'acier bronzé, lequel n'était pas bien rond et un peu plat à sa surface; son poids était de 394 millièmes; il avait donc retenu 194 millièmes de plomb, à peu près son poids égal; ce bouton s'est brisé entre la pince à essai.

Un semblable bouton qui avait également retenu 194 millièmes de plomb, ayant été exposé dans une coupelle neuve environ 9 heures au fond de la moufle du fourneau à coupelle n'a perdu que 71 millièmes.

CONCLUSION.

Il résulte des expériences ci-dessus :

1° Qu'un essai d'argent au titre de 900 millièmes peut tenir jusqu'à 10 millièmes de palladium sans que les ca-

ractères qu'il présente à la coupellation changent sensiblement.

2° Qu'à 20 millièmes de palladium et au-dessus, les essais
font *l'éclair* beaucoup plus tôt que dans les essais d'argent
pur, et que lorsqu'ils contiennent jusqu'à 100 millièmes de
ce métal, ce mouvement n'a même plus lieu ;

3° Que ce n'est qu'au-dessus de 20 millièmes de palladium, à 30 peut-être, que les essais conservent du plomb
et donnent une *surcharge* sensible et qui va en augmentant avec le nouveau métal.

4° Qu'à 100 millièmes de palladium les essais ne sont
plus d'un blanc mat comme ils commencent à l'être à 20
millièmes, mais sont au contraire brillans et présentent
une cristallisation qui ressemble à celle du moirée métallique.

5° Que le meilleur moyen de reconnaître la présence du
palladium dans un essai d'argent, est de le dissoudre à
chaud dans l'acide nitrique à 22°, puisqu'un millième suffit
pour colorer la liqueur en jaune-paille et que la dissolution
est complète et parfaitement limpide; tandis que la dissolution d'un essai d'argent pur est bien complète, mais incolore, et que celle qui résulte de la dissolution d'un bouton d'argent contenant seulement un 1/2 millième de platine est trouble et presque noire.

Il faut avoir le soin de ne mettre d'acide que la quantité nécessaire à la dissolution complète du bouton; par ce
moyen les phénomènes sont beaucoup plus sensibles.

6° Qu'on peut aussi reconnaître la présence du palladium dans un essai d'argent en faisant dissoudre celui-ci
dans l'acide nitrique, précipitant par l'acide muriatique,
filtrant et précipitant de nouveau par le prussiate de potasse, qui y fait un précipité vert-olive et dont la liqueur
se colore fortement en roussâtre au bout de quelques
heures ; dernier caractère indispensable pour établir que
ce métal y existe réellement.

7° Enfin, que le palladium passé seul à la coupelle avec du plomb retient de ce métal une quantité beaucoup plus considérable que lorsqu'il est allié à l'argent, et qu'il est extrêmement difficile de l'en débarrasser, même par une exposition long-temps prolongée à la température élevée du fourneau à coupelle.

DU PALLADIUM DANS LES ESSAIS D'OR.

PRÉLIMINAIRE.

Indépendamment des mélanges de métaux, qui peuvent être le résultat de plusieurs mis en œuvre dans le même atelier; ce qui suffirait pour justifier les expériences auxquelles nous nous sommes livré, pour reconnaître et voir l'influence du palladium dans les essais d'or, nous y avons encore été conduit par une considération plus importante, et qui résulte de la découverte récente qu'on vient de faire du palladium dans une quantité considérable d'or, dans lequel il forme environ le dixième de la masse.

PREMIÈRE EXPÉRIENCE.

On a pesé avec la boîte à l'or, laquelle contient au demi seulement toutes les divisions de la boîte à l'argent :

Or à 1000 millièmes.	800 mill.
Cuivre.	199
Palladium.	1
	1000

Cet essai auquel on a réuni 1200 millièmes d'argent fin pour l'*inquartation*, quantité pesée avec les poids de la boîte à l'argent, a été passé avec 7 gram. 970 mil. de plomb qu'indique la table pour le titre de 801 millièmes. Cet essai a passé comme un essai ordinaire ; il avait le caractère des essais qui ont fini froids ; n'adhérait point à la coupelle ; laminé, il était doux, et le *départ* en ayant été fait, on a obtenu, après l'entier dégagement du gaz acide nitreux, une dissolution de couleur jaune-paille faible ; après 20 minutes d'ébullition l'acide a été décanté ; le *cornet* lavé deux fois avec de l'acide nitrique à 32° et ensuite a bouilli avec cet acide pendant 8 minutes ; ce dernier acide n'était nullement coloré. L'essai terminé comme à l'ordinaire était entier ; recuit était d'un beau jaune d'or et pesait 800 (1).

DEUXIÈME EXPÉRIENCE.

On a pesé de même que dans l'expérience précédente :

Or.	800 mill.
Cuivre.	195
Palladium.	5
	1000

On y a ajouté la même quantité d'argent et on a passé à la coupelle avec 7 gram. 870 mil. de plomb qu'indique la table pour le titre de 805. Cet essai a passé comme un essai ordinaire ; il a très bien fait l'*éclair* ; mais il avait le caractère des essais qui ont fini froids ; il n'adhérait point à la coupelle. L'essai laminé était doux ; le *départ* en ayant été fait, on a obtenu, après l'entier dégagement du gaz acide nitreux, une dissolution d'un jaune-paille très foncé.

---

(1) Pour rechercher le palladium dans la dissolution, voyez la première expérience sur le palladium dans les essais d'argent.

Après 20 minutes d'ébullition l'acide a été décanté; le *cornet* lavé deux fois dans l'acide nitrique à 32°a bouilli ensuite dans cet acide pendant 8 minutes; cet acide ne s'est nullement coloré; le *cornet* bien lavé et recuit était d'un beau jaune d'or et pesait 800 millièmes.

TROISIÈME EXPÉRIENCE.

On a composé un alliage comme dans l'expérience précédente avec :

Or	800
Cuivre	190
Palladium	10
	1000

et on a ajouté 1200 mill. d'argent fin pour l'*inquartation*, les 800 mill. d'or n'en représentant réellement que 400, et on a passé avec 7 gram. 780 mil. de plomb. L'essai a été comme à l'ordinaire; il avait l'aspect très froid et n'adhérait point à la coupelle; laminé il était très doux; le *départ* en ayant été fait a donné, après l'entier dégagement du gaz acide nitreux, une dissolution d'un jaune d'or. Après 20 minutes d'ébullition l'acide a été décanté; le *cornet* lavé deux fois avec de l'acide à 32° a bouilli ensuite 8 minutes dans cet acide et ne l'a nullement coloré. Le *cornet* bien lavé et recuit était d'un beau jaune d'or et pesait 800 millièmes.

QUATRIÈME EXPÉRIENCE.

On a pesé et réuni dans le même papier :

Or. . . . . 800 mill.
Cuivre. 180
Palladium. 20
Argent. 1200

Le tout a été introduit dans une coupelle avec 7 gram. 480 mil. de plomb. Cet essai a passé comme à l'ordinaire, mais s'est figé plus tôt que les précédens; il était mat à sa surface, ne présentait pas de points brillans et n'adhérait point à la coupelle. Cet essai laminé était très doux. Le *départ* en ayant été fait a donné, après l'entier dégagement du gaz acide nitreux, une dissolution d'un jaune un peu rougeâtre. Après 20 minutes d'ébullition l'acide a été décanté, le *cornet* lavé deux fois avec de l'acide nitrique à 32° a bouilli ensuite 8 minutes dans cet acide et celui-ci ne s'est nullement coloré. Le *cornet* bien lavé et recuit était d'un beau jaune d'or et pesait 800 millièmes.

CINQUIÈME EXPÉRIENCE.

On a passé à la coupelle.

Or. . . . . 800 mill.
Cuivre. 150
Palladium. 50
————
1000

L'argent de l'*inquartation* ajouté, l'essai a été fait avec 6 gram. 600 mil. de plomb. Il a passé comme un essai ordinaire, mais s'est figé presque immédiatement après les *couleurs de l'iris.* Cet essai était d'un blanc mat; tout mamelonné, et n'adhérait point à la coupelle; laminé, il était très doux; le *départ,* en ayant été fait, a donné, après l'entier dégagement du gaz acide nitreux , une dissolution d'un jaune rougeâtre ; après vingt minutes d'ébullition, l'acide a été décanté; le *cornet,* lavé deux fois avec de l'acide nitrique à 32°, a bouilli ensuite 8 minutes dans cet acide, et celui-ci ne s'est nullement coloré ; le *cornet* bien lavé et recuit était d'un beau jaune d'or et pesait 800 millièmes.

SIXIÈME EXPÉRIENCE.

On a pesé :

Or.	800 mill.
Cuivre.	100
Palladium.	100
	1000

L'argent de l'*inquartation* réuni, on a passé à la coupelle avec 5 grammes de plomb. L'essai s'est fait comme à l'ordinaire; mais les *couleurs de l'iris* ont été peu sensibles et il s'est figé de suite. Il était très brillant, mais comme un essai qui ayant été bien passé aurait été accidentellement recouvert de poudre de coupelle que l'on en aurait détaché par le souffle ; cet essai n'adhérait point à la coupelle, et la miné était très doux ; le *départ* en ayant été fait a donné , après l'entier dégagement du gaz acide nitreux, une dissolution d'un rouge très intense. Après 20 minutes d'ébullition l'acide a été décanté, le *cornet,* lavé deux fois avec l'acide nitrique à 32°, a bouilli ensuite dans cet acide pendant 8 minutes , et celui ci ne s'est nullement coloré ; le *cornet* bien lavé et recuit était d'un beau jaune d'or et pesait 800 millièmes.

SEPTIÈME EXPÉRIENCE.

Cent millièmes de palladium ont été mis dans un matras avec de l'acide nitrique à 22°. Après 20 minutes d'ébullition, l'acide ne s'était pas coloré ; on l'a décanté, et le palladium lavé et recuit pesait 100 millièmes ; il n'y avait donc eu aucune perte.

En 1820 on a essayé au laboratoire des essais des monnaies, un lingot d'or qui a donné les résultats suivans :

Or.	838,0
Palladium.	153,5
Cuivre.	8,5
Argent, uné trace.	
	1000,0

Les liqueurs de cet essai étaient très intenses et on a constamment trouvé 838 millièmes d'or.

Cet alliage était d'un gris blanc et n'indiquait point la présence de l'or.

Un alliage fait dans les mêmes proportions, mais en remplaçant le palladium par le platine, a donné un alliage de même couleur.

CONCLUSIONS.

Il résulte des expériences ci-dessus :

1° Qu'un essai d'or au titre de 800 millièmes, peut contenir 5 millièmes de palladium sans que les caractères qu'il présente pendant et après la coupellation changent sensiblement.

2· Qu'à 10 millièmes de palladium l'essai commence déjà à indiquer ce métal par l'aspect mat qu'il a dans certains endroits, tandis qu'il est brillant dans d'autres, et qu'à 20 millièmes il ne présente plus du tout de points brillans et est entièrement mat.

3° Qu'à 100 millièmes de palladium l'essai est brillant; anomalie que nous avons déjà signalée dans la sixième expérience sur le palladium dans les essais d'argent.

4° Que le palladium, même à la dose de 100 millièmes sur 1000, conserve aux essais toute leur ductilité.

5° Qu'il suffit d'un millième de palladium dans un essai pour colorer l'acide du *départ* et décéler ce métal.

6° Qu'à 150 millièmes de palladium, et vraisemblablement beaucoup au-dessus, il n'y a point encore de *surcharge*.

7° Que tout le palladium contenu dans un essai à 800 millièmes, lors même qu'il y est à la dose de 100 millièmes, se dissout en totalité dans l'acide nitrique du *départ*, car l'acide de la *reprise* n'est jamais coloré lorsqu'on a eu le soin par des lavages de débarrasser le *cornet* de l'acide du *départ*, acide dont il est encore imprégné après la décantation de ce dernier.

8° Que le palladium, qui est peu soluble à chaud dans l'acide nitrique à 22°, acquiert cette propriété à la faveur de l'argent d'*inquartation*, ainsi que le fait le platine, mais dans un beaucoup plus haut degré.

9° Enfin, que le palladium colore l'acide du *départ* beaucoup plus que ne le fait le platine; ce qui donne par le simple traitement du bouton dans l'acide nitrique, le moyen d'en reconnaître un millième ainsi que nous l'avons déjà dit.

Il est possible par suite des mélanges, soit naturels, soit artificiels, de trouver le palladium formant cinq alliages différens, dont l'essai devient plus ou moins compliqué.

Ces cinq alliages présumés sont les suivans :

1.

Or.
Palladium.

2.

Or.
Cuivre.
Palladium.

3.

Or.
Argent.
Palladium.

4.

Or.
Argent.
Cuivre.
Palladium.

5.

Or.
Argent.
Cuivre.
Platine.
Palladium.

L'essai de ces deux premiers alliages n'offre aucune difficulté ; en effet, pour l'alliage *d'or et de palladium*, il suffit d'en faire l'essai comme à l'ordinaire ; le palladium étant complètement soluble dans l'acide nitrique, on obtiendra *l'or* pur, et son poids indiquera celui du palladium.

Pour le second alliage on en passera 1|2 gramme seul avec le plomb nécessaire, et le poids du bouton ; l'essai ayant été passé assez chaud , indiquera les quantités d'or et de palladium réunis ; on *inquartera* un nouveau demi-gramme de l'alliage et on procédera comme à l'ordinaire ; le poids de l'or pur, comparé au poids du bouton, donnera le poids du palladium.

Quant aux trois autres alliages, ils deviennent beaucoup plus difficiles à essayer, en raison de la solubilité du palladium et de l'argent dans les acides nitrique et sulfurique.

DE L'IRIDIUM ET DU RHODIUM
DANS LES ESSAIS D'OR.

Extrait d'un travail fait au laboratoire des essais des monnaies,

en 1822.

M. Lebel, affineur du commerce, a remis pour être examiné un petit fragment d'or provenant d'un culot de ce métal qu'on n'avait pu affiner.

Ce morceau était d'un jaune verdâtre, très aigre , et contenait çà et là enchatonnés une assez grande quantité de petits grains de couleur grise. Il n'était point attirable à l'aimant.

On en a fait deux essais en mettant de l'argent comme pour le titre de 950 ; ils ont été passés très chaud avec 3 grammes 1/2 de plomb ; retirés de la moufle, ils ont présenté deux boutons mamelonnés comme les essais qui contiennent du platine ; mais ils en différaient en ce qu'au lieu d'être d'un blanc grisâtre mat, ils étaient noirs et ressemblaient aux essais qui n'ont pas eu assez de plomb et qui retiennent de l'oxide de cuivre à leur surface.

Ces essais se sont fortement aigris sous le marteau et le laminoir. Le *départ* en ayant été fait comme à l'ordinaire, ils se sont mis en poudre presque de suite et paraissaient noirs ; l'acide s'est troublé légèrement et avait une teinte bleuâtre, ce qui tenait, ainsi qu'on s'en est assuré par la filtration au travers du verre, à la poudre grise bleuâtre qu'elle tenait en suspension (1) ; car après cette opération il était parfaitement incolore ; l'or, recueilli et fortement recuit, a présenté un mélange d'une poudre noire contenant l'or en fragmens d'un jaune sale. Ces essais pesés ont donné les titres de 874 et 896 mil.

On a passé à une température assez élevée un nouvel essai de cet or avec 1350 mil. d'argent et 8 grammes de plomb. Le bouton était semblable à ceux provenant des deux opérations précédentes, c'est-à-dire qu'il n'était pas rond, mais mamelonné et recouvert de tâches noires.

Ce bouton s'est fortement aigri sous le marteau et le laminoir, s'est mis en poudre dans l'acide, lequel tenait une poudre légère en suspension ; l'or recuit était d'un jaune sale, mêlé de poudre noire. Il pesait 892 mil. ; recuit très fortement, il est devenu tout-à-fait noir. La différence du titre tient donc, ainsi que la suite de ce travail l'a appris, d'une part à cette poudre de *rhodium* et d'*iridium* dont il passe plus ou moins lors des décantations, et sans doute au plus ou moins de platine qui se dissout lors du *départ*.

Les liqueurs des deux premières opérations ayant été filtrées au travers du verre et étant parfaitement limpides

(1) La suite du travail a prouvé que cette poudre était un mélange d *rhodium* et d'*iridium*.

et incolores ,ont été évaporées à siccité et traitées par le
borax suivant le procédé de M. d'Arcet. (*Voy.* la remarque du chapitre IX.) Le petit culot d'argent obtenu, dissous
dans l'acide sulfurique, a donné une poudre grise par le
recuit; cette poudre pesait 4 millièmes (qui n'en repré-
sentaient que deux effectifs), ce qui semblait indiquer
seulement 2 millièmes de ce métal par gramme d'or, puisque cela provenait de deux essais ; mais on ne peut pas
considérer cette quantité comme exacte, les liqueurs
n'ayant pas été recueillies avec assez de soin.

Ces deux millièmes de matière métallique, insoluble
dans l'acide sulfurique, ont été dissous dans l'eau régale ;
et la dissolution qui était jaune, ayant été rapprochée
dans un très petit matras, on y a mis une dissolution de
muriate d'ammoniaque ; cette dissolution étant très éten-
due et ne produisant aucun précipité, on évapora toujours
dans le matras. Au bout de peu d'instans, on a remarqué
une poudre d'un rouge de brique. Une opération compara-
rative a été faite avec une dissolution de platine pur, et on
a obtenu une poudre d'un jaune pâle; ainsi le métal insoluble dans l'acide sulfurique était donc un mélange de platine et d'iridium (1).

Deux grammes environ de l'or qui faisait l'objet des
recherches auxquelles on s'est livré ici, ont été traités à
chaud par l'eau régale concentrée ; la dissolution a été
assez longue et a exigé beaucoup d'acide ; on a filtré et lavé ;
le filtre sec, on y a trouvé une poudre d'un blanc sale de

(1) L'iridium donne aux précipités ammoniaco-de-platine jaunes une couleur rouge briquetée, ce qui est un excellent moyen de reconnaître ce premier
métal. Comme la dissolution nitro-muriatique d'iridium n'est pas précipitée
par le muriate d'ammoniaque, on conçoit que si on avait une dissolution
dans ce cas, et dans laquelle on soupçonnerait l'iridium, il faudrait y mettre
quelques gouttes de dissolution de platine pur ; le muriate ammoniaco-de-platine qui se formerait entrainerait de l'iridium, et par sa couleur rouge briquetée, décèlerait ce métal.

chlorure d'argent mêlé de grains gris métalliques de *rho-dium* (1). Les liqueurs évaporées jusqu'à siccité, et mêlées ensuite à de l'eau distillée, ont été successivement essayées par les réactifs suivans :

PRUSSIATE DE POTASSE.

Il ne s'est point fait de précipité ; la liqueur est devenue d'un vert émeraude ; le même phénomène a eu lieu en mettant de ce réactif dans une dissolution d'or pur.

AMMONIAQUE.

Il s'est formé un précipité jaunâtre , insoluble dans un excès de ce réactif, lequel a fait présenter les mêmes phénomènes à une dissolution d'or pur.

MURIATE D'AMMONIAQUE.

La liqueur a louchi faiblement en jaune. Ce qui était resté de la dissolution d'or, ayant été rapproché, a été précipité par le proto-sulfate de fer ; l'or recueilli et passé à la coupelle, a donné un bouton d'or d'un beau jaune et très ductile.

L'or à l'essai contient donc principalement du *rhodium*, des quantités notables *d'iridium* et de petites quantités de *platine.*

L'année suivante, ayant eu un alliage de la nature de celui précédemment examiné, on s'est livré à quelques

(1) Le rhodium est insoluble dans l'eau régale; l'iridium s'y dissout, mais exige plus d'acide que le platine.

recherches pour déterminer d'une manière précise la quantité d'or; voici le moyen qui a paru le meilleur.

DESCRIPTION DU PROCÉDÉ.

On a pesé un 1/2 gramme de cet alliage; il a été *inquarté* et passé à la coupelle avec le plomb convenable, à une température élevée; laminé avec soin, car il était très aigre, et traité ensuite par l'acide nitrique à 22° seulement jusqu'après le dégagement du gaz acide nitreux, et ensuite 10 minutes par l'acide nitrique à 32° : l'or était en poudre, condition nécessaire; car s'il ne l'était pas, il faudrait l'*inquarter* à plus d'argent pour l'obtenir dans cet état; après l'avoir lavé et séché *seulement*, on l'a traité dans le même creuset à essai et à une chaleur progressive par du salpêtre et sous la moufle du fourneau à coupelle jusqu'à décomposition complète du salpêtre; on a chauffé plus fortement alors et versé peu d'instans après du verre de borax fondu et à la même température, de manière que le tout fût parfaitement liquide. Le creuset froid et cassé a offert un petit bouton d'or très beau et un verre gris bien homogène qui, examiné à la loupe, n'a présenté aucune trace d'or. Ce bouton *inquarté* à trois parties d'argent fin, au moyen d'un 1/2 gramme de plomb, on en a fait le *départ* comme à l'ordinaire; l'or était beau et a indiqué le titre de 518 millièmes, qu'on pouvait raisonnablement considérer comme le véritable titre.

CHAPITRE XIII.

DE L'ESSAI A LA PIERRE DE TOUCHE.

———

PRÉLIMINAIRE.

L'essai à la *pierre de touche* a pour but la détermination approximative du titre des matières d'or et d'argent, et n'a lieu en général que sur des bijoux faits de ces métaux et dont le volume ne permet pas l'essai au fourneau à coupelle. Les limites de l'erreur, même avec beaucoup d'habitude, sont encore de 10 millièmes pour l'or et de 15 millièmes pour l'argent. Les résultats de ces opérations s'établissent, savoir : pour l'argent, à la couleur de la trace que ce métal laisse sur une pierre noire, d'une nature particulière que nous allons faire connaître, et sur laquelle on a également formé des traces avec de l'argent à des titres connus ; et pour l'or, d'après la manière dont se comportent, au moyen d'un acide préparé exprès, les *touches* faites avec les pièces dont on veut approximer le titre, comparées également avec des *touches* d'or à des titres connus.

L'essai de l'argent à la *pierre de touche* est dû à Vauquelin, auquel on doit aussi plus de précision dans l'approximation du titre de l'or par le même moyen, ayant intro-

duit dans l'acide nitrique qui était seul employé anciennement à cet essai et dont la pureté et les degrés variaient
souvent, une certaine quantité d'acide muriatique; d'avoir
ramené ce nouvel acide à une pureté et à des proportions
fixes et déterminées, et d'avoir donné ainsi les moyens
d'approximer des titres d'or plus élevés. Quoi qu'il en soit,
ce moyen ne peut être employé que pour des bijoux d'or
dont le titre ne s'élève pas au-dessus de 750 mil.

DE LA PIERRE DE TOUCHE.

Les *pierres de touche* sur lesquelles on fait les diverses
traces d'or et d'argent pour les esssais au *touchau* sont connues sous le nom de *cornéenne lydienne*, ou seulement sous
le nom de *lydienne*, parce qu'on les tirait anciennement de
la Lydie. On se sert maintenant de celles qui viennent de
Bohême, de Saxe et de Silésie. M. Brongniard regarde ces
dernières comme des basaltes, lesquels, d'après Bergmann,
seraient composés sur cent parties de :

Silice.	50, 00
Oxide de fer	25, 00
Alumine.	15, 00
Chaux.	8, 00
Magnésie.	2, 00
	100, 00 (1)

Quelques analystes y ont trouvé de l'oxide de manganèse, de la soude, de l'acide muriatique et de l'eau.

Ces pierres, pour être bonnes, doivent être d'un beau

---

(1) Voyez les Annales de chimie et de physique, tome XXI, page 317;
l'Examen analytique de la pierre de touche, par Vauquelin.

noir, d'un poli très légèrement grenu, de manière à retenir facilement les traces des métaux dont on fait les essais ; bien se couvrir de cette même trace, au travers de laquelle elle ne doit point paraître et être complètement inattaquable par l'acide pour le *touchau*.

M. d'Arcet en a fait faire qui réunissent ces qualités et auxquelles il ne reste plus qu'à donner le poli convenable.

DE L'ACIDE POUR LES TOUCHAUX D'OR.

Cet acide doit se composer, ainsi que l'indique Vauquelin, de 98 parties d'acide nitrique pur d'une pesanteur spécifique de 1340 (37° de Baumé), de 2 parties d'acide muriatique pur, d'une pesanteur spécifique de 1173 (21° de Baumé), l'eau étant prise pour unité ou 1000, et de 25 parties d'eau distillée.

DU TOUCHAU POUR L'ARGENT.

Les *touchaux d'argent*, qui se composent ou d'*étoiles* aux pointes desquelles sont soudées des lentilles d'argent à divers titres ou de petites lames d'argent, également à des titres différens, peuvent avoir plus ou moins de titres suivant les essais qu'on a à faire ; les plus complets se composent des huit titres suivans : 700—720—740—760—780—800—950 et 1000. Comme en général on s'en sert pour juger les objets d'orfévrerie au second titre, c'est-à-dire à 800, on conçoit que depuis ce titre jusqu'à celui de 700, descendant de 20 en 20 millièmes, on a les nuances qui doivent présenter celle que donne le titre de 800 millièmes ou celle des titres inférieurs, et par la parité des *touches* établir le titre de l'objet touché.

On fait aussi de ces *touchaux* qui n'ont que deux fortes

lentilles aux deux titres de l'orfévrerie, c'est-à-dire à 800 et à 950 millièmes.

DES TOUCHAUX POUR L'OR.

Les *touchaux d'or*, comme ceux d'argent, peuvent varier dans le nombre des titres qu'ils présentent et suivant la nature des objets qu'on est appelé à juger. Les *touchaux* les plus complets sont ceux qui se composent de trois *étoiles* à cinq branches chacune, portant à leur extrémité des lentilles d'or à divers titres et d'alliages différens. Les lentilles de la première *étoile* se composent d'un alliage d'or et d'argent; les lentilles de la seconde *étoile* d'un alliage d'or et de cuivre; et les lentilles de la troisième d'un alliage d'or, de cuivre et d'argent : ces deux derniers métaux en proportions égales; on appelle cet alliage *mixte*, et c'est le plus fréquemment employé parce qu'il est rare de trouver les bijoux d'or alliés seulement sur argent ou seulement sur cuivre; car dans le premier cas les bijoux seraient verts, dans le second rouges, et alors désagréables à l'œil.

Les *étoiles* sur lesquelles les lentilles d'or sont soudées sont en argent, et près de chaque lentille est gravé son titre; d'un côté en millièmes et de l'autre en karats. Ces titres sont : 583 (14 k.); 625 (15 k.); 667 (16 k.); 708 (17 k.) et 750 (18 k.); ce dernier titre est le titre légal des bijoux d'or; car il s'en fait peu maintenant au-dessus de ce titre. Ces trois *étoiles* sont percées dans leur centre d'un trou circulaire pour y passer une chaîne destinée à les réunir.

DESCRIPTION DU PROCÉDÉ.

ESSAI D'ARGENT A LA PIERRE DE TOUCHE.

On dispose sur une table, par ordre et de gauche à droite,

les pièces d'argenterie ou les bijoux de même métal dont on veut déterminer le titre à la *pierre de touche*; et les prenant successivement et dans l'ordre où ils sont placés, on forme sur la *pierre de touche* autant de *touches* correspondantes et on les place sur cette pierre dans le même ordre où les pièces à l'essai sont placées sur la table. Cela fait, on forme une *touche* avec la pièce de comparaison ; ainsi, par exemple, si on essayait de l'argenterie à 800 millièmes, il faudrait y opposer le titre de 800 du *touchau* d'argent, et, dans le cas de doute, y opposer les titres de 780, 760, etc., etc., jusqu'à ce qu'il paraisse y avoir parité de nuances dans les deux *touches*. Comme en général les fabricans travaillent plutôt au-dessous qu'au-dessus du titre; on sent l'inutilité ici d'opposer une *touche* à un titre supérieur à celui de 800 millièmes.

La plupart des objets d'orfévrerie étant plus ou moins blanchis à leur surface, il est extrèmement important, pour ne pas être induit en erreur, de gratter légèrement, s'il est possible, la partie de la pièce sur laquelle on prend la *touche*, ou si le bijou est trop délicat pour permettre cette opération, de faire une première *touche*, qu'on considérera comme non avenue, et on en fera alors une nouvelle sur la partie de l'objet déjà touché.

On ne peut pas se dissimuler que ces essais sont très difficiles et demandent une très grande pratique, car depuis le titre de 800 millièmes jusqu'à celui de 700, de 20 en 20 millièmes, ainsi que le présentent les *touchaux d'argent*, la dégradation des nuances est extrêmement fugace et difficile à saisir.

ESSAI D'OR A LA PIERRE DE TOUCHE.

Le premier soin à prendre, lorsqu'on a un essai d'or à la *pierre de touche* à faire, est de déterminer à quelle nature d'alliage appartient celle des objets dont on veut approximer le titre, car alors on prendra comme point de comparaison, soit l'*étoile* dont l'or est allié sur argent, soit l'*étoile* dont l'or est allié sur cuivre, soit enfin l'*étoile mixte* dont l'or est allié de cuivre et d'argent, et afin d'opérer avec des alliages semblables.

On formera sur la pierre de touche, en observant l'ordre qui a été indiqué pour l'essai d'argent par la même méthode, des traces des bijoux soumis à l'essai, en couvrant bien la pierre et ayant le soin de ne point se servir des premières *touches* si le bijou paraît fortement déroché ou mis en couleur, parce qu'alors la surface étant à un titre plus élevé induirait en erreur.

La trace définitive étant faite, on la couvrira d'une légère couche d'*acide pour le touchau*, au moyen d'un tube de verre plein plongeant dans cet acide, et on observera son action, qui doit être nulle si ce bijou est bien au titre légal de 750 ou 18 karats, et cette trace doit, après l'application de cet acide, ne point disparaître en passant légèrement dessus un linge fin. Si cette trace paraissait se laisser attaquer par l'*acide pour le touchau*, il faudrait alors en former une nouvelle trace, y opposer divers titres du *touchau* et de la même nature d'alliage, comme le 708 ou 17 karats, le 667 ou 16 karats, etc., toujours en descendant de titre, les soumettant comme précédemment à l'action d'une petite couche d'acide, et examiner avec laquelle de ces dernières traces il y a parité d'action, et déterminer, non-seulement si la pièce est hors des limites du titre fixé par la loi, mais encore le titre approximatif auquel elle se trouve.

Tous ces essais demandent une très grande habitude, et ce n'est qu'avec beaucoup de pratique qu'on peut se les rendre familiers. Les personnes qui sont dans la nécessité de s'y livrer, doivent faire beaucoup d'essais comparatifs avec les *touchaux d'or* et des bijoux qu'elles pourraient ensuite essayer à la coupelle, afin de suivre les progrès qu'elles feraient dans ce genre d'essai, se rectifier et enfin régulariser leur manière d'opérer.

Le procédé nouvellement découvert par M. Gay-Lussac, pour titrer les matières d'argent par la *voie humide*, a rendu un bon moyen d'approximation indispensable, puisqu'il faut connaître le titre à 5 ou 10 millièmes près, et qu'au moyen de la pierre de touche, même dans des mains exercées, on ne peut guère en approcher que de 15 millièmes; parmi les moyens employés aujourd'hui pour approximer le titre des matières d'argent, lorsqu'il s'agit de les essayer par le nouveau procédé de la *voie humide*, il faut donc rejeter la pierre de touche, et à plus forte raison la pesanteur spécifique, la ductilité, la malléabilité, le son et la couleur que prend l'argent allié lorsqu'on le fait chauffer : toutes propriétés insuffisantes pour indiquer quel doit être le poids de la *prise* d'essai ; ces diverses considérations nous ont engagé à rechercher un nouveau moyen d'approximation plus rigoureux; nous ne nous flattons pas d'avoir résolu la question, mais nous croyons de notre devoir de faire connaître les expériences auxquelles nous nous sommes livré pour arriver à ce but, et nous engageons les jeunes essayeurs, épris de leur art, à les répéter, et à voir le parti qu'ils pourront en tirer.

Ce nouveau procédé d'approximation est basé sur la propriété qu'a l'argent pur de donner des dissolutions parfaitement incolores, et sur celle qu'a le cuivre de colorer en bleu l'acide nitrique dans lequel on le dissout, et de présenter une dégradation de nuances très sensible, suivant qu'un même volume en contient plus ou moins.

D'après ces données on a fait 25 *synthèses* de cuivre et d'argent dans les proportions suivantes :

PREMIÈRE SÉRIE DE 1000 A 900.

Cuivre . . .	20	40	60	80	100
Argent . . .	980	960	940	920	900

DEUXIÈME SÉRIE DE 900 A 800.

Cuivre . . .	120	140	160	180	200
Argent . . .	880	860	840	820	800

TROISIÈME SÉRIE DE 800 A 700.

Cuivre.. . .	220	240	260	280	300
Argent.. . .	780	760	740	720	700

QUATRIÈME SÉRIE DE 700 A 600.

Cuivre.. . .	320	340	360	380	400
Argent.. . .	680	660	640	620	600

CINQUIÈME SÉRIE DE 600 A 500.

Cuivre.. . .	420	440	460	480	500
Argent.. . .	580	560	540	520	500

Ces 25 *synthèses*, faites sur 1 gramme et de 20 en 20 millièmes, ont été mises dans les flacons dont on se sert pour les essais d'argent par la *voie humide*, étiquetés et les métaux dissous dans 10 grammes d'acide nitrique à 22° et au *bain-marie*; les dissolutions terminées et le gaz acide nitreux bien dégagé, elles ont été étendues de 30 grammes

13

d'eau distillée, au moyen d'une pipette graduée, et les flacons bien bouchés (1).

On conçoit maintenant l'usage de ces dissolutions d'alliages mathématiques à proportions connues, lesquelles opposées à des alliages dont les proportions sont inconnues et placés dans les mêmes circonstances, doivent servir à faire connaître les proportions de ces dernières (2). Nous allons faire voir leur application dans l'essai par la *voie humide* de l'argent allié.

Supposons donc un lingot d'argent dont le titre serait tout-à-fait inconnu; on en pèsera un gramme et on en opérera la dissolution au *bain marie*, dans 10 grammes d'acide nitrique à 22°. La dissolution étant complète, on l'étendra de 30 grammes d'eau distillée, au moyen d'une pipette jaugée; le mélange bien fait, on cherchera d'abord en comparant la nuance des cinq alliages contenant 100, 200, 300, 400 et 500 millièmes de cuivre, à laquelle de ces cinq séries elle appartient; on prendra cette série, et l'opposant successivement aux cinq titres qu'elle renferme, on établira le titre de l'alliage à l'essai, vraisemblablement à 10 millièmes près, si on a acquis une grande habitude. Cette opération se fait très bien en cherchant un jour favorable et en plaçant derrière les deux flacons qu'on vient d'opposer l'un à l'autre, une bande de papier très blanc, et en jetant les yeux sur le papier, dont les diverses colorations indiquent suffisamment les rapports qui existent entre le titre de l'alliage connu et celui de l'alliage à l'essai.

---

(1) On n'a pas cru devoir augmenter le nombre de ces synthèses; mais on s'est assuré qu'au-dessous de 500 millièmes d'argent, le cuivre, allant en augmentant, donnait encore à ses dissolutions une teinte croissant sensiblement d'intensité.

(2) On suppose toujours ici des alliages composés uniquement d'argent et de cuivre; on conçoit que là où il entrerait du plomb, du zinc ou tout autre métal soluble dans l'acide nitrique, on cesserait d'être dans les mêmes circonstances et de pouvoir établir de comparaison.

On conçoit maintenant de quel avantage serait ce nouveau moyen, si on pouvait s'en rendre assez maître pour n'avoir plus qu'à terminer l'essai au moyen de *la voie humide*, ainsi que nous l'avons indiqué dans le chapitre IV, où nous proposons de ramener la *prise* d'essai à être constamment d'un gramme (*Voy.* la remarque 10 du chapitre cité).

REMARQUES.

PREMIÈRE REMARQUE.

L'*acide pour le touchau* ayant plus d'action à chaud qu'à froid, il est nécessaire d'avoir égard à la température de l'atmosphère lorsque l'on s'en sert, et convenable de le tenir, autant que possible, dans un lieu frais et surtout à l'abri de la lumière dans les mois chauds de l'année, comme juin, juillet et août. On peut, à ces époques, y ajouter un peu d'eau distillée pour en modérer l'action. Du reste, on ne peut rien prescrire de positif à cet égard ; c'est au manipulateur exercé à saisir les modifications qu'il est nécessaire d'y apporter.

DEUXIÈME REMARQUE.

On conçoit de quelle importance il est que les *touchaux* soient à des titres bien déterminés. Ceux d'or sont longs à faire, parce que non-seulement on n'arrive pas du premier coup au titre que l'on veut établir ; mais encore parce que, lorsqu'on y arrive, on a quelquefois des alliages tellement aigres, qu'il est impossible de les forger et de les laminer. M. d'Arcet conseille, dans ce cas, d'allier l'or à du cuivre bien pur et contenant déjà tout allié 10 millièmes de ce métal par gramme.

CHAPITRE XIV.

DE L'ESSAI DE CUIVRE OU DE BRONZE.

PRÉLIMINAIRE.

Comme il n'est pas rare de voir les essayeurs appelés à déterminer les proportions des principes constituans du *bronze*, et que cet alliage, composé de cuivre et d'étain, contient presque toujours aussi une certaine quantité de plomb et de zinc qui en rendent l'examen plus long et plus difficile, il devient extrêmement important de tracer la marche à suivre pour arriver à bien faire cette analyse, qui demande une main exercée aux manipulations chimiques auxquelles un bon essayeur ne doit pas être étranger. Nous allons donc y consacrer ce chapitre, en considérant le *bronze* comme un alliage quaternaire formé des métaux que nous y avons signalés.

La première chose à faire lorsqu'on a du *bronze* à analyser, est d'en prendre la pesanteur spécifique, parce qu'elle peut, dans certains cas, donner l'à peu près des proportions dans lesquelles se trouvent unis les métaux qui composent l'alliage, ces métaux ayant des pesanteurs spécifiques différentes qui font varier celle de l'alliage; ainsi, par exemple, la pesanteur spécifique du cuivre étant de 8,7880 en lingot, et celle de l'étain de 7,2930, on conçoit que si l'alliage était, par hasard, composé de ces deux métaux seulement, on obtiendrait une pesanteur spécifique moindre que 8,7880 , et que cette différence pourrait, jusqu'à un certain point, donner par le calcul, les quantités d'étain. Nous disons jusqu'à un certain point, parce que la pénétration des deux métaux ne permet pas d'obtenir des résultats mathématiques.

Il en serait de même pour le plomb, s'il était uniquement allié au cuivre, parce que sa pesanteur spécifique étant de 11,4450, il rendrait l'alliage spécifiquement plus pesant.

Quant au zinc, il diminuerait la densité du cuivre, puisque sa pesanteur spécifique n'est que de 6,8610 à 7,1910.

Il est évident que ce moyen approximatif ne peut servir qu'autant que l'alliage ne contient que deux métaux ; car, dans le cas contraire, le cuivre pourrait contenir une quantité de plomb et d'étain telle que sa pesanteur spécifique n'en fût pas changée, puisque la pesanteur spécifique élevée de l'un pourrait être dans certains cas compensée par la moindre pesanteur spécifique de l'autre.

Quoi qu'il en soit, ce moyen ne doit pas être négligé, car dans le cas où l'alliage est binaire, il peut servir de contrôle à l'analyse ou même y suppléer, si le tâtonnement n'avait indiqué que deux métaux, et si l'échantillon soumis à l'essai était en assez petite quantité pour qu'on ne voulût pas le détruire en totalité.

On procédera donc à la détermination de sa pesanteur spécifique de la manière suivante, ce qu'on ne fera d'ailleurs que s'il est bien homogène ; car s'il était spongieux, on ne pourrait obtenir que des résultats erronés. On le pèsera, avec le plus grand soin , à une balance indiquant au moins 5 milligrammes, et ce poids, pris deux fois, à quelque intervalle, donnera une moyenne qu'on notera avec soin.

Cela fait, on le suspendra à un crin dont le poids aura été bien déterminé à la balance d'essai, et on le repèsera dans l'eau distillée à la balance hydrostatique, laquelle est munie d'un petit plateau sous lequel est un crochet auquel on suspend l'alliage au moyen du crin dont nous avons parlé; ce poids ne doit être pris que dans l'eau bien pure à 20° centigrade, et le lingot bien débarrassé, au moyen d'un pinceau, des bulles qui se forment toujours et qui en diminueraient la pesanteur spécifique; ce nouveau poids bien déterminé et toujours moindre que celui pris dans l'air, on établira la différence, de sorte que le poids dans l'air, divisé par cette différence, donnera la pesanteur spécifique recherchée.

DESCRIPTION DU PROCÉDÉ D'ANALYSE.

DE LA PRISE D'ESSAI.

On enlèvera au ciseau et avec un marteau une certaine quantité de l'alliage soumis à l'analyse; le morceau détaché sera aplati sur une enclume et coupé en petits fragmens, de manière à entrer facilement dans le col du ballon où doit se faire la dissolution, ayant le soin que la portion de métal dont se composera cette *prise* d'essai ait le brillant métallique et ne recèle point de corps étranger, comme vert-de-gris, corps gras, etc.; on en pèsera 10 grammes avec le plus grand soin et à une balance indiquant facilement 5 milligrammes.

DE LA DISSOLUTION.

Les 10 grammes de *bronze* étant introduits avec le plus grand soin dans un petit ballon en verre blanc, dont la boule pourra contenir environ 250 grammes d'eau, et ayant un col d'environ 14 centimètres de long, on y introduira 100 grammes d'acide nitrique à 22° et on chauffera doucement et graduellement jusqu'à l'ébullition, qu'on soutiendra jusqu'à ce qu'il ne se dégage plus de vapeurs rouges ; si dans le premier moment de la dissolution, l'effervescence était trop vive et si la liqueur montait dans le col du petit ballon de manière à faire craindre qu'il n'en sorte au dehors, il faudrait le retirer de dessus le feu, le poser sur des cendres froides, souffler sur la boule ou enfin refroidir celle-ci en versant dessus de l'eau froide. La dissolution étant complète, ce dont on s'apercevra en agitant la liqueur de manière à mettre la poudre blanche d'oxide d'étain en suspension, et s'assurant ainsi qu'il n'y a plus de métal, lequel, plus lourd et de couleur foncée, restera au fond du ballon ; et surtout, dernière épreuve indispensable, que l'addition, dans le ballon, de quelques grammes d'acide nitrique, et ensuite l'ébullition, ne laissera dégager aucune vapeur rouge de gaz acide nitreux. Les choses étant dans cet état, on soutiendra l'ébullition à peu près une heure, afin de chasser la plus grande partie de l'excès d'acide qui pourrait retenir en dissolution un peu d'oxide d'étain ; on retirera alors du feu, on laissera refroidir, et on y ajoutera parties égales d'eau distillée.

DE LA FILTRATION.

On fera avec une feuille de papier blanc non collé et autant que possible égale en épaisseur, un filtre double, en multipliant les plis qui facilitent la filtration, mais en ayant la précaution de ne point en fatiguer la pointe en y passant trop fortement les doigts. Ce filtre doit porter 17 plis et avoir, à peu près, 12 centimètres de rayon.

Le filtre étant fait double, on ôte celui qui se trouve

dans l'intérieur; on les place séparément dans chacun des plateaux de la petite balance dont on a parlé plus haut, et au moyen de ciseaux on les équilibre, c'est-à-dire qu'on les rend de poids parfaitement égaux en ayant le soin de couper le papier droit et également pour ne point y faire de dents, lesquelles pourraient se détacher et détruiraient l'égalité de poids qu'il est si important d'établir.

Les filtres étant donc bien en équilibre, on les mettra l'un dans l'autre avec la précaution de placer le plus court dans l'intérieur, parce qu'étant nécessairement le plus épais il doit offrir plus de résistance au poids de la dissolution et à l'action de l'acide, et faire moins craindre de le voir crever; accident qui met dans la nécessité de recommencer l'opération, car si on persistait à la continuer, elle ne pourrait jamais offrir qu'un à peu près.

Le filtre intérieur se trouvant toujours plus court que le filtre extérieur, il en résulte qu'au moment où on y met la dissolution et où on passe légèrement le col du petit ballon sur les bords du filtre, pour ne pas perdre de la dissolution et de l'oxide d'étain ; il en résulte, dis-je, que le filtre extérieur pourrait recevoir de l'oxide d'étain et causer des erreurs. Pour obvier à cet inconvénient, il suffira de faire à la partie supérieure du filtre extérieur un pli de quelques centimètres de longueur et rabattu en dehors ; par cette disposition, on fera déborder le filtre intérieur et on aura le soin de ne verser la dissolution que de ce côté.

Les deux filtres réunis, c'est-à-dire se touchant bien dans toutes leurs parties, seront placés dans un entonnoir de manière qu'étant bien enfoncés, ils débordent de 5 à 6 millimètres ; les plus convenables ont 7 à 8 centimètres d'ouverture à leur partie supérieure. L'entonnoir contenant le filtre double sera placé sur une petite planchette de 11 à 12 centimètres, d'un centimètre d'épaisseur, percée au milieu d'un trou rond en biseau et ayant à sa plus grande ouverture 5 centimètres de diamètre; on le posera sur un bocal d'au moins 20 centimètres de hauteur et 10 d'ouverture.

Le bocal et l'entonnoir seront préalablement lavés avec soin à l'eau distillée, et ce dernier bien essuyé avant d'y mettre le filtre qu'on courrait risque de crever sans cette précaution.

Les choses étant ainsi disposées, on remplira d'eau distillée le filtre intérieur, afin de bien l'ouvrir et de ne pas courir le risque de mettre la dissolution entre les deux filtres; cela étant fait, on décantera cette eau et on la remplacera par la dissolution que l'on versera doucement et avec le plus grand soin, en se servant d'eau distillée contenue dans un très petit pot à l'eau à bec pour laver l'extrémité du col du petit ballon, et faire passer par son moyen tout l'oxide d'étain dans le filtre.

Il faut avoir la précaution de n'y jamais mettre assez de liqueur pour faire atteindre les bords du filtre extérieur. On s'arrangera pour qu'elle se trouve constamment à quelques millimètres des bords du filtre intérieur; on conçoit qu'en agissant autrement, on risquerait de mettre de l'oxide d'étain sur le filtre extérieur placé plus haut, et qu'on tomberait ainsi dans de graves erreurs.

Les dernières portions d'oxide d'étain contenues dans le ballon sont quelquefois longues à faire passer complètement dans le filtre; on y parviendra plus facilement en mettant dans le ballon une petite quantité d'eau distillée, en agitant vivement de manière à mettre tout l'oxide d'étain en suspension, et en retournant promptement le ballon de façon que, se trouvant dans une position verticale, son col plonge de quelques millimètres dans la liqueur du filtre: car au moment de cette manipulation, il est indispensable que celui-ci en contienne au moins la moitié de sa hauteur.

Toute la liqueur du ballon ainsi que la totalité de l'oxide

d'étain étant passé dans le filtre avec les précautions indiquées, on attendra qu'il ne s'y trouve plus de liqueur pour
verser de l'eau distillée chaude afin de laver l'oxide d'étain,
lavage qu'on réitère trois ou quatre fois, ou plutôt jusqu'à
ce que le papier de tournesol ne change plus de couleur
par une goutte de ces eaux de lavage, et ayant le soin de ne
jamais mettre de nouvelle eau dans le filtre que celle qu'on
vient d'y verser ne soit totalement passée et l'oxide d'étain
à nu.

DE LA DESSICCATION DES FILTRES.

Les eaux de lavage ne rougissant plus le papier de tournesol, et le filtre ayant été arrosé d'eau sur ses bords, de
manière à ne point retenir d'acide, on laissera égoutter
un quart d'heure environ et ensuite on enlèvera le filtre
avec précaution de l'entonnoir et on le développera un
peu et avec soin en le plaçant sur du papier non collé ;
lorsqu'il aura perdu la plus grande partie de l'eau dont il
était imprégné, on l'enveloppera dans du papier ordinaire
et on procédera à sa dessiccation complète, soit en le plaçant dans l'étuve à quinquet de M. Darcet, étuve dont la température devra être élevée au moins de 100 degrés centigrades (1). A défaut d'étuve à quinquet, on pourra faire
la dessiccation au *bain-marie*; un saladier posé sur une petite marmite de fonte pleine d'eau, et celle-ci posée sur un
petit fourneau, offre tout ce qu'il faut pour cette opération;
on place le filtre dans le saladier et on le recouvre d'une
feuille de papier pour éviter qu'aucun corps étranger ne
s'y introduise. Pour élever la température et hâter la dessiccation, on pourra y mettre une livre ou deux de sel de
cuisine, suivant la capacité de la marmite de fonte.

____

(1) On trouve la description de cette étuve dans le Traité de chimie de
M. Thénard, troisième édition, tome 4, page 319.

Quel que soit le moyen employé pour sécher les filtres,
on les isolera ; c'est-à-dire qu'on sortira le filtre intérieur
du filtre extérieur, lorsque ceux-ci ne seront plus qu'humides, car après la dessiccation complète, cette opération
devient plus difficile, et on est exposé à déchirer les filtres.

Lorsque les filtres paraîtront secs, on les enlèvera et on
placera chacun d'eux dans un des plateaux de la petite
balance sensible dont on a déjà parlé ; on placera des poids
du côté du filtre extérieur de manière à faire équilibre, et
ces poids représenteront celui de l'oxide d'étain, mais
non pas le poids définitif, car l'oxide pourrait ne pas être
complètement sec. On tiendra donc note de ce premier
poids, on reportera à l'étuve ou au *bain-morie*, on repèsera,
et on renouvellera ces opérations jusqu'à ce qu'on trouve
deux fois de suite le même poids.

DU CALCUL POUR RAMENER L'OXIDE D'ÉTAIN A L'ÉTAT MÉTALLIQUE.

Cent parties d'étain pur traité par l'acide nitrique à
22° et à chaud donnant 140 parties de péroxide d'étain
bien lavé et séché à l'étuve ou au *bain-marie*, on fera le
calcul suivant après avoir bien établi le poids de l'oxide
d'étain trouvé dans l'analyse : si 140 parties d'oxide d'étain
représentent 100 parties d'étain à l'état métallique, combien la quantité d'oxide d'étain trouvée en donne-t-elle ?
L'opération ayant été faite sur 10 grammes seulement et
devant toujours établir les proportions sur 100 parties,
on commencera par multiplier le poids de l'oxide d'étain
trouvé par 10 et ensuite on fera la règle de proportion indiquée ; supposons donc ici que le poids de l'oxide d'étain
obtenu soit de 1 gramm. 250 millièmes ; ayant opéré sur
10 grammes, cette quantité sur 100 serait de 12 gramm.
50 centigram. ; nous dirons donc 140 : 100 :: 12,50 : x =

Le quatrième terme de la proportion sera de 8 gram. 92 centigram., c'est-à-dire que 100 grammes de l'alliage soumis à cette analyse, contiendront 8 gram. 92 centigram. d'étain métallique.

DE LA DÉTERMINATION DES QUANTITÉS DE PLOMB.

La quantité d'étain métallique, contenu dans 100 parties d'alliage, étant bien déterminée, on procédera à la détermination des quantités de plomb qu'il renferme, de la manière suivante : on versera dans la dissolution bien claire, obtenue dans l'opération précédente, laquelle contient en dissolution le cuivre, le plomb et le zinc, une dissolution bien limpide de sulfate de soude ; on agitera de temps en temps, au moyen d'un tube plein en verre, qui y restera jusqu'au moment de la filtration, laquelle ne doit avoir lieu que vingt-quatre heures environ après l'addition du sulfate de soude ; car avant ce temps tout le plomb pourrait ne pas être précipité : on s'en assure d'ailleurs en versant, au bout de ces vingt-quatre heures, dans la liqueur claire et qui surnage le sulfate de plomb, une nouvelle et petite quantité de dissolution de sulfate de soude ; l'addition de ce réactif n'apportant aucun changement dans la liqueur, on retirera le tube plein en le lavant avec de l'eau distillée au-dessus du bocal, de manière à ne pas perdre de dissolution ; on versera alors le tout, et avec le plus grand soin, sur un filtre équilibré, et on lavera le sulfate de plomb avec de l'eau distillée à plusieurs reprises, jusqu'à ce que les eaux de lavage ne rougissent plus le papier de tournesol et en lavant ses bords avec les précautions prescrites précédemment.

Le sulfate de plomb s'attache souvent aux parois du bocal, et l'eau qu'on y agite ne peut l'en détacher ; dans ce cas, on se servira d'un petit pinceau à long manche bien nettoyé et sur lequel, après l'opération, on passera de l'eau distillée, en le serrant même dans les doigts, sur lesquels on se versera également de l'eau distillée ; car on ne saurait prendre trop de soin dans l'exécution de toutes ces opérations ; le petit pot à l'eau à bec, dont on a déjà parlé, est très commode dans cette manipulation. Le filtre contenant le sulfate de plomb ayant été séché à l'étuve à quinquet ou au *bain-marie*, pesé à plusieurs reprises, et le poids du sulfate de plomb bien déterminé, on le multipliera par 10 pour ramener le résultat de l'opération à 100, et on fera ensuite les calculs suivans : si 145 de sulfate de plomb, séché à l'étuve ou au *bain-marie*, donnent 100 parties de plomb métallique, combien la quantité de sulfate de plomb trouvée en donnera-t-elle ? Le quatrième terme de cette proportion donnera cette nouvelle quantité ; supposons donc ici que le poids du sulfate de plomb soit de 0 gram. 750 millièmes, ayant opéré sur 10 grammes ; cette quantité sur 100 serait de 7 gram., 50 centigr. : nous dirons donc si 145 donnent 100, combien 7, 50 ? Le quatrième terme de la proportion sera de 5 gram. 10 centig., c'est-à-dire que 100 grammes de l'alliage donneraient 5 grammes 10 de plomb métallique au cent.

DE LA CÉMENTATION OU DE LA DÉTERMINATION DES QUANTITÉS DE ZINC.

Les quantités d'étain et de plomb étant bien déterminées, on procédera à la détermination des quantités de zinc de la manière suivante : On pèsera à une balance d'essai, indiquant facilement 1 millième de gramme, 1 gramme de l'alliage, et on l'enveloppera dans un petit carré de papier mince ; cela fait, on prendra un petit creuset de Hesse de 5 centimètres en hauteur et de 3 à 4 de largeur ; on mettra dans le fond une couche de charbon de bois bien sec et en poudre ; sur ce charbon on placera le gramme de l'alliage enveloppé dans son papier et on le recouvrira d'une nouvelle quantité de charbon, de manière à laisser cependant quelques millimètres de vide qu'on remplira exactement avec de la terre molle, dont on fabrique les fourneaux de laboratoire et qu'on pourra se procurer chez le premier fournaliste. Au moyen de cette terre, on formera donc une espèce de couvercle qu'on sèchera avec soin et dont on rebouchera soigneusement les fentes avec la même terre avant de l'exposer à une forte chaleur, car sans cette précaution le charbon brûlerait, l'alliage s'oxiderait et l'opération serait manquée. Ce couvercle étant bien sec et exempt de gerçure, on exposera le creuset au fond de la moufle du fourneau à coupelle, pendant tout le temps que ce fourneau sera allumé ; le creuset étant froid, on l'ouvrira ; il doit contenir tout le charbon et l'alliage encore enveloppé dans son papier, mais charbonné. Après avait constaté que le charbon ne recèle aucune grenaille, ce dont on s'assurera en le mettant sur un papier et en l'examinant à la loupe, ou mieux encore, en le mettant dans un verre à patte creux et en soufflant dessus *légèrement*, au moyen d'un soufflet et de manière à chasser tout le charbon, les grenailles plus pesantes resteront au fond du verre. Cette opération faite, et ayant reconnu qu'il n'y avait point de grenailles, car dans ce cas il faudrait les réunir au bouton, on essuiera celui-ci et on le pèsera à la balance d'essai, afin de constater ce qu'il a éprouvé de perte, et cette perte sera notée avec soin ; on l'enveloppera de nouveau dans un petit carré de papier ; on le placera, comme en premier lieu, au milieu du charbon en poudre ; on remettra de nouveau au fourneau à coupelles, et ces opérations seront répétées jusqu'à ce qu'on trouve deux fois le même poids. Il arrive souvent qu'à la dernière cémentation, au lieu d'y avoir perte, il y a une légère augmentation, mais elle n'excède jamais 2 à 3 millièmes et est due à la forma-

tion d'une très petite quantité de carbure de cuivre. Des
diverses pertes éprouvées, on prendra toujours la plus
grande; supposons donc cette perte de 20 millièmes, c'est-
à-dire que le petit bouton, après la cémentation faite sur
1 gramme, ne pèse plus que 980 millièmes ; on voit que
la perte sur 100, quantité à laquelle on doit constamment
rapporter les proportions des principes constituans de
l'alliage soumis à l'analyse, serait de deux seulement. Il
est important de remarquer que le plomb, dans ces cémentations, se volatilise aussi bien que le zinc, et qu'il faudra,
par cette raison, retrancher de la perte éprouvée dans
cette opération, la quantité de plomb qu'aura présentée
l'analyse ; si celle-ci avait donné 1 de plomb au 100, et si
la cémentation avait donné 2 de perte sur même quantité,
il est évident qu'il n'y aurait que 1 de zinc sur 100 de
l'alliage.

La quantité d'étain, de plomb et de zinc étant bien déterminée, on pourra conclure la quantité de cuivre; si
cependant on voulait obtenir celui-ci isolé pour contrôler
l'ensemble de l'analyse, on pourrait le précipiter de sa dissolution par le zinc.

Lorsque les alliages contiennent des quantités assez considérables de plomb, ce métal étant beaucoup moins volatile que le zinc, se dégage lentement et les cémentations
ont besoin d'être renouvelées un assez grand nombre de
fois. Dans ce cas, on pourra employer le moyen que nous
allons donner pour précipiter le cuivre, et alors on n'aura
qu'à conclure le zinc, sans faire de cémentations, ce qui,
dans ce cas, sera beaucoup plus prompt.

DE LA PRÉCIPITATION DU CUIVRE A L'ÉTAT MÉTALLIQUE
PAR LE ZINC.

Après avoir isolé, au moyen de l'acide nitrique, l'étain

à l'état d'oxide et avoir précipité par le sulfate de soude, le plomb que peuvent contenir les 10 grammes de *bronze* à l'essai, on mettra toutes les liqueurs, auxquelles on aura ajouté 1 gramme environ d'acide sulfurique concentré, dans une capsule de porcelaine, de la contenance d'un litre à peu près. Le bocal qui contenait les liqueurs sera lavé à plusieurs reprises, avec de petites quantités d'eau distillée, et celles-ci étant réunies aux liqueurs de la capsule, on évaporera à siccité, en ayant le soin de remuer légèrement avec un tube de verre plein, vers la fin de l'opération, jusqu'à dessiccation complète et à un léger feu ; cela étant fait, on enlèvera la capsule du fourneau ; et lorsqu'elle sera suffisamment refroidie, on y mettra assez d'eau distillée pour redissoudre le tout : ce qui se fera facilement, en remettant la capsule sur le feu quelques instans. Si la dessiccation avait été poussée trop loin, il serait possible que la dissolution ne puisse pas s'opérer en totalité ; dans ce cas, on ajoutera une très petite quantité d'acide sulfurique, et elle aura lieu en continuant de chauffer.

Lors donc que la liqueur sera bien transparente, on retirera la capsule du feu et on étendra d'eau distillée ; de sorte que la totalité de la liqueur soit environ de 7 à 800 grammes. Cela fait et la liqueur froide, on y placera deux petites lames de zinc pur et bien décapé de 8 à 9 centimètres de long, 2 de largeur et au moins de 2 millimètres d'épaisseur. Si au bout de quelques minutes il ne se manifestait pas une *légère effervescence*, il faudrait ajouter un peu d'acide sulfurique, car cette *légère effervescence* doit régner tout le temps de la précipitation ; lorsqu'on verra qu'elle cesse, on la fera renaître par l'addition de petites quantités de cet acide.

Si, dans le cas contraire, cette *effervescence* était trop vive, il faudrait la calmer en ajoutant une certaine quantité d'eau distillée.

On tiendra un tube de verre plein dans la capsule et de

temps en temps on promènera les lames de zinc afin de faire réagir toute la liqueur sur ce métal.

Lorsque la précipitation sera faite, ce dont on s'apercevra à la décoloration complète de la liqueur, et ce dont on pourra s'assurer d'ailleurs en en prenant dans un verre et au moyen d'une pipette, une petite quantité, et en y versant un peu d'ammoniaque, lequel doit précipiter le zinc d'abord, le redissoudre ensuite par un excès de ce réactif, et ne point donner à la liqueur une couleur bleue, indice de la présence du cuivre. L'ammoniaque n'ayant point décélé la présence de ce métal, on retirera les lames de zinc avec précaution et en versant de l'eau distillée dessus, de manière à entraîner les petites portions de cuivre qui pourraient s'y être déposées; car si l'opération a été bien faite il ne doit pas y être adhérent.

Les lames de zinc étant retirées, on laissera la liqueur une demi-heure sur le cuivre, en agitant de temps en temps avec le tube de verre plein, et après ce temps, on enlèvera, au moyen d'une pipette, la totalité de la liqueur qui sera placée sur un filtre équilibré; le cuivre étant à nu on versera dessus de l'eau bouillante et on agitera; on ôtera ensuite le tube plein, en passant de l'eau distillée dessus; et au moyen de la pipette on mettra l'eau et le cuivre sur le filtre équilibré qui a reçu les premières liqueurs. Cette opération s'étant faite avec le plus grand soin, et le cuivre ayant été lavé sur le filtre jusqu'à ce que les eaux de lavage n'altèrent plus la couleur du papier de tournesol, on enlèvera celui-ci; on le fera égouter sur du papier non collé; on le séchera à l'étuve à quinquet ou au *bain-marie*, et on déterminera le poids du cuivre avec les précautions indiquées à l'occasion de la pesée de l'oxide d'étain et du sulfate de plomb; ce poids, multiplié par 10, donnera la quantité de cuivre contenu sur 100 parties du *bronze* soumis à l'analyse.

Les quantités d'étain et de plomb ayant été préalable-

ment bien déterminées et celles du cuivre connues, il suffira donc de faire l'addition de ces trois nombres pour avoir
la quantité de zinc, si la cémentation n'a pas été faite;
cette quantité sera représentée par le nombre qu'il sera
nécessaire d'y ajouter pour compléter cent.

Ce procédé est très exact, mais il est long; et comme
j'ai trouvé qu'on pouvait précipiter le cuivre de sa dissolution nitrique par le fer, en prenant quelque précaution,
et que cela fournissait le moyen de faire l'analyse d'un
alliage quaternaire dans une journée; je vais indiquer le
procédé à suivre, lorsqu'on sera dans la nécessité de marcher rapidement.

Traitemens à chaud, de 5 grammes de l'alliage aplati
mince, par le moins d'acide nitrique possible; filtration et
lavage à l'eau distillée chaude de l'oxide d'étain; précipitation à la température de l'ébullition du plomb par le sulfate de soude; filtration et lavage à chaud du sulfate de
plomb; dessiccation des deux filtres contenant l'oxide et
le sulfate, soit au *bain-marie*, soit sur du papier placé dans
une main posée sur des cendres chaudes, en développant
les filtres, lorsqu'ils sont assez secs pour permettre cette
opération sans être déchirés; précipitation alors du cuivre
à chaud dans une capsule de porcelaine, au moyen de deux
petits cylindres de fer et après avoir mis dans la dissolution 40 ou 50 grammes de sel ammoniac; cette précipitation a ordinairement lieu en moins de deux heures. On
retire les petits barreaux de fer; on laisse la liqueur une
demi-heure sur le cuivre; on filtre, on lave à chaud et on
dessèche à une basse température; le zinc est conclu. Si
ce dernier métal existait en assez petite quantité pour
échapper dans cette rapide analyse, une cémentation placée dans le fourneau à essai, le matin, indiquerait vers le
milieu du jour ce qu'on aurait à faire.

REMARQUES.

PREMIÈRE REMARQUE.

Parmi quelques-uns des métaux soumis à la cémentation et qui se sont trouvés être volatiles sous le charbon et à la température d'environ 30 à 35° du pyromètre de Wedgwood, on a remarqué les cinq suivans, qu'on place ici dans l'ordre de leur plus faible degré de volatilité :

> Argent,
> Plomb,
> Bismuth,
> Antimoine,
> Zinc.

On n'a pas cru devoir faire entrer dans les moyens d'analyse donnés pour l'essai de *bronze* ceux qu'aurait exigés la détermination des quantités d'argent, de bismuth et surtout d'antimoine qu'on serait plus porté à y soupçonner, parce que s'oxidant complètement par l'acide nitrique, ainsi que l'étain, il se confond avec ce dernier métal et n'entraîne pas d'erreur sensible dans la détermination des proportions des autres métaux.

DEUXIÈME REMARQUE.

Si on désirait rechercher l'antimoine dans l'oxide d'étain, il faudrait dissoudre celui-ci dans l'acide muriatique mêlé de quelques gouttes d'acide nitrique ; rapprocher de manière à chasser l'excès d'acide et étendre d'une assez grande quantité d'eau distillée qui y formera un précipité blanc abondant s'il recèle de l'antimoine.

TROISIÈME REMARQUE.

On peut s'assurer de la présence de l'antimoine en mélangeant l'oxide d'étain dans lequel on le soupçonne, avec du charbon de bois en poudre bien sec et dans les proportions suivantes :

Oxide.. . . . .   0, 500
Charbon. 0, 110

En plaçant le tout dans un petit creuset à essais, en recouvrant de verre de borax en poudre et en fondant sous la moufle. Le petit bouton obtenu est traité par l'acide muriatique dont la dissolution est complète, s'il n'y a point d'antimoine, et, dans le cas contraire, laisse une poudre grise, insoluble dans cet acide.

QUATRIÈME REMARQUE.

Pour déterminer la quantité d'argent, on passera un 1/2 gramme de l'alliage à la coupelle avec 10 grammes de plomb ; le petit bouton sera pesé à la balance d'essai, et son poids doublé indiquera la quantité d'argent par gram.

CINQUIÈME REMARQUE.

Pour manifester la présence du bismuth qu'on pourrait y soupçonner, on traitera une petite quantité de l'alliage par l'acide nitrique, on filtrera, on évaporera jusqu'à siccité, afin de chasser complètement l'excès d'acide, et on traitera par l'eau distillée qui doit y faire un précipité s'il s'y trouve du bismuth.

SIXIÈME REMARQUE.

L'oxide d'étain qui est blanc, très légèrement jaunâtre lorsqu'il est pur, s'obtient quelquefois rose, quelquefois verdâtre dans les essais de *bronze*. Il doit la couleur rosée à de très petites quantités d'or ; quant à la couleur verte, elle est due à la présence d'un peu d'oxide de cuivre ; mais ces deux métaux y sont toujours en trop petite quantité pour être une cause d'erreur.

CHAPITRE XV.

ESSAIS PAR LA VOIE SÈCHE DE QUELQUES MINES D'OR, D'ARGENT, DE CUIVRE ET DE PLOMB.

MINES D'OR.

PRÉLIMINAIRE.

L'or étant toujours dans la nature à l'état métallique, n'offre dans ses mines qu'un très petit nombre d'espèces ; on peut les réduire aux quatre suivantes :

1° L'*or natif*, qui comprend l'or pur et l'or allié d'argent, de cuivre, de rhodium, de palladium, de platine et de fer;

2° L'*or graphique ou tellurure argentifère.*

3° Le *tellurure plombo-argentifère.*

4° Le *tellurure sulfo-plombifère.*

PREMIÈRE ESPÈCE. — OR NATIF.

Dans les mines d'or *natif*, ce métal se trouve presque constamment disséminé dans diverses *gangues* et souvent mêlé, mais en très petite quantité, à un assez grand nombre de minerais. Les *gangues* de l'or sont, en général, le quartz, le jaspe sinople, le felspath, l'oxide de fer, la chaux carbonatée et la baryte sulfatée; les principaux *minerais* qui l'accompagnent sont les sulfures de fer, de zinc, de mercure, de cuivre et d'arsenic.

L'or se trouve, mais très rarement, en morceaux assez considérables et sans *gangue*; ces morceaux ont reçu le nom de *pépites* (1). Les mines d'or de Hongrie sont les seules mines d'or de l'Europe qui aient quelque importance ; leur produit annuel est évalué à 650 kil. (2,238,886 fr.)

L'Afrique produit une assez grande quantité d'or; il est en poudre et est extrait des terrains d'alluvion par le lavage. Les nègres qui travaillent aux mines de Kordofan, entre le Darfour et l'Abyssinie, transportent ce métal dans des tuyaux de plumes d'autruche ou de vautour.

L'Amérique méridionale est le pays où l'on a trouvé dans les temps modernes les mines d'or les plus riches; on évalue leur produit, par an, à environ 14,000 kilo-

---

(1) La *pépite* de l'Académie pèse environ 14 kilog., ce qui représente une valeur de plus de 48,000 fr.

L'or dont elle se compose est au titre de 992 millièmes. (Ann. de chimie, tome 72, page 52.)

grammes (4,822,160 fr.); c'est principalement du Brésil qu'il vient. Il existe aussi des mines d'or dans l'Amérique septentrionale, notamment au Mexique; mais elles produisent beaucoup moins que celles de l'autre Amérique.

L'Asie a aussi quelques mines d'or; celles de Sibérie sont les plus remarquables. L'or contenu dans les diverses mines que nous venons de signaler, et dans lesquelles il est quelquefois en si petite quantité qu'il faut recourir à des moyens chimiques pour le découvrir, affecte beaucoup de formes différentes; tantôt il est cristallisé, tantôt en grains irréguliers, en paillettes, en feuilles ou en aiguilles, et dans ces divers états il est toujours ductile; sa couleur et sa densité varient suivant qu'il approche plus ou moins de l'état de pureté.

Quant à la quantité d'or pur contenu dans l'*or natif* extrait de ses mines, en général elle varie beaucoup; les deux analyses suivantes donnent les points extrêmes de ses divers titres :

Analyse par le docteur Fortia d'une variété d'*or natif de Schlangenberg,* en Sibérie.

Argent.	0,720
Or.	0,280
	1,000

Analyse par M. Rose de l'*or natif,* extrait du sable de *Schabrawski*, près de Katherinenbourg :

Or.	0,9896
Cuivre.	0,0035
Argent.	0,0016
Fer.	0,0005
Perte.	0,0048
	1,0000

DEUXIÈME ESPÈCE. — OR GRAPHIQUE OU TELLURURE ARGENTIFÈRE.

L'*or graphique* que l'on trouve à Offen-Banya, en Transylvanie, est accompagné de carbonate de chaux, de quartz, de pyrite, de blende et de cuivre gris. Les caractères suivans peuvent servir à le faire reconnaître : il est d'un gris d'acier, tendre, aigre, à cassure inégale, à grains fins, et cristallise en petits prismes rhomboïdaux ; sa pesanteur spécifique est de 5,723. Si on l'expose au chalumeau sur le charbon, il produit une fumée blanche, puis une lumière verte ou bleuâtre, et laisse après l'opération un bouton métallique d'un jaune clair.

Klaproth a trouvé ce minerai composé ainsi qu'il suit :

Tellure.	0,600
Or.	0,300
Argent.	0,100
	1,000

TROISIÈME ESPÈCE. — TELLURURE PLOMBO-ARGENTIFÈRE.

Le *tellurure plombo-argentifère* se trouve à Nagyag, en Transylvanie ; ce minerai est d'un blanc jaunâtre, demi-ductile, à cassure tout à la fois grenue et lamelleuse ; il est rarement cristallisé, mais plus souvent en lames minces. Sa pesanteur spécifique est de 10,678.

Klaproth, qui en a donné l'analyse, l'a trouvé composé de :

Tellure.	0,4475
Or.	0,2675
Plomb.	0,1950
Argent.	0,0850
Soufre.	0,0050
	1,0000

QUATRIÈME ESPÈCE. — TELLURURE SULFO-PLOMBIFÈRE.

Cette quatrième espèce de mine d'or se trouve également à Nagyag; sa *gangue* se compose de quartz, de carbonate de manganèse rose, de cuivre gris et de fer sulfuré; elle est d'un gris de plomb foncé, mais très éclatant; affecte des formes cristallines, quoiqu'elle se présente souvent en concrétions grenues; sa cassure est lamelleuse; elle est tendre et légèrement flexible; sa pesanteur spécifique est de 8,918. Traitée au chalumeau, elle donne une fumée qui produit un dépôt jaune et laisse un grain d'or malléable.

L'analyse de cette mine a donné à Klaproth les résultats suivans :

Plomb.	0,540
Tellure.	0,322
Or.	0,090
Soufre.	0,030
Cuivre.	0,013
Argent.	0,005
	1,000

Les deux grands moyens d'exploitation employés à l'extraction de l'or sont le lavage et l'amalgamation.

ESSAI.

OR ALLIÉ ET PÉPITES.

L'essai de l'or allié rentrant dans les procédés que nous avons précédemment décrits pour faire l'essai des alliages que ce métal forme avec le cuivre, l'argent, le platine, le palladium et le rhodium; nous renvoyons aux divers chapitres qui traitent de ces essais. Quant au fer qu'on trouve quelquefois uni à l'or, comme il est très oxidable, qu'il se scorifie et reste sur les bords des coupelles, il n'apporte aucun obstacle à la détermination du titre.

POUDRE D'OR.

La *poudre d'or* peut s'essayer immédiatement par le procédé ordinaire de la coupellation; cependant il sera mieux d'en fondre une certaine quantité, 25 grammes par exemple, dans un petit creuset, en la recouvrant d'une couche de quelques lignes d'épaisseur de verre de borax en poudre. On donnera un bon coup de feu et on coulera la matière chaude dans une petite lingotière placée sur une feuille de papier mouillé, afin d'arrêter les grenailles s'il venait à s'en échapper. Si l'opération a été bien faite, il ne doit rien rester dans le creuset. Cette opération donnera ainsi, par le poids du petit lingot, la perte qu'éprouvera la poudre d'or par la fonte; il ne restera plus qu'à déterminer le titre du lingot pour or et argent, si ce dernier métal y existe.

OR NATIF RENFERMÉ DANS DES GANGUES ; TELLURURE ARGENTI-
FÈRE ET TELLURURE PLOMBO-ARGENTIFÈRE.

Comme l'or est en général renfermé dans les mines en assez petite quantité, après avoir pilé celles-ci avec soin, de manière à avoir un bon terme moyen, on en prendra 25 grammes ; et si elles ne contiennent point de matières sulfureuses, ce dont on s'assurera en en projetant une petite quantité sur un charbon en incandescence, et s'assurant qu'il ne se dégage pas d'acide sulfureux, on les mêlera avec 50 ou 75 grammes de flux noir et à 20 grammes de litharge ; le mélange étant bien fait, on fondra avec les précautions convenables, car il y a boursouflement ; lorsque la totalité des gaz sera dégagée et que la fonte sera bien chaude et bien tranquille, on ôtera le creuset du feu, et le creuset froid sera cassé. Les *scories* ne contenant point de grenailles et le culot de plomb bien formé, on passera ce dernier à la coupelle, et l'or obtenu sera essayé par les procédés ordinaires, afin de déterminer les quantités d'argent.

TELLURURE SULFO-PLOMBIFÈRE.

Les sulfures alcalins retenant en combinaison une certaine quantité d'or qui ne peut pas leur être enlevée par le plomb ni par aucun métal, le flux noir ne peut pas être employé pour l'essai des mines d'or qui contiennent du soufre. Il est vrai qu'on pourrait préalablement leur faire subir l'opération du grillage ; mais outre la perte qui peut en résulter, si elle se fait sur la portion qui doit servir à l'essai, il est extrêmement difficile d'en dégager la totalité du soufre et d'éviter le grave inconvénient que nous venons de signaler ; de là la nécessité d'employer un autre fondant ; le suivant réussit très bien.

Minerai en poudre.		20 gram.
Céruse	*idem*.	100
Résine	*idem*.	1,50

La céruse étant très pesante, occupe peu de volume et n'offre sous ce rapport aucun inconvénient. La fonte se fait sans boursouflement et rapidement. D'un autre côté la quantité de résine étant proportionnellement très faible, le culot de plomb obtenu peut très bien être passé à la coupelle. Le titre de l'or obtenu dans cette dernière opération doit être déterminé, ainsi que nous l'avons dit ci-dessus.

MINES D'ARGENT.

PRÉLIMINAIRE.

L'argent se trouve souvent dans la nature à l'état de pureté; mais beaucoup plus fréquemment uni soit au soufre, soit au chlore, au sélénium ou à l'iode; on le trouve également allié à une foule de métaux, comme l'or, le platine, le tellure, l'antimoine, le cuivre, le plomb, le bismuth, l'arsenic et le mercure; puis enfin répandu dans un assez grand nombre de *minerais*, dont les principaux sont, les pyrites arsenicales, le mispickel, le cuivre gris, le sulfure de plomb et le séléniure de plomb. De là le nombre assez considérable de mines d'argent reconnues par certains minéralogistes; mais comme nous ne devons les considérer que sous le rapport des essais, nous les réduirons aux trois espèces suivantes :

1° *Argent natif.*
2° *Sulfure simple.*
3° *Sulfure composé.*

PREMIÈRE ESPÈCE. — ARGENT NATIF.

L'*argent natif* est rarement pur ; mais, en général, allié soit à l'or, soit au platine, au cuivre, à l'antimoine ou à l'arsenic ; il affecte beaucoup de formes différentes, quelquefois il est cristallisé en cubo-octaèdre ; quelquefois il est disposé en dendrites ou arborisations ; les rameaux qu'il présente alors sont tantôt disposés en feuilles de fougère, et tantôt en réseau. On le trouve souvent en filamens cylindriques et contournés, depuis la grosseur du doigt jusqu'à celle du fil le plus delié ; enfin il se présente parfois en lames minces et en masses informes, mais rarement en grains (1). Les *gangues* de l'argent natif sont assez nombreuses ; les principales sont la chaux carbonatée et la chaux fluatée, la baryte sulfatée et l'argile ferrugineuse.

Le titre de l'argent, extrait des diverses mines d'argent natif, varie ainsi qu'on le voit dans les deux analyses suivantes :

	1re Analyse.	2me Analyse.
Argent.	970	950
Métaux étrangers.	30	50
	1000	1000

De toutes les mines d'argent natif exploitées en Europe, la plus riche et la plus importante est celle de Kongsberg, en Norwège ; l'argent qu'elle renferme contient un peu d'argent sulfuré.

---

(1) On cite deux blocs considérables d'argent natif, trouvés dans les filons de la mine de Kongsberg et dans ceux de la mine de Schnéeberg, en Misnie. Le premier pesait 100 kilog. et le second, s'il n'y a point erreur, 10,000 kilog. On a trouvé à Sainte-Marie-aux-Mines des blocs de 24 à 30 kilog.

La plus grande partie de l'argent versé dans le commerce nous vient de l'Amérique, qui possède les mines les plus riches et les plus abondantes. Le Pérou et le Mexique fournissent à eux seuls dix fois autant de ce métal que toutes les mines de l'ancien continent réunies.

La célèbre mine d'argent de la montagne de Potosi, au Pérou, qui fut découverte en 1545, produisit, jusqu'en 1564, environ 100,000 kilog. d'argent; elle ne rend plus annuellement maintenant que 10 à 12,000 kilogrammes (2,666,640 fr.).

Les mines du Mexique découvertes après celles du Pérou, sont maintenant beaucoup plus productives que ces dernières; elles ont produit en 1803 environ 665,000 kil. d'argent (147,776,300 fr.). *Voy.* M. Brongniard, tome II, page 263.

Ces mines, indépendamment de leurs *gangues*, contiennent, avec l'argent métallique, une certaine quantité d'argent sulfuré et chloruré, mêlé de sulfure de plomb, de fer et de zinc.

DEUXIÈME ESPÈCE. — SULFURE SIMPLE.

Quoique le *sulfure d'argent simple* se trouve en plus ou moins grande quantité répandu dans les mines d'argent en général, il est plus particulièrement connu dans celles de Freyberg en Saxe, de Joachimstal en Bohême, de Schemnitz en Hongrie et au Mexique. Ce *minerai* se reconnaît facilement à sa complète opacité, à sa couleur plombée, à sa légère malléabilité et à sa coupe luisante et métallique. On le trouve souvent cristallisé; ses formes sont l'octaèdre, le cube, le cubo-octaèdre et le dodécaèdre. Quelquefois il se présente en petites masses informes ou en lames irrégulières.

Ce *minerai* est composé, d'après Klaproth, de:

Argent. 85
Soufre. 15

100

Si on l'expose à l'action du chalumeau, le soufre se volatilise et l'argent apparaît sous forme de filamens ou sous celle d'un petit bouton , si la chaleur a été assez considérable pour en déterminer la fusion.

TROISIÈME ESPÈCE. — SULFURE COMPOSÉ.

Le *sulfure d'argent composé* est uni dans la nature à un grand nombre de substances, et forme des *minerais* dont les principes constituans varient tout à la fois en nombre et en proportion. Les principaux sulfures auxquels il se trouve le plus communément mêlé sont ceux d'antimoine , d'arsenic , de plomb, de bismuth et de cuivre. De ces divers sulfures d'argent composés, celui qu'on rencontre le plus communément est connu sous le nom d'argent rouge (1); il est remarquable par son éclat, sa couleur et la variété de ses formes ; il se brise facilement et son aspect est alors vitreux ; il renferme dans sa masse des parties translucides. Exposé au chalumeau , il pétille, brûle avec une flamme bleue et donne un bouton d'argent. Ce *minerai* cristallise et affecte un grand nombre de formes ; mais la forme primitive de ses cristaux est un rhomboïde. A l'aspect, il peut aisément se confondre avec les sulfures d'arsenic (réalgar) et de mercure (cinabre), et avec le cuivre oxidé rouge ; mais le premier de ces sulfures donne par la trituration une poudre orangée ; le sulfure de mercure, soumis à l'action du chalumeau, se volatilise complètement, et le cuivre

(1) M. Thénard pense qu'il doit sa couleur à la présence de l'oxide pourpre d'antimoine.

oxidé rouge fait effervescence avec l'acide nitrique, et sa dissolution essayée par l'ammoniaque se colore d'un beau bleu d'azur, tandis que l'argent rouge ne présente aucun de ces caractères. D'après Vauquelin, ce *minerai* est composé de :

Argent.	61
Antimoine.	16
Soufre.	15
Oxigène.	12

L'argent rouge n'est jamais seul, mais toujours accompagné d'autres *minerais* : tels que le plomb sulfuré, l'arsenic (réalgar) et le fer spathique. Ses *gangues* ordinaires sont, la chaux carbonatée spathique et la chaux fluatée; la baryte sulfatée et le quartz. On le trouve principalement dans les mines de Freyberg, de Sainte-Marie-aux-Mines, de Guadalcanal, etc.

ESSAI.

ARGENT NATIF.

Comme l'*argent natif* est presque toujours accompagné d'une certaine quantité de *gangue*, et qu'on ne peut pas procéder immédiatement à la coupellation pour déterminer sa richesse, la première opération à faire pour arriver à ce résultat, est d'en piler d'un bon échantillon moyen une certaine quantité et de procéder à la fonte en prenant :

Mine en poudre.	25 gram.
Litharge.	250
Charbon en poudre fine.	1

Comme la litharge contient presque constamment une

certaine quantité d'argent, il est indispensable dans l'opération que nous indiquons d'en déterminer exactement la
proportion, afin de retrancher du bouton d'argent, provenant de la coupellation du plomb, celle appartenant à la
portion de litharge employée. Si le culot obtenu dans cet
essai était trop pesant pour être passé en totalité à la coupelle, on pourrait n'en coupeller que la moitié, en ayant
le soin de doubler le poids du bouton d'argent.

SULFURE SIMPLE ET SULFURE COMPOSÉ.

Ces deux espèces de *sulfures d'argent* peuvent être traitées
par les mêmes moyens pour déterminer ce qu'ils contiennent d'argent; parce que les métaux que renferme le
second, ou passent à la coupelle comme le plomb, le cuivre,
et le bismuth, ou sont volatils comme l'arsenic, ou enfin
oxidables comme le fer et l'étain, et que, dans ce dernier cas,
ces deux métaux étant rejetés du *bain*, et restant sur les
bords des coupelles, ne nuisent point en général à l'essai.

Soit donc que l'on ait à essayer l'un ou l'autre de ces
sulfures, on fera le mélange suivant, que l'on fondra et
qui fournira un culot de plomb que l'on passera à la coupelle, ainsi que nous l'avons indiqué ci-dessus.

Mine en poudre.	25 gram.
Flux noir (1).	75
Litharge.	25
Limaille de fer.	1/2

Il faut avoir la précaution de faire cette fonte dans un
creuset assez grand pour que la matière qui monte pendant l'opération, ne soit pas en danger de se répandre au

______
(1) Voyez le chapitre XVI pour la préparation du flux noir.

dehors ; on arrive facilement à éviter cet inconvénient en ménageant le feu d'abord, et en tenant le creuset ouvert. Lorsque la matière a cessé de se boursoufler, on couvre le creuset, on donne un bon coup de feu, et la matière étant en fonte tranquille depuis quelques instans, on retire le creuset du feu, et on ne le casse que lorsqu'il est complètement froid.

MINES DE CUIVRE.

PRÉLIMINAIRE.

Si le cuivre a été trouvé pur dans la nature et même en masse assez considérable, son affinité pour l'oxigène, le soufre et quelques acides, ainsi que la facilité avec laquelle il s'allie à beaucoup de métaux, font qu'on le trouve aussi beaucoup plus fréquemment à l'état d'oxide, de sulfure, de sel, et alliés, formant des sulfures doubles et multiples ; de là cette grande variété de mines de cuivre reconnues par les minéralogistes. Mais suivant la méthode que nous avons adoptée, en traitant des mines d'or et de celles d'argent, nous ne parlerons ici que du petit nombre de celles qui sont le plus généralement exploitées, et par cette raison nous les réduirons aux quatre suivantes seulement.

1re, *Cuivre natif.*
2e, *Carbonate de cuivre.*
3e, *Sulfures de cuivre simple et composé.*
4e, *Cuivre gris.*

PREMIÈRE ESPÈCE. — CUIVRE NATIF.

Le *cuivre natif* n'a encore été trouvé qu'en très petite quantité en France et dans les seules mines de Baygorry et de Saint-Bel, près Lyon. C'est principalement dans les mines de Tourniski, dans la partie orientale des monts Ourals, en Sibérie, qu'on l'a trouvé abondamment dans cet état. On l'a trouvé également natif, mais en beaucoup plus petite quantité, en Saxe, en Hongrie, en Suède, dans la fameuse mine de Fahlun, et en Angleterre, dans les mines de Cornouailles.

La province du Chili, en Amérique, a produit jusqu'ici les masses de cuivre natif les plus extraordinaires par leur volume.

Le *cuivre natif* est quelquefois cristallisé, et ses formes les plus communes sont le cube et l'octaèdre. On le trouve aussi comme les autres métaux ductiles, en filamens, en rameaux, en lames, en grains, etc. Ses *gangues* les plus ordinaires sont, le quartz, la chaux carbonatée, la chaux fluatée et la baryte sulfatée.

DEUXIÈME ESPÈCE. — CARBONATE DE CUIVRE.

Le *carbonate de cuivre*, connu sous le nom de *malachite*, est reconnaissable à sa belle couleur verte, qui varie du vert-pomme au vert-pré et au vert d'émeraude. La couleur verte du muriate de cuivre peut, à l'aspect, le faire prendre pour de la *malachite*; mais cette dernière fait seule effervescence à chaud avec l'acide nitrique, et ce caractère suffit pour la distinguer du cuivre muriaté.

Le *carbonate de cuivre* se présente sous diverses formes, et de là les variétés de ce *minerai* établies par les minéralogistes. En effet, tantôt il est compacte et luisant à sa surface, tantôt fibreux et soyeux; quelquefois il se présente sous la forme de houppes du vert pur le plus intense; quelquefois en masses mamelonnées, et quelquefois enfin il a l'apparence terreuse; mais dans ces divers états, il est toujours reconnaissable à sa couleur verte. Le cuivre azuré, qui n'est autre chose que le carbonate de cuivre mêlé d'un peu de chaux, accompagne quelquefois le cuivre *malachite :* il est reconnaissable à cette nouvelle et belle couleur.

Klaproth a trouvé le *cuivre malachite,* composé ainsi qu'il suit :

Cuivre.	58
Oxigène.	12
Acide carbonique.	18
Eau.	12
	100

Le *carbonate de cuivre* se trouve rarement seul ; il accompagne presque toujours d'autres *minerais* de cuivre, à la surface desquels il se trouve, comme dans le sulfure de cuivre et le cuivre gris.

Les plus beaux morceaux de *malachite* viennent des monts Ourals, en Sibérie. On exploite comme mine de cuivre, en Thuringe, une espèce de grès formé du mélange du cuivre azuré et du cuivre *malachite.*

TROISIÈME ESPÈCE. — SULFURES DE CUIVRE.

Les *sulfures de cuivre* se trouvent abondamment dans la nature, et c'est de leur traitement en grand qu'on retire une grande partie du cuivre versé dans le commerce. On les distingue en sulfure simple et sulfure double, et même multiple : le premier étant composé en grande partie de soufre et de cuivre seulement, tandis que les autres, indépendamment de ces deux substances, sont unis en quantité très variables aux divers sulfures de fer, d'antimoine, de plomb, de zinc, de bismuth, d'arsenic et d'argent.

Le *sulfure simple*, qui est un des *minerais* de cuivre les plus purs et les plus riches, forme des filons très puissans. Les lieux dans lesquels on le trouve le plus communément, sont : en Sibérie ; en Suède ; en Saxe, à Freyberg et à Marienberg, et en Angleterre, en Cornouailles.

Ce *minerai* est compacte ; sa cassure est terne ; sa couleur gris-de-plomb, quelquefois rougeâtre, lorsqu'il est mêlé de cuivre oxidulé. Klaproth, qui en a donné l'analyse, l'a trouvé composé ainsi qu'il suit :

Cuivre.	0,78,50
Soufre.	0,18,50
Fer.	0,02,00
	0,99,00

Parmi les nombreux sulfures de cuivre composés et multiples, nous mentionnerons seulement le *sulfure pyriteux*, comme fournissant la majeure partie du cuivre que les mines livrent annuellement au commerce. Ce *minerai* est très commun, ses filons multipliés et souvent fort considérables. La mine exploitée à Saint-Bel, près Lyon, est de cette espèce ; laquelle a des variétés , et qu'on rencontre à Freyberg, en Saxe ; en Bohême ; en Hongrie ; en Angleterre, dans le Derbyshire, etc.

Le cuivre *pyriteux* est d'un jaune de laiton assez semblable à la couleur du sulfure de fer, avec lequel on ne peut cependant pas le confondre, parce que, non-seulement cette couleur est beaucoup plus intense dans le sulfure de cuivre, mais parce que ce dernier est moins dur que le sulfure de fer et n'étincelle que difficilement sous le choc du briquet ; d'un autre côté, il a la cassure raboteuse et non vitreuse. Les formes cristallines sous lesquelles il se présente sont le tétraèdre et le dodécaèdre.

M. Berthier en a donné l'analyse suivante :

Cuivre............	0,3478
Fer..............	0,3044
Soufre...........	0,3478
	1,0000

QUATRIÈME ESPÈCE. — CUIVRE GRIS.

Le *cuivre gris* renferme un grand nombre de substances qui varient par leur nature et par leurs proportions ; les analyses suivantes donneront une idée de sa composition.

Cuivre gris arsenié de Jonas, près Freyberg (Klaproth).

Cuivre............	0,4250
Arsenic...........	0,1560
Fer..............	0,2750
Soufre...........	0,1000
Argent...........	0,0090
Antimoine.........	0,0150
Perte............	0,0200
	1,0000

Cuivre gris antimonié de Kapnick, en Hongrie (Rose).

Cuivre...........	0,380
Soufre...........	0,263
Antimoine.........	0,239
Zinc............	0,068
Arsenic..........	0,029
Fer.............	0,009
Argent...........	0,006
	0,994

Cuivre gris plombeux de Cornouailles (Klaproth).

Cuivre.	0,135
Plomb.	0,390
Antimoine.	0,285
Fer.	0,010
Soufre.	0,160
	0,980

Ce *minerai*, dont l'exploitation est souvent fort avantageuse, en raison de l'argent qu'il contient, se trouve assez abondamment en France, dans plusieurs localités, et particulièrement à Baygorry, près Lyon; dans les Pyrénées, et à Sainte-Marie-aux-Mines, dans les Vosges ; on le trouve en Saxe, à Freyberg; en Hongrie, à Schemnitz; dans les mines du Hartz, etc. La couleur de ce *minerai* est d'un gris plus ou moins foncé, tantôt brillant et tantôt terne; sa cassure est raboteuse, et néanmoins offre l'éclat métallique. Il a quelquefois l'apparence du fer oligiste, mais il ne fait pas mouvoir comme ce dernier le barreau aimanté; lorsqu'il se présente cristallisé, sa forme primitive est le tétraèdre régulier.

ESSAI.

CUIVRE NATIF ET CARBONATE DE CUIVRE.

Comme le *cuivre natif* est presque toujours accompagné d'une certaine quantité de *gangue* et mêlé d'oxide et de carbonate de cuivre, il devient indispensable de le fondre avec un flux réductif pour déterminer la richesse de sa mine, et le même moyen doit être employé pour l'essai du carbonate de cuivre *malachite*.

Le premier soin est de prendre un bon échantillon

moyen de la mine soumise à l'essai, car il faut se mettre en garde contre la prédilection des propriétaires pour les morceaux riches, qui ensuite jette dans de grands mécomptes. L'échantillon bien pulvérisé, on le mélangera au flux noir dans la proportion suivante :

Mine en poudre. . . . .   20 gram.
Flux noir.   60

Le mélange sera placé dans un creuset dont il ne devra occuper que les trois quarts et recouvert d'une couche légère de flux noir. On chauffera alors graduellement, soit à la forge, soit dans un petit fourneau, et de manière à produire un maximum de chaleur de 60° pyrométriques; lorsque la matière sera en fonte tranquille depuis dix minutes environ, on retirera le creuset du feu, et lorsqu'il sera froid, on le cassera, et le petit culot, qui ne doit pas être adhérent, étant pesé, son poids, multiplié par 5, donnera ce que la mine contient de cuivre métallique au 100.

Il est toujours bon de doubler les opérations et de prendre la moyenne des résultats obtenus lorsqu'ils ne diffèrent pas sensiblement.

SULFURE DE CUIVRE ET CUIVRE PYRITEUX.

La voie sèche, généralement employée dans l'essai des *minerais*, ne réussit que bien difficilement lorsqu'on l'applique à la réduction des *minerais* de cuivre sulfuré; l'affinité extrême du soufre pour le cuivre et du sulfure de ce métal pour le sulfure de fer, offrent des obstacles qu'il est bien difficile de surmonter; aussi la voie humide est-elle de beaucoup préférable ici. Quoi qu'il en soit, nous allons indiquer les moyens que la voie sèche fournit pour arriver le plus près possible de la vérité.

Deux procédés peuvent être suivis pour l'essai du *sulfure de cuivre* et du *cuivre pyriteux*, contenant une grande quantité de fer ; le premier, plus aisé, mais moins exact, consiste à traiter directement les sulfures par les flux, et le second seulement après les avoir *grillés* ; ce dernier procédé bien pratiqué est assez bon.

1er PROCÉDÉ. — AVANT LE GRILLAGE.

L'échantillon étant bien pulvérisé, on fera le mélange suivant :

Mine en poudre.	10 gram.
Carbonate de soude sec.	20
Verre de borax en poudre.	10
Nitre.	20

Ce mélange étant bien fondu et avec les précautions que nous avons déjà indiquées, on cassera le creuset, et le poids du petit culot de cuivre obtenu, multiplié par 10, donnera la quantité approximative du cuivre contenu dans 100 parties de la mine soumise à l'essai.

Cette opération doit être recommencée en variant les quantités de nitre et de manière à atteindre le maximum du rendement en cuivre.

2me PROCÉDÉ. — APRÈS LE GRILLAGE.

Après avoir mis la mine en poudre fine, on en pèsera 10 grammes et on les mettra dans un petit *têt à rôtir*, en ayant soin de le choisir bien lisse dans son intérieur, afin que la matière ne puisse pas y adhérer. Le tout sera porté sous la moufle du fourneau à coupelle et chauffé très légèrement, pour éviter la fusion qui ne manquerait pas d'avoir lieu si la température était d'abord élevée; on aura même le soin d'éviter l'agglomération qui porterait obstacle au dégagement du soufre, et on remuera presque constamment au moyen d'un petit crochet en fer muni d'un manche en bois, pour renouveler les surfaces et accélérer la désulfuration: la fusion devenant d'autant plus difficile que le sulfure contient moins de soufre et que des oxides de cuivre et de fer se sont déjà formés, on conçoit que plus l'opération approchera de sa fin, et plus on pourra élever la température; cela devient même indispensable pour chasser les dernières portions de soufre qui, lors de la réduction des oxides, retiendrait du cuivre dans les *scories* et rendrait le résultat inexact. Les premières portions de soufre se dégageant avec une très grande facilité, on ne saurait trop, nous le répétons, ménager la chaleur dans le commencement; puisque d'une part il est inutile qu'elle soit élevée, et que de l'autre on s'exposerait à fondre le tout et qu'on serait obligé de recommencer. On peut, il est vrai, lorsque cet accident est arrivé, laisser refroidir la matière, la pulvériser avec soin dans un mortier d'agate et continuer le *grillage*; mais comme, dans cette manipulation, il est difficile d'éviter une certaine perte, et qu'on ne peut avoir alors que des résultats approximatifs, nous pensons que dans ce cas il est beaucoup mieux de recommencer une nouvelle opération.

Le *grillage* ayant donc été terminé par un bon coup de feu, qui peut être poussé jusqu'à la chaleur blanche, et le *minerai* ne laissant plus dégager d'acide sulfureux, ce qu'on reconnaît facilement à la cessation de tout dégagement d'odeur piquante; on retirera le *tét* du feu, on le laissera refroidir, et la matière qu'il contient sera mélangée avec trois ou quatre fois son poids de flux noir et fondu, après avoir recouvert la surface du mélange d'une petite couche de flux noir. Lorsque le *grillage* a été exécuté avec soin et la fonte bien faite, on obtient à peu près tout le cuivre que contenait le *minerai*; quant au fer, il reste dans les *scories*, en grande partie à l'état d'oxide, et comme il ne s'unit que très difficilement au cuivre, il n'y a pas à craindre d'en retrouver dans ce métal.

CUIVRE GRIS.

En jetant un coup d'œil sur les analyses que nous avons données du *cuivre gris*, il sera facile de s'apercevoir des difficultés que doit présenter son essai par la voie sèche. En effet, ce dernier *minerai* ne contient pas seulement du soufre et du fer, dont nous avons vu qu'il était encore assez facile de se débarrasser, mais il renferme un grand nombre de substances, et surtout du plomb, de l'antimoine, du zinc, de l'arsenic, qui s'allient avec une grande facilité au cuivre, rendent le *grillage* beaucoup plus difficile, et le *raffinage* du cuivre indispensable pour en apprécier les quantités. L'essai du *cuivre gris*, par la voie sèche, ne peut donc être considéré que comme un simple moyen d'approximation; moyen, il est vrai, qui se rapproche d'autant plus de la vérité qu'il est pratiqué par une main plus habile et plus expérimentée; qui ne peut cependant jamais dispenser de l'emploi de la voie humide lorsqu'il s'agit d'obtenir des résultats rigoureux, mais qui, par sa promptitude, doit avoir la préférence lorsqu'il s'agit de fixer sur des opérations en grand, qui ne permettent pas les longueurs de la voie humide.

Le *cuivre gris*, essayé par la voie sèche, doit d'abord être *grillé*, après avoir été mis en poudre fine; mais comme cette opération est longue et difficile, par suite de l'extrême fusibilité des divers sulfures qu'il contient, on la rend plus aisée et plus rapide, en ramenant ces sulfures au *minimum* par la fusion d'une quantité déterminée du *minerai* dans un creuset brasqué (1), au moyen du borax et à une température très élevée : dans cette opération une grande quantité de soufre et d'arsenic se volatilise, et la matière devient alors beaucoup moins fusible. Ces sulfures, ramenés ainsi au *minimum*, doivent être mis en poudre avec le plus grand soin et *grillés* ainsi que nous l'avons indiqué en traitant du cuivre pyriteux. Le *grillage* étant complètement terminé, on mêlera avec trois parties de flux noir et on procédera à la fonte dans un creuset brasqué : dans les creusets nus il y a toujours adhérence, et comme les culots qui proviennent de ces réductions sont toujours cassans, on serait exposé à en perdre une partie. Le cuivre obtenu dans l'opération que nous venons de décrire, devra être raffiné de la manière suivante : on disposera dans la moufle du fourneau à essai deux coupelles, et lorsqu'elles seront bien chaudes, on portera dans chacune d'elles une quantité de plomb égale à quatre fois le poids du petit culot de cuivre allié, obtenu dans la réduction précédente ; lorsque ces deux quantités de plomb seront bien fondues, on portera dans l'une des coupelles le cuivre allié, et dans l'autre une quantité égale de cuivre pur. On fermera alors l'ouverture de la moufle, pendant quelque temps, avec de gros charbons embrasés, et on élèvera autant que possible la température du fourneau ; si la fusion du cuivre paraissait se faire avec peine, on ajouterait une égale et petite quantité de plomb dans chaque conpelle. Le tout étant en parfaite fusion, et le fourneau très chaud, on retire les charbons embrasés, et le *raffinage* commence ; pendant cette opération le bouton

____

(1) Les creusets brasqués sont des creusets revêtus intérieurement d'une couche de charbon de bois en poudre, rendu adhérent par un peu d'eau et la pression.

paraît agité d'un vif mouvement de rotation, et tout le temps que dure le *raffinage*, le cuivre est recouvert d'une pellicule qui disparaît au moment où l'opération est terminée. La rapidité de ce mouvement lui a fait donner le nom d'*éclair*. On sort alors les coupelles de la moufle et on les plonge rouges dans l'eau, afin de détacher la couche de protoxide de cuivre dont les boutons sont toujours recouverts, et qu'on enlève alors facilement au moyen du marteau : le cuivre ne peut être considéré bien raffiné qu'autant qu'il est d'un beau rouge et parfaitement malléable.

Pour terminer l'opération, il suffit alors de peser les deux boutons et d'ajouter à celui de cuivre allié la perte éprouvée par le cuivre rouge, plus le onzième du poids des métaux alliés, lequel est représenté par la différence qui existe entre le poids primitif du culot et son poids calculé.

MINES DE PLOMB.

PRÉLIMINAIRE.

Quoique le plomb soit un des métaux qui présente le plus grand nombre de combinaisons naturelles, un seul de ses *minerais* fournit la presque totalité du plomb versé dans le commerce; ce *minerai* est le *sulfure de plomb*, plus communément connu sous le nom de *galène*. Nous n'aurons donc point à nous occuper des combinaisons que ce métal forme avec l'oxigène, les acides carbonique, phosphorique, muriatique, chrômique, molybdique, etc.; parce que ces nouveaux *minerais* sont beaucoup moins abondans que le sulfure de plomb et plutôt du domaine de la minéralogie que de la métallurgie; point de vue sous lequel nous devons seulement considérer les combinaisons métalliques et naturelles qui font l'objet de ce chapitre.

SULFURES DE PLOMB.

Les mines de *plomb sulfuré*, extrêmement abondantes, se rencontrent presque dans tous les pays; les plus importantes de ces mines sont, en Europe, celles de la province de Jean et du territoire de la petite ville de Canjagar, en Espagne; de Bleyberg et de Tarnowitz, en Allemagne; du Derbyshire, en Angleterre, et en France celles de Poullaouen, de Saint-Sauveur, et de Vienne en Dauphiné.

Le *minerai* dont ces mines se composent est d'un gris métallique; sa texture est souvent lamelleuse, quelquefois grenue; il cristallise, et ses formes les plus ordinaires sont l'octaèdre et le cube. Les diverses *gangues* qui l'accompagnent sont la chaux carbonatée et fluatée, la baryte sulfatée et carbonatée, le quartz, le silex agate et le silex calcédoine; il se compose le plus souvent de soufre et de plomb seulement; mais on le trouve fréquemment uni à d'autres sulfures, tels que ceux d'antimoine, de cuivre, de zinc, d'argent, etc., et il forme alors ce que les minéralogistes appellent sulfures doubles et sulfures multiples. De ces divers sulfures, celui qui accompagne le plus souvent et le plus abondamment le sulfure de plomb étant le sulfure d'antimoine, nous aurons donc à nous en occuper, en traitant de l'essai du sulfure simple et du sulfure double, auquel le sulfure d'antimoine donne naissance. Avant d'aller plus avant, nous donnerons l'analyse de ces deux sulfures.

Le *sulfure simple*, d'après M. Berthier, contient :

Plomb.	0,8655
Soufre.	0,1345
	1,0000

D'après Rose, le *sulfure double*, connu sous le nom de Jamesonite, contient :

Plomb.	0,407
Antimoine.	0,344
Soufre.	0,222
Fer.	0,023
Cuivre.	0,001
	0,997

ESSAI.

PLOMB SULFURÉ SIMPLE.

Le *sulfure de plomb* étant volatile et sa vaporisation ayant lieu au-dessous de la température que nécessite sa réduction, il est impossible d'obtenir des résultats rigoureux dans son essai par la voie sèche, qui ne doit être considéré que comme propre seulement à faire connaître d'une manière expéditive la richesse relative de matières d'une nature analogue et à faire prévoir ce que ces matières produiront en grand. Aussi au Hartz est-on dans l'habitude pour compenser la perte, qui a toujours lieu dans ces essais, d'ajouter au petit culot le dixième de son poids; mais comme la perte varie suivant une foule de circonstances et peut être beaucoup plus considérable, on conçoit qu'il devient tout-à-fait impossible d'arriver à la connaissance des quantités précises de plomb.

Lorsque la *galène* est à peu près pure et ne contient pas de *gangue*, le meilleur procédé pour en faire l'essai est le suivant :

Galène. . . . .   50 gram.
Fils de fer fins découpés. 15 (1)

Le tout mélangé est mis dans un creuset , puis recouvert d'une légère couche de carbonate de soude sec , et ensuite fondu , en donnant un bon coup de feu à la fin. Le creuset froid étant cassé, on trouve un culot qui sous le marteau se sépare en deux et offre dans le culot inférieur du plomb bien ductile. Il faut piler la *scorie* qui compose le culot supérieur et passer au tamis de soie pour en extraire les portions de plomb qu'elle retient quelquefois, et qu'on réunira au petit culot de plomb avant d'en déterminer le poids.

Lorsque la *galène* contient de la *gangue* , le moyen que nous venons d'indiquer ne pouvant être employé, voici celui qu'il faudra mettre en usage :

Galène en poudre. . . . .   25 gram.
Flux noir.   50
Petits clous de fer.   3

Le mélange fait, on fond, après avoir recouvert d'une légère couche de flux noir.

Pour éviter d'employer du fer divisé, dont il est toujours à craindre qu'une petite portion s'unisse au plomb, on peut fondre la *galène* seulement mêlée de flux noir dans un creuset de fer ou de fonte rond et de même grandeur que les creusets de terre. Lorsque la matière est en fonte tranquille et bien liquide, on coule dans une lingotière. Le plomb se sépare très bien de la *scorie*, qu'on pile et qu'on passe au tamis de soie pour en retirer les grenailles de plomb qu'elle aurait pu retenir.

(1) La limaille de fer ne convient pas dans cette opération, parce qu'elle se mêle souvent au plomb et en augmente le poids.

PLOMB SULFURÉ ANTIMONIAL.

Deux moyens se présentent pour faire l'essai du *sulfure de plomb antimonial*, suivant qu'on veut déterminer la quantité de plomb, seulement, ou celles de plomb et d'antimoine réunis. Dans le premier cas, on fera la fonte suivante, dans laquelle l'antimoine restera complètement dans les *scories*, si la quantité de nitre a été bien déterminée; ce qu'il faudra faire par tâtonnement, de manière à obtenir du plomb bien pur et complètement soluble dans l'acide nitrique.

Minerai en poudre.	10 gram.
Carbonate de soude sec.	40
Nitre.	10

On aura le soin de recouvrir le mélange avec une petite quantité de carbonate de soude, avant de faire la fonte.

Dans l'opération suivante, on obtiendra un culot cassant, cristallin et à grandes lames, qui contiendra tout le plomb et l'antimoine si le fer a été bien dosé.

Minerai en poudre.	10 gram.
Flux noir.	20
Fils de fer decoupés.	1

La quantité de fer devant varier suivant la nature du *sulfure de plomb antimonial*, il faudra la déterminer par tâtonnement. Quand cette quantité a été convenable, la *scorie* est d'une couleur bronzée; si elle a été trop faible, cette *scorie* est grise dans quelques-unes de ses parties; si, au contraire, elle a été trop considérable, il se forme de l'antimoniure de fer qui s'imbibe dans le plomb.

CHAPITRE XVI.

DES CENDRES D'ORFÈVRES ET DE LEUR ESSAI.

PRÉLIMINAIRE.

On connaît en métallurgie sous le nom de *regrez*, ou plus communément sous celui de *cendres d'orfèvres*, le résidu provenant du lavage et surtout de l'amalgamation des divers corps qui, se trouvant dans les ateliers où on travaille l'or et l'argent, ont été en contact plus ou moins immédiat avec ces métaux et en ont retenu aussi des quantités plus ou moins considérables. En se rappelant les arts nombreux dont ces métaux forment la base, et au premier rang desquels il faut placer l'art monnétaire, celui de l'affinage, l'art du bijoutier, de l'orfèvre et du doreur, on ne sera pas étonné que l'exploitation de ces *cendres* donne naissance elle-même à deux autres arts, dont le but est d'extraire les métaux précieux qu'elles renferment. Par les procédés du premier, connu sous le nom de *tourneur de cendres*, on enlève, au moyen du mercure, la plus grande partie de l'or et de l'argent qui s'y trouvent contenus ; et par le second, désigné sous le nom du *fondeur de cendres*, tout à la fois plus parfait et plus important, on extrait, au moyen de réductifs et par la fusion, les portions de ces deux métaux qui ont échappé à l'action du mercure. Cette dernière opération a lieu quelquefois sur des *cendres* qui n'ont pas encore été soumises à l'action de ce dernier métal ; mais beaucoup plus rarement ; les propriétaires de ces matières les faisant, en général, *tourner* avant de les livrer au *fondeur de cendres*.

Avant d'indiquer le procédé à employer pour faire l'essai de ces *cendres*, essai qui doit servir à en fixer la valeur, nous allons jeter un coup d'œil rapide sur les procédés des deux nouveaux arts que nous venons de signaler, en commençant par le lavage des *cendres*, opération qui précède toujours celle de l'amalgamation et de la fonte, et qu'on désigne, communément, sous le nom de *lavures*.

LAVURES.

Quoique les corps qui se sont trouvés en contact avec l'or et l'argent, dans les diverses manipulations auxquelles on a soumis ces deux métaux, soient en nombre infini, suivant les arts dans lesquels on les a employés, nous allons en indiquer quelques-uns, afin de fixer les idées des personnes auxquelles cette matière pourrait être étrangère.

Ces corps peuvent être divisés en deux espèces, incombustibles et combustibles ; dans la première espèce on remarque les suivans :

Creusets.
Couvercles.
Fromages (1).
Cendres des fourneaux.

---

(1) On connaît sous le nom de *fromages* dans les fonderies, un disque en terre, assez épais, destiné à supporter les creusets au moment de la fonte, et à les isoler de la grille du fourneau.

Fragmens de briques.

Fragmens de pierres, etc. (1).

Dans la seconde :

Charbon.

Bois.

Balayures.

Chiffons.

Chapeau.

Buffes.

Brosses, etc., etc.

La première opération à faire, avant celle des *lavures*, est donc de réduire en cendres, par l'incinération, les corps combustibles, et en poudre ceux de ces corps qui ne le sont pas ; dernière opération qui se fait dans de grands mortiers en fer, par divers moteurs, et toujours sous l'eau pour

---

(1) Nous ne parlons pas ici des objets en fer, comme creusets, cuillères, barreaux, etc., qui peuvent retenir de l'argent, parce que le moyen d'en extraire ce métal est tout-à-fait différent. Il consiste à placer les objets que nous venons de désigner dans des cuves de plomb qu'on remplit d'acide muriatique à 22°, étendu de 15 parties d'eau environ, et de manière à ce que l'action soit lente ; ce qu'on reconnait à l'effervescence extrèmement légère qui se manifeste à la surface du liquide. L'acide muriatique n'ayant aucune action sur l'argent, met ce métal à nu en dissolvant le fer dans les pores duquel il s'était infiltré, et d'où on parvient alors à le détacher, soit par le choc, soit en employant un ciseau. Pendant l'opération qui se fait à froid et dure plusieurs mois, durant lesquels on a le soin d'entretenir l'action par des additions successives d'acide muriatique, de petites portions d'argent se détachent d'elles-mêmes et tombent au fond des cuves de plomb, où on les retrouve dans l'espèce de *boue* qui le recouvre toujours après l'opération ; *boue* que l'on traite comme les *cendres*, en les fondant au fourneau à manche.

En laissant plonger quelque temps dans le plomb fondu et rouge, le fer qui contient de l'argent, on retrouve ce dernier métal en coupellant le plomb employé ; mais ce moyen n'est bon que lorsqu'on a à traiter des objets de fer peu volumineux.

éviter l'insalubrité et la perte qui résulteraient de la volatilisation, si cette manipulation se faisait à sec. .

Quant aux cendres des fourneaux, aux matières incinérées, ainsi que celles qui sont déjà dans un certain état de division, elles ne subissent pas cette opération ; elles sont soumises à l'action d'une passoire assez fine, et mises à part pour être lavées ; les grenailles qui restent sur la passoire sont recueillies, et les matières qui n'ont pas pu passer, sont soumises ensuite à l'action du pilon.

Tous ces corps étant ainsi divisés, on en prend une certaine quantité que l'on met dans une sébile en bois, et se plaçant au dessus de l'eau contenue dans un tonneau, on y fait plonger légèrement la sébile, en la relevant immédiatement, un peu, mais inclinée sur l'eau, et en lui imprimant en même temps un certain mouvement au moyen duquel les *cendres*, étant soulevées et amenées à la surface, sont sans cesse entraînées par l'eau au fond du tonneau ; tandis que l'or et l'argent, beaucoup plus pesans, restent dans la sébile, dont les aspérités sont très favorables à l'opération, qu'elle facilite en retenant des portions d'or et d'argent assez divisées ; les plus ténues passent avec les *cendres*, auxquelles, presque toujours, on fait subir une seconde fois cette opération, qui demande une certaine habitude de la part de la personne qui en est chargée ; aussi compte-t-on, dans les ateliers où elle se pratique, des *laveurs* plus ou moins habiles. On voit ici que le talent consiste à laisser passer le moins possible d'or et d'argent avec les *cendres*, afin de réaliser promptement les valeurs qu'elles renferment. Lors donc que la première portion de *cendres* placées dans la sébile a fourni les métaux qu'elle contenait, lesquels se présentent sous la forme de petits globules irréguliers et souvent aplatis, ainsi que sous celle d'une poudre plus ou moins fine, on les met à part, et on place une nouvelle quantités de *cendres* dans la sébile, en continuant ainsi le *lavage* jusqu'à ce qu'il n'existe plus de ces dernières, et en mettant, chaque fois, à part les grenailles obtenues (1).

Cette opération, qu'on appelle *laver au plat*, étant terminée, on sèche les grenailles, ordinairement dans une petite bassine en cuivre, et avant de les fondre on les passe à l'aimant pour enlever les portions de fer qu'elles renferment toujours.

Cette nouvelle opération se fait en promenant un fort aimant dans les grenailles obtenues ; en détachant, avec les doigts, les matières qui viennent s'y fixer, et en continuant ainsi jusqu'à ce qu'il ne s'y attache plus rien (2).

AMALGAMATION.

L'opération des *lavures* étant terminée, et quelque bien faite qu'elle ait été, les *cendres* renferment encore des métaux précieux que le moyen mécanique employé ne saurait extraire, parce que leur état de division est tel, qu'ils sont sans cesse entraînés par l'eau avec les *cendres*. Pour extraire ce qu'il en reste, il devient indispensable d'avoir recours à un moyen plus puissant ; et ce moyen la chimie le présente dans l'action dissolvante que le mercure exerce sur l'or et l'argent. L'opération à laquelle cette propriété donne

---

(1) Lorsque les *cendres* ne sont pas très riches, on en recharge la sébile à plusieurs reprises avant de mettre les grenailles à part.

(2) Les *aimantures* contiennent, outre le fer, une certaine quantité d'or, d'argent et de matière terreuse. Les divers procédés mis en usage pour en retirer l'or et l'argent sont : 1° de les fondre avec l'un des fondans employés pour l'essai des *cendres*, et en reprenant les *scories* par le même moyen, si elles n'ont pas été bien vitrifiées ; 2° de les traiter à chaud par un excès d'acide muriatique qui dissout parfaitement le fer, et à fondre ensuite avec un peu de borax ; enfin à les passer, par portion, à la grande coupelle, lorsqu'on peut disposer d'un de ces fourneaux.

La quantité de métaux précieux contenus dans les *aimantures* varie de 5 à 25 pour °/₀ .

naissance constitue l'art du *tourneur de cendres*, lequel consiste à broyer, pendant un certain temps, les *cendres*
mouillées avec du mercure, à passer celui-ci dans une
peau de chamois; à distiller ce qui n'a pas pu passer, et à
recueillir les métaux restés au fond de la cornue. La première de ces opérations, qu'on appelle *amalgamation*, se faisait anciennement dans de grands cuviers cerclés en fer;
sur leurs fonds posait uue espèce de moulin de fer composé de deux parties, l'une convexe en dessous et l'autre
concave en dessus. Une manivelle attachée à un axe
vertical faisait tourner la pièce supérieure; un bondon
placé au bas donnait la facilité de faire écouler l'eau et les
cendres lorsqu'elles avaient été suffisamment tournées.

L'opération se faisait à bras, et un homme donnait le
mouvement à deux moulins.

Tels ont été les moulins employés pour tourner les
cendres jusqu'en 1809, époque à laquelle M. d'Hennin père
inventa le moulin horizontal cannelé, qu'il perfectionna en
1825, et qui est maintenant en usage. Ce moulin, au moyen
duquel on exécute les mêmes opérations en moitié moins
de temps, et qui permet d'*appauvrir* les *cendres* beaucoup
plus qu'on ne pouvait le faire avec les anciennes machines,
est en fonte, et sa forme est celle d'un manchon de 19 pouces
de diamètre sur 18 de hauteur, cannelé intérieurement;
il renferme un cylindre creux de 8 pouces de diamètre
également à cannelures, lesquelles, engrénant dans celles
du moulin, broyent continuellement les *cendres*, et les met-
ment aussi parfaitement que possible en contact avec le
mercure, qui, soulevé par les saillies du cylindre, retombe
sans cesse au travers des *cendres*, et dissout ainsi beaucoup plus facilement les métaux précieux qui y sont contenus.

Ce nouveau moulin, auquel on peut appliquer divers
moteurs, et qu'un seul homme peut mettre en mouvement,
est de la contenance de 72 litres, et d'un poids tel que

deux hommes peuvent aisément le monter et le démonter.
Une moitié de l'un de ses fonds s'enlève et permet ainsi d'y
introduire le cylindre et de le nettoyer intérieurement (1).

Lorsqu'on veut commencer une opération, on introduit
dans le moulin, au moyen d'un entonnoir en bois et par
une couverture circulaire pratiquée sur un point de sa
circonférence, de 40 à 50 kilo. de *cendres* à l'état de
bouillie, ni trop claire ni trop épaisse, car on a remarqué
que lorsqu'elles étaient dans ce dernier cas, le mercure
éprouvant une grande division, son action était beaucoup
plus lente, et qu'il en était de même lorsqu'elles étaient
trop claires, parce que ce métal, en les traversant avec trop
de rapidité, n'avait plus le temps d'agir. Les *cendres* étant
donc mêlées à une quantité convenable d'eau et intro-
duites dans le moulin, on y met 14 kilo. de mercure ;
on ôte l'entonnoir, on ferme, au moyen d'une soupape à
charnière, que l'on arrête par une clavette, la petite ouverture circulaire par laquelle on a chargé le moulin, et on
lui imprime un mouvement qui produise de 15 à 18 tours
par minute. Ce mouvement ayant été soutenu 12 heures,
on arrête le moulin ; on l'incline de manière à en ôter les
cendres seulement ; lesquelles tombent dans un baquet
cerclé en fer et placé au-dessous du moulin. Cette opération se fait aisément en tenant dans une position un peu
oblique la petite ouverture circulaire dont nous avons
parlé ; disposition qui ne permet pas à l'*amalgame* beaucoup plus lourde de sortir. Cela fait, on remet deux nouveaux seaux de *cendres* dans le moulin (environ 32 litres) ;
on tourne le même temps ; et on continue ainsi ces additions successives de *cendres* jusqu'à ce qu'on présume le

---

(1) Quelques-uns de ces moulins qu'on a rendus plus légers en y pratiquant
des cannelures extérieures, se vendent chez MM. d'Hennin et le Bon, rue
Sainte-Élisabeth, n. 4, quartier St.-Martin. Ils coûtent pièce 450 fr., et avec
leurs accessoirs, tels que *banc*, *entonnoir*, *baquet*, *cornue de fonte* et *tourniquet*, environ 650 fr.

mercure suffisamment chargé ; ce qui a lieu d'autant plus promptement que les *cendres* sont plus riches, et ce dont on s'assure d'ailleurs en sortant du moulin une petite quantité de l'*amalgame*, laquelle doit être d'une certaine consistance sans être pâteuse, car alors elle entraverait la marche du cylindre. Le mercure étant jugé suffisamment saturé, on fait écouler les dernières portions de *cendres* mises dans le moulin ; lorsqu'il n'en sort plus rien, on place une sébile sous l'ouverture, que l'on dirige alors tout-à-fait en en bas, et on fait ainsi sortir tout l'*amalgame* qu'on lave à grande eau, en plaçant la sébile qui la contient dans une autre sébile plus grande ; lorsqu'elle est complètement débarrassée des *cendres* qui la recouvraient, on enlève, au moyen d'un fort aimant, la limaille de fer qui reste ordinairement à sa surface.

Si les *cendres* soumises à l'*amalgamation* sont des *cendres d'or*, on les remet dans le moulin, et on les tourne de nouveau pendant six heures. Les *cendres d'argent*, au moins chez quelques *laveurs* de Paris, ne passent qu'une fois au mercure, et pendant douze heures, ainsi que nous l'avons vu ; mais chez quelques autres, les *cendres*, même celles d'argent, sont soumises plusieurs fois à l'action de ce métal. L'*amalgame* débarrassée des corps étrangers qui en altéraient la pureté, présente deux couches de densités différentes ; si les *cendres* tournées sont des *cendres d'or*, la couche la plus dense occupe la partie inférieure du vase qui la contient, tandis que cette couche en occupe la partie supérieure, si ce sont des *cendres d'argent* qui ont été soumises à l'*amalgamation* ; suite naturelle de la pesanteur spécifique de ces trois métaux, puisque, l'eau distillée étant prise pour unité, l'or pèse, abstraction faite des fractions, 19, le mercure 13, et l'argent 10.

Les quantités d'or et d'argent contenus dans le mercure, lorsqu'on le sort du moulin, varient suivant la nature et la richesse des *cendres* tournées, et sont, en général, d'autant plus grandes, que ces métaux y étaient plus abondans et plus près de l'état de pureté. Quant à l'or, il y est toujours en plus grande quantité; le mercure pouvant, sans perdre de sa liquidité, en dissoudre un poids qui en argent rendrait le mercure pâteux.

DISTILLATION DE L'AMALGAME.

L'*amalgame* ayant été, ainsi que nous l'avons dit, débarrassée des *cendres* et du fer qui en recouvre communément la surface, et devant jouir encore d'une certaine liquidité, est soumise, avant la distillation, à l'action d'une peau de chamois, afin d'en extraire, par la pression, le plus de mercure possible (1). Cette opération se fait en mettant, dans une de ces peaux, le volume environ d'un verre de table d'*amalgame*, et en pressant au-dessus d'un vase, soit avec la main seulement, soit en s'aidant d'un *tourniquet*, jusqu'à ce qu'il ne sorte plus de mercure, et en renouvelant cette opération jusqu'à ce que la totalité de l'*amalgame* ait subi cette pression. L'*amalgame* ainsi débarrassée de la plus grande partie du mercure est soumise à la distillation dans des cornues de fonte de diverses contenances, et dans lesquelles on peut distiller 3, 7 et jusqu'à 25 kilo. d'amalgame. Ces cornues sont en deux parties, lesquelles représentent : l'une une capsule profonde, et l'autre un petit dôme muni d'un bec de 4 à 5 pouces de longueur. La partie supérieure de la capsule a une rigole dans laquelle vient s'engager, sur toute sa circonférence, un bourlet pratiqué sur celle du dôme. Ces deux parties se réunissent et ferment très hermétiquement au moyen de

---

(1) Lorsque l'amalgame est pâteuse, comme il est alors assez difficile d'en extraire le mercure au moyen de la peau de chamois, on la soumet à la pression dans un morceau de coutil, avec la précaution de repasser dans la peau de chamois le mercure obtenu de cette opération.

trois boulons fortement arrêtés par des clavettes. L'*amalgame* introduite dans la cornue, et celle-ci fermée et placée dans un fourneau en tôle, ayant la forme d'un manchon qui permette de l'entourer de charbons allumés, on adapte et on lute à son col un tube en fer de 2 à 3 pieds de long, dont on fait plonger l'extrémité dans l'eau. Les choses étant dans cet état, on met le feu au fourneau, et on chauffe jusqu'à ce qu'il ne passe plus de mercure. L'appareil étant froid, on ouvre la cornue et on fond en lingots les métaux qui s'y trouvent contenus.

Lorsque l'opération a été terminée par un bon coup de feu, les métaux obtenus ne contiennent pas de mercure; dans le cas contraire, ils peuvent en retenir des quantités plus ou moins considérables, et on le reconnaît facilement, au moment de leur fusion, à la fumée blanche qui s'en échappe, et quelquefois même, s'il y est abondant, au bouillonnement de la matière.

Les ouvriers qui font la distillation ainsi que nous venons de l'indiquer, sont quelquefois atteints des maladies produites par les vapeurs mercurielles. Je l'ai vu pratiquer d'une manière qui m'a paru devoir les éviter. Elle consiste à introduire l'extrémité du tube de fer dans un vase en terre aux deux tiers plein d'eau, et de manière qu'il ne touche pas à celle-ci, mais arrive à deux doigts environ de sa surface; à recouvrir le vase d'un double papier gris, puis d'une toile; à arrêter le tout par une ficelle, et à tenir cette toile constamment recouverte d'eau froide pendant le cours de l'opération. Cette eau, en filtrant sans cesse dans le vase, facilite la condensation du mercure, et on est averti que l'opération est terminée, par la cessation du bruit que le mercure fait entendre à l'immersion de chaque globule.

Le mercure qui a passé à la peau de chamois retient toujours un peu d'or et d'argent; lorsqu'on veut en extraire ce premier métal, on amalgame au mercure une certaine quantité d'argent en chaux ; on passe à la peau de chamois, et on soumet à la distillation l'*amalgame* pressée.

Le mercure obtenu par la pression, dans cette dernière opération, retient, en général, une quantité d'argent correspondante à celle de l'or qu'il renfermait.

DE LA FONTE DES CENDRES.

Si l'or et l'argent contenus dans les *cendres* soumises à *l'amalgamation* étaient à l'état de pureté, comme ces métaux sont peu oxidables, il est vraisemblable que par cette opération on parviendrait à en extraire les dernières parties ; ou du moins à en laisser de si petites quantités, qu'elles ne pourraient pas payer de nouveaux frais d'extraction ; mais il n'en est pas ainsi, et lors même qu'elles ont passé plusieurs fois au moulin, elles en renferment encore des quantités qu'on peut en séparer avec avantage, parce que, mêlées à des métaux très oxidables, tels que le plomb, l'étain, le fer et surtout le cuivre, ils se trouvent enveloppés dans les oxides de ces métaux, sur lesquels le mercure cesse alors d'avoir de l'action. Il est vraisemblable aussi que quelques portions d'argent partagent cet état et restent dans les *cendres*, ayant ainsi perdu la propriété de se laisser dissoudre par le mercure.

Les métaux précieux restés dans les *cendres tournées* ne peuvent donc en être retirés qu'en ramenant à l'état métallique les oxides qui y sont renfermés, extraction qui ne peut avoir lieu que par la fusion et au moyen de réductifs; mais comme l'or et l'argent y sont en très petite quantité, il devient indispensable de leur présenter un dissolvant dans lequel on puisse les retrouver. Ce nouvel agent est le plomb qui s'allie à ces deux métaux avec une grande facilité, et duquel on peut aisément les retirer par la coupellation.

Cette nouvelle branche d'industrie constitue ce qu'on appelle *l'art du fondeur de cendres*, art sur lequel nous allons tâcher de donner quelques notions avant de traiter de *l'essai de cendres*, dont la description doit terminer ce chapitre.

Quoique la fonte des *cendres d'orfèvres* puisse s'opérer indifféremment au *fourneau-à-réverbère* ou au *fourneau-à-manche*, ce dernier fourneau paraît avoir conservé la préférence, sans cependant que sa supériorité ait été constatée par des expériences suivies. Quant au système de fusion, il est tout-à-fait différent; dans le *fourneau à manche*, les *cendres*, *les scories* et l'*oxide de plomb* traversent pêle-mêle le charbon dont il est rempli et dont la combustion est alimentée par des soufflets; tandis qu'au *fourneau-à-réverbère* la fonte s'opère comme dans un creuset, c'est-à-dire qu'aux substances que nous venons de désigner, on ajoute du charbon de bois en poudre, et que le mélange, étant bien fait, est fondu sur la *sole* du fourneau, dont l'intérieur est échauffé par la flamme du foyer seulement.

FONTE AU FOURNEAU A MANCHE.

La partie du *fourneau à manche* dans laquelle s'opère la fonte des *cendres* et que nous désignerons sous le nom de laboratoire, a la forme d'une caisse carrée de cinq pieds de hauteur; ses dimensions intérieures sont de 14 pouces de largeur sur 26 pouces de profondeur; la partie supérieure s'évase de manière à recevoir facilement les substances qu'on doit y jeter. Sur le derrière du fourneau sont placés deux forts soufflets dont les tuyaux introduisent l'air au travers du combustible; et sur le devant, à sa partie inférieure, est une espèce de réservoir d'un pied de haut, appelé *cassin*, lequel, communiquant au laboratoire, mais dépassant son plan extérieur, reçoit toutes les matières fondues , et par sa disposition , permet de les retirer lorsqu'il est suffisamment plein. Ce *cassin* est revêtu intérieurement d'une couche fortement comprimée de terre à four, à laquelle on mêle un tiers de charbon en poudre lorsqu'elle est trop grasse.

Quand on commence un travail, on dispose couches par couches sur le sol de l'atelier, et devant le fourneau , les *cendres*, les *scories* et l'*oxide de plomb*, de manière à en avoir un lit plus ou moins épais, avec la précaution de l'arroser légèrement pour éviter la perte qui résulterait de la vaporisation, si les *cendres* étaient sèches. Ce mélange, qu'on désigne, en terme de l'art, sous le nom de *schlich*, se fait dans diverses proportions, suivant le degré de fusibilité et la richesse des *cendres* sur lesquelles on opère; ainsi les *scories*, étant destinées à entraîner leur fusion, doivent y être mêlées d'autant plus abondamment, qu'elles sont plus réfractaires , et l'*oxide de plomb* , servant à réunir l'or et l'argent, doit suivre dans ses proportions, celles de ces deux métaux.

M. Gautier aîné , qui possède à Paris la plus belle fonderie de ce genre, et auquel je suis redevable de beaucoup de renseignemens sur cette matière, a bien voulu me donner la composition d'une *schlich* pour des *cendres* d'une fusibilité moyenne ; elle se forme ainsi qu'il suit :

Cendres.	1050 kilo.
Scories.	900
Oxide de plomb.	630
Total de la *schlich*.	2580

La *schlich* étant ainsi préparée, le fourneau rempli de *coack* et de charbon de bois bien allumé, et les soufflets mis en mouvement, d'abord légèrement , un ouvrier jette dans la partie supérieure du laboratoire une certaine quantité de *scories* seulement, puis quelque temps après, et lorsque la fonte paraît s'en opérer facilement, de la *schlich* mêlée de *scories*, puis enfin, de la *schlich* seule, et, suivant la fusibilité des *cendres* et la marche du fourneau, de deux à quatre pélées et une pélée de *coack*. Ces charges de *schlich* et de *coack* se continuent ainsi à des intervalles que la pratique indique, mais qui sont d'autant plus rapprochées, que la fusion est plus rapide. La température élevée à laquelle se trouvent exposés les corps qui composent la *schlich*, et qui sont en contact immédiat avec le chárbon, ne tardent pas à opérer la fusion des *scories* et la réduction des oxides. Au fur et à mesure que les premières acquièrent de la liquidité, elles dissolvent l'alumine, la silice et la chaux contenues dans les *cendres*, ainsi que quelques oxides difficilement réductibles, comme l'oxide de fer, tandis que les autres métaux désoxidés se mêlent au plomb également réduit et dans lequel, ainsi que nous l'avons déjà dit, on retrouve l'or et l'argent. Toutes ces matières ainsi fondues traversent le charbon dont le fourneau reste constamment plein, et, gagnant ainsi la partie inférieure du laboratoire, se rendent dans le *cassin*, qu'on a le soin de tenir toujours plein de charbon de bois allumé, afin d'éviter le refroidissement trop subit des matières fondues, lesquelles, en se figeant alors presque instantanément, obstrueraient la partie par laquelle le *cassin* communique au laboratoire, formeraient ce qu'on appelle, en terme de l'art, un *nez*, et arrêteraient le travail.

Lorsque le *cassin* est suffisamment plein et les *scories* qui en occupent la partie supérieure figées, un ouvrier, avec l'aide d'un crochet en fer, les enlève et met ainsi à nu le plomb fondu, lequel, par suite de sa plus grande pésanteur spécifique, en occupe le fond, et qu'on coule de suite en lingots.

La quantité de *cendres* fondues par 24 heures, le nombre des coulées faites dans le même temps, et le poids des lingots de plomb obtenus, variant suivant la fusibilité des *cendres*, la quantité d'oxide de plomb employée et la marche du fourneau, il est impossible d'établir des données fixes à cet égard. En prenant les extrêmes, on peut cependant dire qu'en travaillant dans les plus mauvaises circonstances, on fondra, par 24 heures, environ 750 kilo. de *cendres*; que les coulées auront lieu toutes les 5 ou 6 heures, et que les lingots obtenus pèseront 30 kilo. à peu près, tandis qu'en opérant dans les circonstances les plus favorables, on fondra, dans le même temps, 1350 kilo. de *cendres* environ; qu'on coulera toutes les trois heures, et que les lingots de plomb obtenus pèseront près de 40 kilo.

Lorsqu'on fond des *cendres* qui contiennent, tout à la fois, du fer et du soufre, il se forme un sulfure de ce métal qui aide la fusion, et qu'on retrouve dans le *cassin* placé entre le plomb et les *scories*.

Quoique en général on ait le soin d'établir au-dessus du fourneau à manche quelques chambres destinées à condenser l'oxide de plomb entraîné, en grande partie, par le vent des soufflets, la perte de ce métal est encore assez considérable, et s'élève de 15 à 25 pour cent.

FONTE AU FOURNEAU-A-RÉVERBÈRE.

La fonte des *cendres d'orfèvres* au *fourneau-à-reverbère* paraît avoir été pratiquée d'abord en Angleterre. Un ouvrier de cette nation est le premier qui, vers l'année 1800, établit à Paris un fourneau de ce genre, dans lequel il exploita les *cendres* provenant du travail du directeur de la monnaie de Paris. Cette opération, qui se fit sur une valeur de plus de deux cent mille francs, présenta un déficit notable, et dut dégoûter de ce nouveau moyen; cela n'empêcha pourtant point quelques personnes de tenter de nouvelles expériences ; mais leurs travaux entrepris à Paris et à Perpignan n'eurent point de suite.

Vers 1830, MM. Gautier frères, de Marseille, auxquels ce genre d'exploitation était familier, établirent dans cette ville une *fonderie de cendres d'orfèvres*, en employant le *fourneau à reverbère*. Cet établissement, qui a marché avec succès pendant deux années, n'a suspendu ses travaux que par suite de circonstances tout-à-fait indépendantes du moyen, pour lequel il paraît que toutes les difficultés avaient été vaincues.

La forme intérieure du fourneau employé par ces messieurs était elliptique et avait, dans la partie où s'opérait la fonte, 11 pieds de longueur, 5 pieds dans sa plus grande largeur, et 16 pouces dans sa plus petite; sa hauteur, du dessus de la grille à la voûte, était de 30 pouces, et sur le devant de 9 à 10 pouces seulement. La pente vers le *cassin*, placé en dehors, comme au *fourneau à manche*, était de 18 pouces. La *sole* de ce fourneau était battue avec un mélange de sable, de charbon de terre et d'argile. Le fourneau étant chauffé, au moyen du charbon de terre, on le chargeait de la *schlich*, préparée d'avance; et le mélange, aussi bien fait que possible, l'était dans les proportions suivantes :

Cendres.	1250 kilo.
Oxide de plomb.	1250
Scories.	2500
Poussier de charbon de bois.	80
Sulfate de soude.	100
Vieille fonte.	50
Total de la *schlich*.	5230

Avec cette *schlich*, et le fourneau marchant bien, on coulait toutes les six heures, et en vingt-quatre heures on fondait assez régulièrement 1000 kilo. de *cendres*. Les charges, suivant l'activité de la fonte, étaient, toutes les 15 à 20 minutes, de 15 à 20 pellées.

En comparant la composition de la *schlich* préparée pour le *fourneau à réverbère* et celle destinée à être fondue au *fourneau à manche*, on remarque dans la première, en laissant de côté la différence considérable des proportions, deux nouvelles substances, savoir : du sulfate de soude et de la fonte. La température extrêmement élevée, à laquelle s'opère la fusion des *cendres*, dans le *fourneau à réverbère*, et les points nombreux de contact que présente la matière à l'air, paraissent rendre la présence de ces deux corps indispensable, car on a remarqué que lorsqu'ils n'y étaient plus, ou même qu'ils y étaient en trop petites quantités, les rendemens n'étaient plus en rapport avec le titre des *cendres*, et la perte du plomb considérable.

Il semblerait, d'après ce fait, que les *scories*, qui occupent toujours la partie supérieure de la matière fondue, seraient ici insuffisantes pour arrêter la vaporisation du plomb et de l'argent; et que le sulfure de fer qui se forme alors dans l'opération, en s'interposant entre les *scories* et ces métaux, s'opposerait à la perte de ces derniers.

Les avantages qu'on a cru remarquer dans l'emploi de ce fourneau, c'est d'obtenir des *scories* contenant des quantités de plomb tellement minimes qu'elles peuvent être jetées, et surtout de ne point exposer les ouvriers aux coliques de plomb, dont sont quelquefois atteints ceux qui font le même travail au *fourneau à manche*.

ESSAI.

L'essai des *cendres d'orfèvres* qui doit servir à en fixer la valeur, ne présentant aucune difficulté, et n'exigeant que du soin, il serait naturel de penser qu'en le multipliant sur le même échantillon, on dût obtenir les mêmes résultats; mais il n'en est pas ainsi, parce que les *cendres* sont rarement homogènes et présentent dans leurs diverses parties des différences quelquefois très grandes : ce qui est surtout remarquable pour les *cendres* neuves qui n'ont été que lavées sans passer ensuite au moulin ; quant à celles qui ont subi cette dernière opération et qui , par cette raison, sont beaucoup mieux mêlées, les essais faits sur le même échantillon sont souvent pareils. Quoi qu'il en soit, tous les essais de *cendres* se font toujours doubles, triples et quelquefois quintuples , quand ils présentent de grandes différences entre eux ; on en prend alors la moyenne et on a le soin de rejeter ceux de ces essais dont les résultats sont trop disparates.

Si de la non-homogénéité des *cendres* il résulte la nécessité de multiplier les essais, on conçoit de quelle importance aussi devient la prise de l'échantillon sur lequel ils doivent se faire ; car si les *cendres* déjà mêlées par l'opération du pilon et du lavage, présentent divers titres, combien à plus forte raison les diverses parties d'un tas de *cendres*, de quelques milliers de quintaux, résultant souvent de l'accumulation de *cendres* de diverses natures et de diverses richesses, ne doivent-elles pas elles-mêmes présenter de différences.

Le premier soin doit donc avoir pour but la prise d'un bon échantillon moyen. Cet échantillon doit se former des diverses *sondes* faites dans toutes les parties du tas de *cendres* à l'essai, et de la réunion de ces diverses prises, qui doivent être d'autant plus multipliées que le tas sur lequel on opère est plus considérable et qu'on soupçonne moins d'homogénéité dans la masse.

Les diverses portions de *cendres* qui doivent établir l'échantillon moyen, se prennent facilement au moyen d'une sonde en fer de quelques pieds de longueur, et ayant la forme d'une petite gouttière dont les bords seraient très relevés. Si le tas était considérable, il serait indispensable de faire quelques tranchées à la pioche, de manière à pouvoir l'attaquer sur divers points de son centre. Tous les échantillons ainsi enlevés sont réunis et parfaitement mêlés, soit dans une grande sébile et à la main, s'il y en a peu, soit sur le sol, préalablement nettoyé pour éviter tout contact avec des corps étrangers, et au moyen d'une pelle, si les *sondes* ont été assez multipliées pour fournir une certaine masse de *cendres*, dans laquelle on prend alors la quantité qui doit servir à faire l'essai. Cette quantité est souvent soumise au caprice de l'essayeur; mais elle suit cependant une règle générale qui est une suite naturelle de la quantité présumée de métaux précieux contenus dans les *cendres* qui font l'objet du travail; car si ces *cendres* sont riches, une petite quantité suffit pour déterminer les millièmes d'or et d'argent qui y sont contenus, tandis que si elles étaient très pauvres, et l'essai fait sur une même quantité, on pourrait n'obtenir de ces métaux que des quantités impondérables.

Suivant donc que les *cendres* sont plus ou moins riches, l'essai s'en fait sur les poids suivans :

$$10 - 12\ 1/2 - 20 - 25\ \text{et}\ 50\ \text{grammes},$$

tous nombres qui permettent de ramener facilement les résultats sur 100 parties, 100 kilo., par exemple, par une simple multiplication.

Les *cendres* contenant toujours de l'eau, quelquefois depuis 1 jusqu'à 50 pour 0/0, l'essai peut s'en faire de deux manières; c'est-à-dire dans l'état où elles se trouvent, mais après dessiccation de la quantité prise pour l'essai; ou après avoir été préalablement séchées : cette dernière méthode est même la meilleure, puisqu'elle permet dans tous les temps d'en établir la comptabilité, en constatant simplement ce qui y existe d'eau au moment où on veut l'établir. Lorsque la vente en a lieu de suite, il n'y a pas d'inconvénient à en faire l'essai, quoique mouillées; mais alors il faut avoir le soin , avant de les fondre , de sécher la portion pesée qui doit servir à l'essai, ainsi que nous l'avons déjà dit.

Avant de donner la description du procédé, nous indiquerons ici les proportions de quelques-uns des fondans employés dans divers laboratoires de Paris.

1.

POUR 25 GRAMMES DE CENDRES.

Potasse.	20 gram.
Litharge.	20
Tartre.	2
Borax.	2
Sel marin.	2 (1)
	46

2.

POUR 50 GRAMMES DE CENDRES.

Flux noir (2).	150
Minium.	20
	170

(1) On ajoute à ce mélange un peu de salpêtre lorsqu'on soupçonne du fer dans les *cendres* dont on fait l'essai.

(2) Le flux noir s'obtient en faisant détonner ensemble du tartre et du salpêtre; ces deux substances étant en poudre , on pèse deux parties de tartre et une partie de salpêtre; le mélange étant bien fait et étendu sur une plaque de tôle, on pose dessus un ou deux charbons de bois bien allumés, et lorsque la détonnation est terminée et la matière froide, on la met en poudre et on l'enferme dans des flacons bien bouchés pour s'en servir au besoin.

3.

POUR 50 GRAMMES DE CENDRES.

Sel de soude à 80° alcalimétriques. .	150 gram.
Charbon de bois en poudre très fine.	20
Minium.	30
	200

4.

POUR 50 GRAMMES DE CENDRES.

Sel marin.	57 gram.
Tartre.	29
Borax.	14
Litharge.	50
	150

5.

POUR 50 GRAMMES DE CENDRES.

Sel marin.	25 gram.
Tartre	13
Salpêtre.	6
Potasse..	12
Borax.	10
Litharge.	50
	116

6.

POUR 25 GRAMMES DE CENDRES.

	Gr. Mill.
Potasse.	14,280
Tartre.	1,430
Borax calciné.	1,430
Limaille de fer.	0,014
Charbon en poudre fine.	0,713
Litharge.	7,133
	25,000

7.

POUR 25 GRAMMES DE CENDRES.

Borax	15 gram.
Carbonate de chaux.	12
Minium.	25
Résine.	2
Limaille de fer.	2
	56

Quoiqu'il soit assez difficile d'indiquer dans quelle circonstance on doit employer tel ou tel des fondans ci-dessus, nous allons cependant tâcher de faire ressortir des connaissances que nous avons acquises, quelques considérations générales, afin de guider dans la marche à suivre pour l'essai de telles ou telles *cendres*, dont on connaît d'avance la nature, et jusqu'à un certain point la richesse, lorsqu'on est instruit des ateliers d'où elles sortent et des opérations qu'elles ont déjà subies.

Le but qu'on se propose dans l'essai des *cendres* étant

de déterminer les derniers millièmes de métaux précieux qu'elles renferment, on ne peut y parvenir ici, 1° que par leur fusion ; 2° en ramenant à l'état métallique les oxides qui y sont contenus; 3° enfin, en présentant à l'or et à l'argent, toujours en très petite quantité, relativement à la masse, un métal propre à en réunir les plus petites parties. Trois agens deviennent donc indispensables pour obtenir ces divers résultats, savoir : un fondant, un réductif et un dissolvant. Mais les *cendres* ont des degrés de fusibilité différens; elles ne contiennent pas toujours les mêmes substances ni dans les mêmes proportions ; et leur richesse varie beaucoup. De là la nécessité de varier aussi la nature et les proportions des agens que nous venons d'indiquer, d'en réunir quelquefois plusieurs dans le même mélange, pour lui donner plus de puissance; enfin d'y en ajouter d'autres suivant les circonstances, en les appropriant aux diverses actions qu'ils doivent exercer.

De ces faits et de ce qui précède nous tirerons les conclusions suivantes :

1° Plus les *cendres* seront riches, moins on en prendra pour faire l'essai, et plus grande sera la quantité de plomb, sans cependant dépasser une certaine proportion.

2° Plus les *cendres* seront réfractaires, et plus les fondans devront être abondans et actifs.

3° Le charbon, le tartre, la résine qu'on emploie comme réductifs, devront être mis en très petite quantité, lorsqu'on soupçonnera les *cendres* de contenir du charbon ou des matières propres à en produire.

4° Une petité quantité de salpêtre devra entrer dans le mélange si les *cendres* contiennent du fer.

5° Une petite quantité de limaille de fer si elles contiennent du soufre.

6° Enfin, toutes choses égales, on devra mettre plus du mélange sur les *cendres* neuves que sur celles qui ont passé au moulin.

DESCRIPTION DU PROCÉDÉ.

Les diverses portions de *cendres* enlevées par la sonde, ainsi que nous l'avons déjà dit en parlant de la prise de l'échantillon, étant parfaitement mêlées , on en prendra 200 grammes environ que l'on fera sécher, soit à l'étuve , soit sur le marbre d'un poële échauffé , ou mieux encore au *bain-marie*, en les plaçant dans une capsule posée sur une petite marmite de fonte pleine d'eau. La dessiccation étant complète, on pèsera , avec soin, la quantité qu'on destine à l'essai , à une balance indiquant facilement au moins un décigramme, et on mêlera cette quantité pesée au fondant qui aura été jugé le plus convenable, soit dans un mortier ou simplement dans une capsule, en ayant le soin d'éviter toutes pertes ; le mélange étant bien fait on l'introduira dans un petit creuset de Hesse ou de terre non cuite, tels qu'il s'en fait à Paris, en le prenant d'une capacité telle, que le mélange n'en occupe à peu près que la moitié. Les choses étant dans cet état, on portera le creuset muni de son couvercle , soit à la forge , soit au fourneau à vent, et le feu sera gradué de manière à échauffer la matière progressivement. Lorsque le creuset commencera à rougir, on l'ouvrira pour voir dans quel état est la matière et pour ménager le feu si les gaz, se dégageant avec trop d'abondance , faisaient craindre de la voir dépasser les bords du creuset. Dans cette première action de la chaleur, des flammes, produites en grande partie par l'inflammation immédiate de l'hydrogène carboné , sortent du sein de la matière dont la fusion est encore imparfaite ; et une grande quantité de gaz acide carbonique prenant naissance , soulève cette même matière , s'y accumule, et acquérant une certaine force d'expansion, la déchire, se dégage, et laisse toute la masse s'affaisser pour remonter de nouveau , s'affaisser encore; et ainsi de suite jusqu'à l'entier dégagement de tous les gaz, surtout si le fondant employé contenait du flux noir. Le feu ayant été conduit avec soin et augmenté progressivement, la fusion devient de plus en plus parfaite; et pendant que les fondans vitrifient les matières terreuses, les oxides, en contact avec le charbon, sont ramenés à l'état métallique; le plomb, rencontrant alors l'or et l'argent, s'y allie et, traversant la masse fondue, va occuper au fond du creuset la place que lui assigne sa pesanteur spécifique. Les gaz ayant cessé de se dégager, la matière étant en fonte tranquille, et conduite à une liquidité parfaite par un dernier et bon coup de feu, l'opération de la fonte pourra être considérée comme terminée, et le creuset retiré du feu lorsqu'il sera assez froid pour pouvoir être tenu dans les mains; on le cassera avec un marteau pour en retirer le culot de plomb. La fonte aura été bien faite si le culot et les *scories* sont bien homogènes; mais elle sera imparfaite, si ces dernières sont spongieuses et si on y remarque çà et là des grenailles de plomb, qu'une fusion imparfaite aura empêché de se réunir à la masse; ce qui peut être le résultat du manque de chaleur ou de l'impuissance du fondant. Si les *scories* étaient bien faites et qu'il n'y eût que quelques grenailles faciles à recueillir, on les réunira au culot de plomb et on passera le tout à la coupelle. Dans le cas où les *cendres* à l'essai seraient très riches et le culot de plomb de plus de 90 gram., on pourra n'en passer que la moitié à la coupelle en doublant ensuite les résultats, et le petit bouton obtenu sera pesé et traité comme argent tenant or, ou comme or tenant argent, suivant la nature des *cendres* qu'on aura soumises à l'essai. (Voyez les chapitres VII et VIII, qui traitent de ces deux espèces d'essais.)

Comme la litharge, le minium et même la céruse, contiennent toujours quelques millièmes d'argent, il est indispensable de passer de ces substances une certaine quantité à la coupelle, 25 grammes par exemple, afin de retrancher du poids du bouton obtenu dans l'essai de *cendres*, la quantité d'argent que celle employée y aura introduite.

REMARQUES.

PREMIÈRE REMARQUE.

Il existe quelques produits argentifères pour lesquels il faut varier les procédés d'essai employés pour la réduction des *cendres* ordinaires. Parmi ces premiers, sont les matières sulfureuses, provenant des travaux des affineurs d'or et d'argent, et les *cendres* résultant de la combustion de bois doré.

L'essai des matières sulfureuses dont nous parlons, se fait très bien et très rapidement, en en fondant 1 partie avec 30 parties de litharge, et en ayant le soin de retirer le creuset du feu *aussitôt* que la matière est en pleine fusion et qu'il paraît ne plus se dégager de gaz acide sulfureux.

Pour les *cendres* provenant de la combustion des bois dorés, leur essai est plus long, par la nécessité où l'on est d'enlever d'abord le carbonate de chaux au moyen d'un acide; ce qui se fait très bien en les plaçant dans un grand bocal, en versant dessus de l'acide muriatique étendu, jusqu'à ce qu'il ne se produise plus d'effervescence, en lavant par décantation, en séchant et en fondant ensuite, après avoir fait l'un ou l'autre des mélanges suivans :

1er MÉLANGE.

Matière insoluble dans l'acide muriatique.	25 gram.
Minium.	25
Verre en poudre.	15

Borax.   15
Résine.   2

2ᵐᵉ MÉLANGE.

Matière insoluble dans l'acide muriatique   25 gram.
Minium.   25
Argile.   20
Sable.   10
Résine.   2
Borax.   15

DEUXIÈME REMARQUE.

M. d'Arcet, dans son *Art du doreur*, page 93 , conseille, pour l'essai des *déchets* qui contiennent des cendres ou d'autres substances terreuses, l'emploi de la litharge et de la résine; il donne les proportions suivantes pour traiter les *cendres* de la forge à passer.

Litharge. . . . .   100 gram.
Résine.   2
Déchet.   10

Pour les *déchets* aurifères, il conseille cet autre mélange :

Céruse de Clichy. . . . .   20 gram.
Déchet.   1
Résine. . . . .   0,2 déci.

Les essais de *cendres* se faisant au moins sur 10 grammes, voici les proportions qui ont été trouvées les plus convenables par M. Levol, au laboratoire des essais des monnaies, après quelques essais de réduction sur un assez grand nombre d'échantillons de *cendres* : pour des *cendres* riches et très fusibles.

Cendres.	10 gram.
Céruse.	100
Résine.	0,6 déci.

Le culot de plomb pèse ordinairement de 30 à 45 grammes, suivant que les *cendres* contiennent plus ou moins de charbon.

Pour des *cendres* riches et réfractaires :

Cendres.	10 gram.
Céruse.	200
Résine.	1

Ce flux a l'avantage de ne point faire boursoufler la matière et de n'exiger que dix minutes pour obtenir une fonte complète.

TROISIÈME REMARQUE.

On a essayé de déterminer, par le procédé de la *voie humide*, les quantités d'argent contenues dans le plomb argentifère, ce qui eût été pour les essais de *cendres* beaucoup plus prompt que la coupellation.

Les expériences suivantes ont été faites dans ce but.

PREMIÈRE EXPÉRIENCE.

Cinq grammes de plomb pur ont été dissous dans 20 grammes d'acide nitrique à 22°; le décilitre de liqueur normale, introduit dans la dissolution, n'y a apporté aucun changement; elle est restée parfaitement limpide.

DEUXIÈME EXPÉRIENCE

Cinq grammes de plomb et 10 millièmes d'argent pur ont été dissous dans 20 grammes d'acide nitrique à 22°; on y a recherché l'argent au moyen de la liqueur décuple, en y en mettant de suite 5 grammes représentant 5 millièmes d'argent. La liqueur n'ayant pas pu s'éclaircir par l'agitation, l'opération a été abandonnée et on a fait la nouvelle expérience suivante pour obtenir la réunion du chlorure d'argent.

TROISIÈME EXPÉRIENCE.

Cinq grammes de plomb et 1005 millièmes d'argent pur ont été dissous dans 20 grammes d'acide nitrique à 22° ; le décilitre de liqueur normale a été introduit dans la dissolution. On a agité et on y a recherché, au moyen de la liqueur décuple, les 5 millièmes d'argent excédant les 1000 millièmes précipités par la liqueur normale. On a trouvé 6 millièmes d'argent ; ce qui donne une surcharge de 1 millième ; sur la fin, la liqueur a eu de la peine à s'éclaircir. Cette expérience a été recommencée en mettant 1010 millièmes d'argent au lieu de 1005 ; on a obtenu une *surcharge* de 1 millième, et sur la fin la liqueur ne s'est éclaircie qu'imparfaitement.

QUATRIÈME EXPÉRIENCE.

Cinq grammes de plomb et 20 millièmes d'argent pur ont été dissous dans 20 grammes d'acide nitrique à 22°. Le plomb ayant été complètement précipité par de l'acide sulfurique à 20° environ, l'argent a été recherché au moyen de la liqueur décuple. On n'a trouvé que 11 millièmes 1|2 de ce métal au lieu de 20 ; une seconde opération a été faite et a donné à peu de chose près les mêmes résultats. Ainsi, dans cette expérience, la perte de l'argent a été de près 9 millièmes.

Dans les premières expériences, il y avait une légère *surcharge*; dans celle-ci, une perte considérable, et l'un et l'autre de ces moyens ne pouvant être employés, il fallait chercher un corps sans action chimique, et au moyen duquel on pût réunir le chlorure d'argent et éclaircir la liqueur; le chlorure d'argent devant remplir ce double but, on a fait la nouvelle expérience qui suit :

CINQUIÈME EXPÉRIENCE.

Cinq grammes de plomb et 20 millièmes d'argent pur ont été dissous dans 20 grammes d'acide nitrique à 22°, et la dissolution étendue de 100 grammes d'eau distillée environ ; cela fait, on a introduit dans le flacon environ 2 grammes de chlorure d'argent mouillé, et venant d'être précipité par un excès de sel, mais lavé jusqu'à ce que le nitrate d'argent en dissolution n'ait apporté aucun changement dans les eaux de lavage ; on y a recherché alors, au moyen de la liqueur décuple, les 20 millièmes d'argent qu'on y avait mis; les liqueurs se sont bien éclaircies, et on a trouvé, dans une première opération, 20 millièmes 1|4, et dans une seconde même quantité.

CHAPITRE XVII.

DE L'EXAMEN DES FAUSSES MONNAIES FRANÇAISES.

PRÉLIMINAIRE.

Les essayeurs sont quelquefois appelés à prononcer sur la nature de pièces de monnaies soupçonnées de fausseté ; cette partie de leur art est, sans contredit, la plus difficile et celle qui demande le plus de connaissances ; elle a, dans ses résultats, de si grandes conséquences, puisque ces derniers peuvent quelquefois déterminer une condamnation à la peine capitale, qu'ils doivent la posséder à fond et ne prononcer qu'après s'être rendu compte, par tous les moyens que la chimie met en leur pouvoir, des véritables substances qui constituent les pièces qu'on soumet à leur examen, ainsi que des proportions de ces substances, lorsque cette nouvelle connaissance devient nécessaire à l'autorité pour asseoir les bases de son jugement.

Cette partie importante de l'art de l'essayeur ne se trouve dans aucun ouvrage de ce genre, et je m'étonne qu'elle n'ait point été l'objet d'un article particulier de la part des savans qui ont écrit sur l'art des essais, car de tout temps il a existé des faux-monnayeurs. Je ne pense pas que la crainte d'éclairer ceux-ci ait retenu ces auteurs; parce que ce genre d'examen ne comporte point les moyens de fabrication, et qu'on n'y traite que de la nature des alliages qui composent les fausses pièces de monnaies. Le travail que je présente ici, et qui est le résultat des connaissances acquises jusqu'à ce jour, ainsi que de quelques observations qui me sont particulières, aura-t-il rempli cette lacune? la marche de la science est si rapide et ses moyens si multipliés, que je ne dois le considérer que comme l'idée-mère d'un ouvrage qu'une main plus savante tracera sans doute un jour.

Le travail dont nous allons nous occuper étant en grande partie comparatif, avant de parler des fausses monnaies, il devient indispensable de faire connaître, dans un court exposé, ce que doivent être nos monnaies au terme de la loi; c'est à quoi nous allons procéder.

Les monnaies françaises sont de trois espèces, savoir : les monnaies d'*or*, les monnaies d'*argent* et les monnaies de *billon*.

Les monnaies d'*or* se composent d'une pièce de 40 fr. et d'une pièce de 20 fr.

Les monnaies d'*argent*, des pièces de 5 fr., de 2 fr., de 1 fr., de 1|2 fr. et de 1/4 fr.

Enfin la monnaie de *billon*, d'une seule pièce, de la valeur de 10 centimes.

Les monnaies d'*or* et celles d'*argent* contiennent toutes un dixième d'alliage et neuf dixièmes de fin.

La monnaie de *billon* ne contient qu'un cinquième d'argent et 4/5 d'alliage.

L'alliage des pièces d'or se compose de cuivre, quelquefois d'argent, et souvent de ces deux métaux réunis; parce qu'ils se trouvent unis à l'or par suite des opérations du commerce.

Une pièce de 20 fr., essayée au laboratoire des essais des monnaies, a donné sur 1000 parties, pour les 100 parties d'alliage qu'elle devait contenir: 54 d'argent et 46 de cuivre. C'est à ces deux métaux qu'on doit attribuer les diverses couleurs qu'on remarque aux monnaies d'or. Lorsque le dixième d'alliage se compose uniquement de cuivre, les pièces sont rouges ; lorsqu'au contraire il est entièrement formé d'argent, les pièces sont vertes. Tandis qu'elles sont d'une couleur *mixte* et agréable à l'œil, lorsque les 100 millièmes d'alliage se composent d'environ 70 de cuivre et de 30 d'argent. L'art d'affiner les matières d'or et d'argent ayant fait des progrès immenses depuis quelques années, et les frais d'affinage s'étant réduits en proportion, il n'y a point de doute que dans quelques années, les pièces d'or ne présenteront plus ces différences de couleur, et qu'entièrement composées d'or et de cuivre, elles seront toutes uniformément rouges.

Le caractère physique des monnaies étant un premier moyen de reconnaissance, j'ai dû d'autant plus appuyer sur ce fait relatif à la couleur, que les pièces d'or vertes devenant de plus en plus rares, par suite des opérations d'affinage, on pourrait un jour les soupçonner de fausseté, à la vue, et lorsqu'en perdant l'habitude de les voir, on n'aura plus à leur opposer que des pièces rouges.

L'alliage des pièces d'*argent* et de *billon* est toujours en cuivre.

Nos monnaies d'*or*, ainsi que nos monnaies d'*argent*, doivent donner, sur 1000 parties, 900 parties de fin, et notre monnaie de *billon*, 200 parties sur même quantité. Mais comme il est impossible d'arriver par l'opération de la fonte, aux titres mathématiques de 900 et de 200 millièmes, on a accordé, aux directeurs des monnaies, 4 millièmes, dits de *tolérance*, pour l'or et par gramme ; savoir, 2 millièmes en dessus et 2 millièmes en dessous ; pour l'argent, 6 millièmes, également par gramme, 3 en dessus et 3 en dessous, et pour le *billon*, 14 millièmes ; c'est-à-dire 7 en dessus et 7 en dessous. On peut donc trouver de nos monnaies d'*or*, depuis le titre de 898 millièmes jusqu'à celui de 902 inclusivement; de nos monnaies d'*argent* depuis le titre de 897 millièmes jusqu'à celui de 903 inclusivement (1); et notre monnaie de *billon* depuis le titre de 193 millièmes jusqu'à celui de 207, le tout conformément à la loi (2).

La tête qui est sur les monnaies d'*or* est toujours opposée à celle qui est sur les monnaies d'*argent*; ce qu'on a fait pour éviter de voir dorer les pièces d'argent qui se trouvent, à peu près, du même diamètre que les pièces d'or et qu'on aurait pu tenter de faire passer pour ces dernières. Mais l'expérience a prouvé que cette précaution ne remplissait pas toujours son but. J'ai vu une pièce de 1 franc, ramenée à la lime au diamètre juste des pièces de 20 fr. et qui après avoir été recouverte d'une feuille d'or, avait été passée au jeu pour une pièce de 20 fr., en la jetant précisément du côté de la tête; la valeur inculpée du côté opposé pouvant faire découvrir la fraude.

La pesanteur spécifique des métaux précieux étant, en général, plus considérable que celle des métaux qui peuvent servir à la fabrication des fausses pièces de monnaies, on conçoit que le poids seul d'une de ces dernières, faite sous le même volume, peut indiquer de suite si elle a été ou non fabriquée en bonne monnaie, sauf les cas d'altération (3).

---

(1) Il faut en excepter les pièces de 5 fr. fabriquées avant la loi du 7 germinal an xi, parce que alors la tolérance était de 14 millièmes, 7 en dessus et 7 en dessous; de sorte qu'on peut trouver des pièces de 5 fr. fabriquées depuis l'an iii jusqu'à l'an x, au titre de 893 jusqu'à 907 inclusivement, et conformément à la loi.

(2) Il faut ajouter aux titres que nous donnons ici des pièces d'argent fabriquées avant l'ordonnance du roi du 6 juin 1830, époque de l'adoption de la compensation et de la *voie humide*, les millièmes d'argent perdus par la coupellation. (*Voy.* la table de compensation, chap. III.)

(3) Un genre de fraude, dont l'étude n'entre pas dans celle que nous nous proposons ici, est celle à laquelle se livrent les *billonneurs*: elle consiste à enlever, soit au moyen d'une lime douce, soit par des procédés chimiques,

Le poids moyen de nos diverses pièces de monnaies sont les suivans :

Dénomination des pièces.	Poids des pièces en gr. et mill.
40 fr.	12,903
20.	6,451
5.	25,000
2.	10,000
1.	5,000
1/2.	2,500
1/4.	1,250
10 centimes.	2,000

La difficulté d'un ajustage mathématique, a fait accorder, ainsi qu'on le fait pour le titre, une certaine *tolérance* de poids. Cette *tolérance* est, pour les pièces de 40 fr. et de 20 fr., de 4 millièmes par gramme, 2 en dessus et 2 en dessous ; pour les pièces de 5 fr. de 6 millièmes, 3 en dessus et 3 en dessous ; pour celles de 2 fr. et de 1 fr. de 10 millièmes, 5 en dessus et 5 en dessous ; pour celles de 1|2 fr. de 14 millièmes, 7 en dehors et autant en dedans; pour les pièces de 1|4 de franc de 20 millièmes, 10 en dessus et autant en dessous ; enfin pour les pièces de 10 centimes de 14 millièmes, 7 en dessus et autant en dessous.

On peut donc trouver de bonnes pièces de monnaies ayant les poids suivans :

une certaine quantité d'or ou d'argent sur les pièces formées de ces métaux. Une inspection un peu attentive de ces pièces suffit ordinairement pour reconnaitre l'altération ; mais comme elles perdent plus ou moins de leur poids, s'il y avait doute, il suffirait de les peser avec de bonnes pièces de même nature et de même valeur.

Dénomination des pièces.		Gram. Mill.		Gram. Mill.
40 fr.	depuis	12,877,4	jusqu'à	12,929,0
20	id.	6,438,7	id.	6,464,5
5	id.	24,925,0	id.	25,075,0
2	id.	9,950,0	id.	10,050,0
1	id.	4,975,0	id.	5,025,0
1/2	id.	2,482,5	id.	2,517,5
1/4	id.	1,237,5	id.	1,263,0
10 centimes		1,986,0	id.	2,014,0

et le tout conformément à la loi.

Les diamètres de toutes ces pièces sont les suivans :

Dénomination des pièces.	Diamètres des pièces.
40 fr.	26 millimètres.
20.	21
5.	37 (1)
2.	27
1.	23
1/2.	18
1/4.	15
10 centimes.	19

La pesanteur spécifique de nos monnaies, prise plusieurs fois et avec soin, a donné les résultats suivans, l'eau distillée étant prise pour unité :

(1) Il résulte du poids et du diamètre de nos monnaies, un fait intéressant qu'on sera peut-être bien aise de trouver ici ; c'est qu'au moyen de la pièce de 5 fr. par exemple, on peut facilement rétablir les poids et les mesures, non-seulement de longueur, mais même de capacité ; car cette pièce étant du poids moyen de 25 grammes, avec 40 de ces pièces on obtient le kilogramme, au moyen duquel on a le litre, puisque ce poids représente un litre d'eau distillée. Enfin on peut avoir le mètre à un millimètre près ; 27 de ces pièces donnant 999 millimètres.

PIÈCES D'OR.

Depuis 17,222 jusqu'à 17,595.

PIÈCES D'ARGENT.

Depuis 10,257 jusqu'à 10,306.

PIÈCES DE BILLON.

Depuis 9,326 jusqu'à 9,508.

La différence de·pesanteur spécifique qu'on remarque ici sur les pièces de même nature tient, pour l'*argent* et le *billon*, au récrouissage provenant de la *frappe* seulement ; elle tient pour l'*or,* non seulement à cette cause, mais encore à la nature de l'alliage; car lorsqu'il y entre de l'argent, nécessairement la pesanteur spécifique des pièces dans la composition desquelles il se rencontre s'accroît, puisque celle de l'argent est un peu plus considérable que celle du cuivre.

Pour compléter ces données, il est indispensable de présenter la pesanteur spécifique de quelques-uns des métaux qui peuvent servir à la fabrication des fausses monnaies, soit qu'elles se composent des métaux que la loi a déterminés, mais dans des proportions inférieures à celles qu'elles a fixées, soit qu'elles soient formées de métaux qui leur sont tout-à-fait étrangers.

Ces pesanteurs spécifiques sont les suivantes, en commençant par les métaux qui jouissent de la plus grande densité :

Noms des métaux.	Pesanteur spécifique.
Platine.	21,4700
Or.	19,2580
Plomb.	11,4450
Argent.	10,4743
Cuivre.	8,7880
Etain.	7,2850
Zinc.	7,0000
Antimoine.	6,7100

Le diamètre, la couleur, l'odeur, le son, le caractère au toucher (1), la dureté, le poids, la pesanteur spéci-

(1) On lira sans doute avec plaisir le passage suivant que j'extrais d'un ouvrage extrêmement remarquable, intitulé : *Mémoires sur l'art du monnayage chez les anciens et chez les modernes*, et publié, il y a quelques années, par M. Mongez, membre de l'Institut, ancien administrateur des monnaies. Ce passage démontre que les anciens avaient souvent recours aux caractères physiques pour fixer leur opinion sur la bonté des matières d'argent. Ce savant numismate s'exprime ainsi :

Il ne faut pas croire que, dans l'usage commun de la vie, les anciens n'eussent pas des moyens pour reconnaître à peu près le degré d'alliage des monnaies. Ce qui se passe aujourd'hui dans les marchés des Chinois nous les apprendra. Ce peuple n'a point de monnaie d'or, ni de monnaie d'argent. Une monnaie de cuivre sert pour les achats de petite valeur. Quant aux autres, les Chinois portent des balances et de petits lingots d'argent qu'ils divisent en morceaux proportionnés au besoin. Forcés de juger sur-le-champ du degré de pureté de l'argent qu'on leur offre, ils ont acquis sur ce point une finesse surprenante. Ils la reconnaissent, disent les voyageurs, au toucher, au son et à l'odorat. Ce récit rappelle un passage d'Épictète, extrêmement curieux, qui nous apprend comment agissaient, en pareil cas, les anciens qui ne connaissaient pas les acides minéraux (dont la découverte ou du moins l'usage ne remonte pas au-delà du treizième siècle). Voyez, dit ce philosophe qui écrivait sous Néron, voyez, pour ce qui regarde les monnaies, comment nous avons trouvé un art et de combien de moyens se sert le banquier pour les reconnaître : la vue, le tact, l'odorat et l'ouïe. Il jette la monnaie et il observe le son qu'elle rend, ce qu'il répète plusieurs fois. L'auteur ajoute : c'est probablement d'un banquier aussi habile que Pétrone dit *per argentum æs videt.*

Le cuivre échauffé par le frottement, et même un alliage où le cuivre domine, exhalent une odeur particulière : voilà pour l'odorat. C'est encore par ce moyen que, dans l'obscurité, on distingue les pièces de trente et de quinze sols

fique, auxquels, pour l'or, nous joindrons l'*essai à la pierre de touche*, doivent donc, avant les essais chimiques, fixer l'attention de l'essayeur. Ce premier examen peut même suffire, dans certains cas, et lorsqu'il ne s'agit que de déterminer s'il y a ou non fausses monnaies; il devient très important lorsqu'il y a nécessité de prononcer sans altérer les pièces. On n'a pas oublié que c'est au moyen de la pesanteur spécifique qu'Archimède découvrit la fraude de l'orfèvre Démétrius, qui avait introduit de l'argent dans l'or qu'Hiéron, roi de Syracuse, lui avait donné pour faire une couronne, et que cet homme célèbre établit même la proportion dans laquelle ce métal y avait été allié (1).

En France, on reçoit, en général, les monnaies avec assez de légèreté, et presque sans examen, d'où il résulte que quelquefois on est tout étonné de se trouver de fausses pièces de monnaie dans sa bourse; il n'en est pas de même chez nos voisins. En Angleterre, on ne reçoit pas une seule pièce d'or ou d'argent sans l'éprouver sous le rapport du son; et le soin qu'on apporte à la monnaie de Londres, de ne mettre en circulation que des pièces *sonores*, rend ce moyen assez bon, et je pense qu'il aurait chez nous un résultat plus avantageux, parce qu'en général nos faux monnoyeurs sont privés des grands moyens d'exécution qui existent en Angleterre, où il est très facile d'avoir un balancier chez soi, ce qui permet de frapper

fortement alliées de cuivre, de celles de deux francs et d'un franc qui ont à peu près les mêmes diamètres. Quant au tact, c'est par un poli gras (terme technique) et doux au toucher que l'on distingue les fausses pièces de cinq francs qui sont de plomb, d'étain, des véritables, etc. (Page 13 et 14, Imprimerie royale, 1829.)

(1) Nous ne parlerons point ici des empreintes dont les caractères permettent, très souvent, de prononcer s'il y a ou non fausses monnaies; ce genre d'étude appartient au graveur et est tout-à-fait étranger aux faits qui ressortent de l'art des essais.

des alliages durs et sonores (1); tandis qu'en France la plus grande partie des fausses pièces d'argent est en métaux blancs, privés de son, d'une facile fusion, et seulement coulées dans des moules.

Tout en convenant donc que cette épreuve est assez bonne et doit avoir pour résultat d'être trompé moins souvent, ajoutons qu'elle ne suffit pas toujours et qu'elle pourrait même, dans certains cas, et par des causes différentes, induire en erreur, en Angleterre comme en France; puisqu'une pièce *sonore* peut être fausse, comme lorsqu'elle a été frappée avec altération considérable de titre, par exemple; tandis qu'une bonne pièce peut être *sourde*. Je tiens de M. Barton, ancien contrôleur de la monnaie de Londres, et l'un des hommes les plus distingués qu'ait eus cette monnaie, qu'un sac de nos pièces de 20 fr., éprouvées sous le rapport du son, lui en a présenté 25 pour 0,0 de *sourdes*; une légère gerçure, une couche mince de métal isolée, l'alliage légèrement oxidé, suffisent pour la rendre telle. Avant d'entrer en matière, livrons-nous donc à quelques considérations générales; le tableau que j'ai dressé des fausses pièces de monnaies essayées à diverses époques, au laboratoire des essais des monnaies, et qu'on trouvera à la fin de ce chapitre, va nous servir de guide.

On voit, d'après ce tableau, que les fausses pièces de monnaies doivent être divisées en deux espèces: celles dans lesquelles l'alliage est en plus grande quantité que la loi ne le permet, et celles qui se composent de métaux étrangers à ceux qui doivent s'y trouver. Dans la première espèce il y en a de deux genres : celles dans lesquelles les

---

(1) Il se fabrique, à Birmingham, l'une des villes les plus manufacturières de la grande Bretagne, une grande quantité de fausses monnaies, non seulement en imitation de celles du pays, mais encore de beaucoup de pays étrangers. Quant à la quantité de fausses monnaies anglaises, on en aura une idée quand on saura que le gouvernement dépense annuellement 7,000 *souverains* (175,000 f.) pour soutenir les procès auxquels ces fausses pièces donnent lieu.

métaux sont alliés, comme dans les pièces n°s 1, 4, 6, 8, 10, 11, 14 et 17; et celles qui ne contiennent d'or ou d'argent que ceux appliqués sur leurs surfaces et sur des *flans* en cuivre, en platine ou en argent, pour les pièces d'or, ainsi que le démontrent les pièces comprises sous les n°s 2, 3, 5 et 15; et en cuivre pour les pièces d'argent, comme on le voit aux pièces qui sont sous les n°s 7 et 13. Quant aux pièces qui se composent uniquement de métaux étrangers à ceux que la loi prescrit, ce sont seulement celles qui ont été faites en contrefaçon de nos bonnes pièces d'argent, ainsi qu'on le voit dans le tableau aux pièces portées sous les n°s 9, 12, 18, 19, 20, 21 (1), 22 et 23.

On voit que, en général, l'intention des faussaires, dans l'altération du titre, a été de ne mettre environ que la moitié du fin qui se trouve dans les bonnes pièces, comme le démontrent les pièces qui sont sous les n°s 4, 6, 8, 10, 11, 14 et 17; j'en excepte celle qui est sous le n° 1, dont le titre est de 830 millièmes, tandis que la moyenne de titre des 7 pièces ci-dessus mentionnées donne 477, 85 de fin seulement, au lieu de 900 millièmes. Quant aux pièces formées de métaux étrangers aux monnaies, ces métaux varient sans doute beaucoup dans leurs proportions, que malheureusement nous n'avons point, ainsi que dans leur nature, comme l'indiquent les pièces 9 et 22, composées d'étain et de plomb; celles sous les n°s 12 et 18, composées de plomb, d'étain et de cuivre; celles sous les n°s 19 et 23, formées d'étain et d'antimoine; enfin celle sous le n° 20, formée d'étain et de zinc.

Voyons, maintenant, quels sont les caractères physiques qui peuvent nous servir à reconnaître ces diverses

---

(1) Les 69 millièmes d'argent allié qu'on a trouvé dans la pièce qui est sous ce numéro proviennent, sans doute, de ce que l'étain, employé à la confection de cette pièce, a été fondu dans un creuset dans lequel précédemment on avait fondu de l'argent.

fausses pièces de monnaies. Nous avons dit qu'ils étaient au nombre de six, nous allons les rappeler : le *diamètre*, la *couleur*, l'*odeur*, le *son*, le *caractère au toucher*, et la *dureté*.

Le *diamètre*. Les fausses pièces de monnaies ont ordinairement le diamètre des bonnes, parce que, en général, elles sont moulées sur des pièces frappées en bonne monnaie, et que, pour les faussaires qui peuvent frapper, il ne leur en coûte pas davantage de leur conserver ce caractère de bonté.

La *couleur*. Dans les pièces fausses par altération de titre, on conçoit qu'il est facile de leur conserver la *couleur*, au moyen d'un fort *blanchiment* ou même de plusieurs ; le cuivre seul se dissout dans l'acide du *blanchiment*, qui est en acide nitrique pour l'or et en acide sulfurique faible pour l'argent. La surface des pièces s'affine, et prend la couleur des pièces fabriquées en bonne monnaie ; il est facile de s'assurer, en effet, que la surface est à un plus haut titre que le centre, en faisant deux essais comparatifs sur un dixième de gramme ; l'un sur des portions de la surface enlevées au grattoir, et l'autre sur la partie de la pièce bien grattée. Nous ne parlons point de celles dorées ou argentées, ou sur lesquelles on a appliqué les surfaces des bonnes pièces, comme dans celles du tableau qui sont sous les n°s 3 et 15, car elles ont nécessairement l'aspect des pièces fabriquées en bonne monnaie. Il n'en est pas de même des pièces formées des métaux étrangers aux monnaies ; peu ont la belle couleur de l'argent nouvellement fabriqué ; celles qui s'en rapprochent le plus sont les pièces portées sous les n°s 19, 21 et 23, parce que l'étain du commerce, dont se forme la pièce n° 21, est un métal assez blanc ; que les alliages d'étain et d'antimoine, dont se composent les pièces 19 et 23, sont également assez blancs pour induire en erreur les personnes peu exercées ou peu attentives, surtout lorsque la comparaison, d'un autre côté, s'établit par la pensée sur de bonnes pièces qui ont circulé et qui ont perdu leur éclat.

Quant à celles qui sont dans le tableau sous les n⁰ˢ 9, 12, 18 et 22, et dans lesquelles il entre une plus ou moins grande quantité de plomb, elles doivent être sensiblement grises.

L'odeur. Les pièces numérotées 9, 12, 18, 19, 20, 21, 22 et 23, dans la composition desquelles entrent de l'étain, du plomb, de l'antimoine et du zinc, sont les seules odorantes, surtout si on les échauffe un peu par le frottement; elles dégagent alors une odeur métallique extrêmement sensible, et même assez forte si elles sont en étain et en plomb seulement. Quant aux pièces qui sont à bas titres, comme, en général, elles ont été fortement *blanchies*, il est difficile de les reconnaître à ce caractère, à moins qu'elles n'aient *frayé* long-temps et que leurs surfaces n'aient été enlevées; c'est ainsi que dans l'obscurité on peut facilement distinguer les pièces de 30 sols des pièces de 2 fr., dont le diamètre est à peu près le même et en raison de la différence de leur titre, qui est de 663 millièmes, tandis que celui des pièces de 2 fr. est de 900 millièmes.

Le son. Ce caractère est un de ceux que l'on recherche le plus communément dans les pièces de monnaies; et il est évident que lorsqu'on a affaire à des pièces composées de plomb et d'étain, ou d'étain seulement, comme celles qui sont sous les n⁰ˢ 9, 18, 21 et 22, on les distinguera des bonnes, puisque ces pièces sont complètement *sourdes*. Mais les pièces 4, 6, 8, 10, 14 et 17 sont *sonores* et n'en sont pas moins fausses: il en est de même des pièces 19 et 20, auxquelles l'antimoine et le zinc donnent sensiblement de son. Nous en excepterons les pièces qui sont sous les n⁰ˢ 3 et 15, lesquelles présentant des *flans* recouverts d'or, doivent avoir, par suite de la soudure qu'on est obligé d'employer, un son particulier et peut être facile à reconnaître, si on peut juger par comparaison et avec de bonnes pièces.

Le *caractère au toucher*. Les pièces que nous avons désignées comme *sourdes*, et qui développent par le frottement une odeur plus ou moins forte, sont celles que l'on peut reconnaître au simple *toucher*, parce qu'elles y sont *grasses*, et qu'elles noircissent fortement les doigts lorsque le plomb y domine. Il n'est pas rare de voir des personnes privées de la vue, distinguer, au toucher, ces fausses pièces des bonnes avec une grande promptitude. Toutes les pièces dorées ou argentées, et celles qui sont à bas titre, mais qu'on a fortement dérochées, ont au *toucher* le caractère des bonnes pièces.

La *dureté*. Les pièces odorantes, celles privées de son, ainsi que celles qui sont *grasses* au toucher, sont en général beaucoup plus ductiles que les bonnes pièces, et si on a affaire aux dernières divisions de la pièce de 5 fr., il est facile de les faire plier sous les doigts. J'ai vu des gens du peuple porter sous les dents, les pièces de monnaies qu'on leur présentait, lorsqu'ils les soupçonnaient de fausseté. Ce moyen est très bon pour les pièces dans lesquelles entrent le plomb et l'étain ; mais lorsqu'on a allié à ces métaux soit de l'antimoine, du cuivre ou du zinc, elles acquièrent une certaine dureté et par suite un peu de son, et l'épreuve à laquelle on les soumet, si on s'y rapportait exclusivement, pourrait alors induire en erreur.

Des connaissances que nous venons d'acquérir, il résulte que toutes les fausses monnaies se distinguent en deux espèces ; celles que l'on peut reconnaître aux caractères physiques, parce qu'elles sont *odorantes* et *grasses* au toucher, ou privées de *son* et d'une grande ductilité, et celles qui ont tous les caractères des bonnes pièces. La première opération à faire c'est de les peser : car on voit, en jetant un coup d'œil sur les deux colonnes des poids consignés dans le tableau, que toutes ces pièces, une seule de 10 centimes

exceptée, sont plus légères que les pièces qu'elles représentent; et ce manque de poids , lorsqu'un examen rigoureux de la pièce n'indique point d'altération , devient une
preuve évidente de fausseté. Quant à la pièce de 10 centimes
ci-dessus mentionnée, et qui se trouve sous le n° 25, comme
elle est formée d'étain , sa grande ductilité l'aurait fait reconnaître. De ce qu'une pièce possède le poids légal , il ne
faudra pourtant pas conclure qu'elle est bonne, car en portant les yeux sur les métaux dont nous avons donné la
pesanteur spécifique , on voit qu'il serait facile d'arriver
aux poids des bonnes pièces , en les combinant dans des
proportions convenables, et je pense que parmi les fausses
pièces d'*or*, contenant du platine , par exemple , il en
existe qui possèdent le poids légal.

Nous distinguerons donc les fausses monnaies en deux
espèces , ainsi que nous l'avons déjà dit ; dans la première
nous comprendrons les pièces dans lesquelles l'alliage est
plus considérable que la loi ne le permet , et nous y ferons
entrer les pièces d'or *fourrées* d'argent, ainsi que celles
qui le sont en platine ; enfin, dans la seconde espèce ,
nous placerons les pièces, beaucoup plus nombreuses, qui
se composent de métaux étrangers à ceux que prescrit la
loi.

DES FAUSSES MONNAIES DE LA PREMIÈRE ESPÈCE.

L'examen des pièces qui composent cette première espèce, celles *fourrées* de platine exceptées, se réduit simplement à la détermination de leurs titres, et leur essai rentre dans les opérations que j'ai décrites, en traitant des
essais d'or, d'*argent*, et d'*argent tenant or*; on devra donc ,
pour les pièces d'or soupçonnées de fausseté, en approximer le titre , afin de ne mettre que les trois parties
d'argent de l'*inquartation*, et après la coupellation en

opérer le départ comme à l'ordinaire, c'est-à-dire avec de l'acide nitrique à 22° pendant vingt minutes, et avec de l'acide nitrique à 32° pendant dix minutes. Si le *cornet* de retour est au-dessous de 898 millièmes, la pièce à l'examen est fausse, parce que c'est la dernière limite que prescrit la loi.

Pour les pièces *fourrées* d'un *flan* d'argent et dont la coupe établit évidemment la présence, leur essai rentre dans ceux d'*argent tenant or*. Il faudra donc préalablement en faire un essai au dixième, afin d'en approximer le titre et établir les quantités de plomb à mettre, de manière à déterminer le titre de l'argent employé, sa quantité et celle de l'or également employé.

Quant aux pièces d'or dont le centre est en platine (1), elles peuvent être faites différemment et présenter, soit un *flan* de platine sur lequel on aura rapporté, au moyen de soudures, les deux surfaces et le cordon d'une bonne pièce : telles que les pièces de 40 fr. faites à Birmingham en Angleterre, soit d'un *flan* de platine frappé, après avoir été préalablement recouvert d'une forte feuille d'or. Les premières de ces pièces se reconnaissent, en général, par l'inspection à la loupe des angles qui laissent toujours apercevoir des points de jonctions difficiles à opérer parfaitement au moyen de soudure (2). Comme cette dernière est en argent, mais plus communément en soudure de plombier ; en faisant bouillir la pièce dans de l'acide nitrique, on isolera facilement les deux surfaces ainsi que le *cordon*, et le

---

(1) Le gramme d'or fin vaut 3 f. 44 c. Le gramme d'argent fin 22 c., et le gramme de platine pur 1 f., sauf les variations du cours.

(2) Ce précieux moyen de reconnaissance est dû au savant et modeste feu Lebaillif qui voulait bien m'honorer de son amitié, et qui, indépendamment de cet excellent renseignement, m'a donné, sur la manière dont ces pièces se confectionnent en Angleterre, des détails extrêmement intéressans et que je regrette beaucoup de ne pouvoir donner ici ; mais on appréciera sans doute les motifs de cette réserve.

flan de platine se trouvera à nu. Si on voulait déterminer le titre de l'or, il faudrait avant en bien enlever toute la soudure, en le faisant bouillir successivement dans de l'acide nitrique, puis ensuite, et après l'avoir bien lavé, dans de l'acide muriatique, si cela était nécessaire. Comme l'acide nitrique, dans cette opération préparatoire, aura dissous un peu du cuivre qui se trouve à la surface et constitue l'alliage, il se pourra qu'on trouve l'or au-dessus du titre légal dont le maximum est 902 millièmes.

Pour les pièces en platine recouvert d'une feuille d'or, comme on emploie quelquefois l'argent pour ramener ce premier métal à la pesanteur spécifique de l'or fabriqué, il en résulte un alliage ou un mélange ternaire, dont l'essai devient plus compliqué ; si l'on veut établir les proportions dans lesquelles se trouvent ces trois métaux, on commencera donc d'abord par s'assurer de leur présence, de la manière suivante : on pèsera un demi-gramme de la pièce et on le passera à la coupelle avec cinq grammes de plomb seulement, comme un *essai d'or* ordinaire, mais sans ajouter d'argent. Si le bouton de retour, au lieu d'être parfaitement rond, bien brillant et d'une belle couleur jaune, est plat, mat et gris, il n'y a point de doute que la pièce contient du platine. Pour s'assurer si elle ne contient point d'argent, il faudra en faire dissoudre à chaud une certaine quantité, un demi-gramme, par exemple, dans une suffisante quantité d'eau régale. L'argent, d'abord dissous par l'acide nitrique, sera ensuite précipité par l'acide muriatique à l'état de chlorure d'argent insoluble, lequel se précipitera au fond du vase. Dans le cas contraire, la dissolution sera complète et on aura une nouvelle preuve de l'existence du platine par la couleur de cette dissolution, qui, au lieu d'être jaune un peu verdâtre, sera d'un rouge foncé, approchant de la couleur pourpre. Si dans cette dissolution rapprochée et débarrassée d'une grande partie de son excès d'acide, on

verse une dissolution concentrée de muriate d'ammoniaque, on obtiendra un muriate ammoniaco de platine jaune.

En supposant qu'on ait trouvé dans la pièce soumise à
l'examen du platine, de l'argent et de l'or, et qu'on veuille
déterminer les proportions de ces trois métaux, on y procédera de la même manière que si c'était un essai d'*argent
tenant or et platine,* en n'opérant que sur le quart de gramme
et en quadruplant les résultats. (*Voy.* le chap. XI.)

On enlève facilement l'or qui se trouve sur les fausses
pièces en platine, en les laissant tremper à froid un certain
temps dans de l'eau régale à 12° ou 15° de Baumé. Ce
moyen est employé avec succès, par les personnes qui opè-
rent l'affinage des matières d'or et d'argent par l'acide
sulfurique, dans des vases de platine, pour enlever l'or qui
s'attache ordinairement dans le fond de ces vases, pendant
l'opération.

Quant aux pièces d'argent soupçonnées de fausseté, il
faut en passer 100 millièmes à la coupelle avec un gramme
de plomb, pour en approximer le titre et déterminer les
quantités de ce métal nécessaires à l'affinage, puis ensuite
en faire l'essai comme à l'ordinaire. Si le bouton de retour
est au-dessous de 897 millièmes, la pièce est fausse, parce
que c'est le plus bas titre que permet la loi.

Quant aux fausses pièces de *billon,* elles sont ordinairement en cuivre argenté, et leur essai rentre dans ceux
d'argent à bas titre; il suffit donc d'en passer un demi-
gramme à la coupelle, avec 8 grammes 1/2 de plomb; si
elles ne donnent pas au moins 193 millièmes d'argent par
gramme, elles sont fausses. Si on soupçonnait la pièce
blanchie avec du mercure, et qu'on voulût s'en assurer, il
faudrait l'échauffer un peu, en la plaçant sur une coupelle
légèrement chaude et sortie du fourneau, en exposant au-
dessus une petite lame d'or pur bien décapée. Si la pièce
contient du mercure, ce métal, en se vaporisant et se fixant
sur l'or, le blanchira, et par ce fait en démontrera la pré-

sence. Le mercure se vaporisant à 150° du thermomètre centigrade, il faut éviter de faire cette expérience à une température plus élevée, parce qu'à mesure que le mercure se fixerait sur l'or, il en serait aussitôt vaporisé, et on pourrait ne pas en saisir le présence.

DES FAUSSES MONNAIES DE LA DEUXIÈME ESPÈCE.

Cette seconde espèce, qui renferme les fausses pièces composées de métaux étrangers à ceux que prescrit la loi, est beaucoup plus commune que la première, non-seulement parce qu'elle présente plus d'avantage aux faussaires, mais encore parce que la fabrication des pièces qu'elle constitue est, en général, plus simple et d'une exécution plus facile.

Attaché au laboratoire des essais des monnaies depuis 1795, j'ai eu souvent occasion de voir et d'analyser un grand nombre d'alliages, avec lesquels on avait fabriqué des pièces qui imitaient plus ou moins bien nos diverses monnaies d'argent, et je me suis convaincu : 1° que l'étain, en raison de sa blancheur approchant de celle de l'argent, en formait presque toujours la base ; 2° que les métaux qu'on y alliait pour le durcir étaient le bismuth, le zinc, et plus communément l'antimoine ; 3° que le cuivre qu'on y trouve allié quelquefois, mais en petite quantité, y est presque toujours accidentellement, c'est-à-dire qu'il n'y a point été mis à dessein et qu'il se trouvait contenu dans les métaux employés à l'alliage, et principalement dans l'étain ; 4° que le cuivre est quelquefois employé, mais seul et argenté; 5° enfin que ces alliages sont presque toujours binaires.

On trouve quelquefois dans ces fausses pièces, lorsqu'on les passe à la coupelle, quelques millièmes d'argent; mais ce métal n'y est jamais allié qu'accidentellement, et ne se trouve qu'à la surface de ces fausses pièces, soit qu'elles aient été argentées, soit qu'elles aient été recouvertes d'une feuille d'argent. En chauffant légèrement la pièce soupçonnée d'avoir été argentée au moyen du mercure, et en plaçant au-dessus une feuille d'or, on reconnaîtra ce premier métal à la couleur blanche que prendra l'or; pour celles qui sont recouvertes de feuilles d'argent, ces dernières y adhèrent souvent assez peu pour être enlevées au moyen d'une pointe de canif. On rend cette opération beaucoup plus facile en posant la pièce sur une coupelle presque rouge, placée au dehors du fourneau, et en guettant le moment où elle est prête à fondre; car alors les molécules de l'alliage se déplacent, la feuille d'argent s'isole, et il devient beaucoup plus facile de se convaincre de son existence.

On doit, dans l'un et l'autre cas, afin de déterminer que cet argent existe à la surface, et en même temps sa quotité, enlever au grattoir, de la surface de la pièce et en passer un dixième de gramme à la coupelle avec un gramme de plomb, comparativement avec même quantité de la pièce grattée. J'ai obtenu d'une opération semblable vingt millièmes d'argent, sur le dixième enlevé au grattoir, et un point d'argent impondérable sur le dixième provenant de la portion grattée.

Ces premières opérations faites sur la pièce, si sa grande blancheur l'a rendu nécessaire, on devra s'occuper de reconnaître les métaux qui la composent, et l'exposition dans la moufle d'une certaine portion de la pièce devra précéder toutes les opérations par la voie humide; parce qu'en raison des diverses couleurs des oxides, elle offre des phénomènes extrêmement intéressans, trop peu étudiés peut-être, et qui cependant suivis de près, peuvent souvent suffire pour reconnaître la nature des métaux qui entrent dans l'alliage (1).

____

(1) Voyez *Annales de chimie et de physique*, tome XII, page 342, le mémoire que j'ai publié sous le titre de : *Phénomènes que présentent quelques*

Des métaux que nous avons signalés comme se trouvant le plus communément dans les alliages qui composent les fausses pièces de monnaies, imitant nos monnaies d'argent, l'étain est le seul qu'on ait employé sans mélange à la confection de ces pièces ; parce que sa blancheur se rapproche beaucoup de celle de l'argent, que sa fusibilité est très grande et qu'il se moule facilement ; tandis que le zinc et le plomb sont gris, et que l'antimoine et le bismuth sont cassans. Quant au cuivre, on le fait rarement entrer dans les alliages, parce qu'il en diminue beaucoup la fusibilité ; ce qui complique les manipulations de ce dangereux métier, dans lequel la simplicité des moyens, pour les malheureux qui s'y livrent, est une des premières conditions.

Ce métal est ordinairement employé pur à l'état de *flans* qu'on argente ou qu'on recouvre d'une feuille d'argent, ainsi que nous l'avons déjà dit.

Les fausses pièces de monnaies, imitant nos monnaies d'argent, sont donc composées en général ainsi qu'il suit :

1° D'étain.
2° D'étain et d'antimoine.
3° D'étain et de bismuth.
4° D'étain et de plomb.
5° D'étain, d'antimoine et de plomb.

L'étain domine de beaucoup dans tous ces alliages, dans lesquels on trouve presque toujours des traces de cuivre et de plomb, dans ceux qui n'en sont pas essentiellement composés.

Avant d'examiner la manière dont se comportent ces divers alliages à la coupelle, nous allons d'abord jeter un coup d'œil rapide sur quelques-unes des propriétés de cha-

métaux lorsqu'on les soumet à la coupellation, soit qu'ils soient seuls ou alliés entre eux.

cun de ces métaux en particulier; nous les soumettrons ensuite à la coupelle, avant leur alliage, et procéderons ainsi du simple au composé.

L'étain est solide, presque aussi blanc que l'argent, extrêmement ductile, plus dur que le plomb, fait entendre un craquement particulier, lorsqu'on le plie en différens sens, ainsi que lorsqu'on le comprime sous la dent, et fond à 210° du thermomètre centigrade.

L'antimoine est d'un blanc bleuâtre, brillant, cassant et facile à réduire en poudre; sa texture est lamelleuse. Il fond à 430° du thermomètre centigrade.

Le zinc est d'un blanc bleuâtre; sa cassure est lamelleuse; il supporte l'action du laminoir et peut s'y transformer en lames minces. Il fond à 360° du thermomètre centigrade.

Le bismuth est d'un blanc jaunâtre et quelquefois un peu rose, facile à réduire en poudre; sa structure est lamelleuse; lorsqu'il est parfaitement pur, il jouit d'une certaine ductilité; lorsqu'il est en petits lingots minces et qu'on le plie, il fait entendre un cri tout-à-fait semblable à celui de l'étain. Il fond à 256° du thermomètre centigrade.

Le plomb est d'un blanc bleuâtre, extrêmement ductile et sans sonorité. Il fond à 334° du thermomètre centigrade, d'après Kupfer.

DES PHÉNOMÈNES QUE PRÉSENTENT CES MÉTAUX, LORSQU'ON LES EXPOSE SEULS AU FOURNEAU A COUPELLE.

ÉTAIN.

Lorsqu'on porte un morceau d'étain pur dans une coupelle, il se fond presque aussitôt, se couvre d'une couche presque noire de protoxide d'étain, lequel peu à peu, en s'oxidant davantage, devient blanc, laisse dégager une lé gère vapeur, manifeste dans quelques-unes de ses parties des points incandescens, finit enfin par augmenter beaucoup de volume, présente sur toute sa surface une véritable combustion, laquelle ne tarde point à cesser; et l'oxide, débarrassé des points incandescens qui recouvraient sa surface, reste uniformément rouge et à la température du fourneau; si on retire alors la coupelle, l'oxide légèrement refroidi est d'un jaune citrin et devient blanc par son refroidissement total.

Si l'oxide n'a pas resté long-temps au feu, on remarque par ci par là des points grisâtres de protoxide d'étain.

ANTIMOINE.

Lorsqu'on met un fragment d'antimoine dans une coupelle chaude, il fond, se découvre presque à la manière du plomb; laisse dégager une fumée blanche très épaisse, se dissipe complètement et laisse la surface de la coupelle colorée en jaune citrin; couleur qui disparaît tout-à-fait par le refroidissement, et ne laisse que quelques auréoles d'un rouge sale, dans les parties où touchait ce métal.

ZINC.

Le zinc, porté dans une coupelle, se fond en fonte pâteuse et tout à coup s'enflamme, en répandant une fumée blanche et épaisse, et une lumière d'un blanc verdâtre, que l'œil ne saurait fixer long-temps sans en être affecté. Peu après, l'oxide grimpe, prend une forme conique par la pointe de laquelle seulement la flamme continue de s'échapper; celle-ci ne tarde pas à cesser, et l'oxide retiré de la moufle est verdâtre, mais par le refroidissement devient d'un blanc de neige extrèmement léger.

BISMUTH.

Lorsqu'on porte dans une coupelle chaude un morceau de bismuth, il ne tarde pas à se fondre, à se couvrir d'une couche d'oxide de bismuth, qui fond à son tour, en répandant une fumée très épaisse, et en lançant quelquefois une foule de petits globules enflammés ; lesquels tachent en jaune orangé d'oxide de bismuth, les parties de la coupelle qui ne contiennent point de bismuth fondu ; phénomène qui est dû à la subite vaporisation de l'arsenic et du soufre que contient toujours le bismuth du commerce ; lesquels entraînent avec eux, une certaine quantité de ce métal ; car lorsque le bismuth est privé de ces deux substances , il fond, se découvre à la manière du plomb , sans projection et sans formation de globules enflammés. Après l'espèce d'explosion dont nous, venons de parler , une certaine quantité de bismuth continue de se vaporiser , tandis que la plus grande partie s'introduit dans les pores des coupelles et laisse au-dessus quelquefois un petit globule d'argent, métal qui se trouve communément dans le bismuth en petite quantité. La coupelle froide est d'un jaune orangé dans quelques parties, et d'un vert-pré dans d'autres.

PLOMB.

Enfin, lorsqu'on porte un morceau de plomb dans une coupelle bien chaude, il se fond, en se couvrant d'une couche d'oxide de plomb , qui se fond peu à peu et laisse la surface du *bain* extrêmement brillante ; une vapeur légère d'oxide de plomb commence alors à se dégager, et continue jusqu'à l'entière introduction du plomb dans les pores de la coupelle, sur laquelle il reste toujours quelques millièmes d'argent, car il est extrêmement rare d'en trouver exempt de ce métal. La coupelle est d'un beau jaune citrin lorsqu'elle est un peu refroidie, et plusieurs heures après d'un jaune très pâle, lorsque le plomb est pur; car s'il contient du cuivre, on remarque des zones plus ou moins verdâtres.

J'ai fait, avec les métaux que nous venons de soumettre seuls à la coupelle, cinq alliages qui ont fourni les observations suivantes :

PREMIER ALLIAGE.

Etain.	75
Antimoine.	25
	100

Cet alliage a presque la couleur de l'argent, et sa sonorité approche assez de celle de ce métal lorsqu'il est allié. Il ne crie pas sous la dent comme fait l'étain ; est beaucoup plus dur que ce dernier métal ; s'aplatit d'abord assez bien sous le marteau, mais finit par y gercer ; produit le même effet sous le laminoir et est d'une pesanteur spécifique de 7,059. Lorsqu'on en porte un fragment dans une coupelle rouge, il fond, se couvre d'une couche noire d'oxide qui peu après augmente beaucoup de volume, en présentant des points incandescens, mais beaucoup moins vifs que ceux que donne l'étain pur. Il s'en élève une légère vapeur et la masse d'oxide ne paraît pas uniformément rouge. Cet oxide, retiré du feu et froid, est d'un gris presque noir, parsemé de quelques parties blanches. On se rappelle que l'étain soumis à cette opération donne un oxide parfaitement blanc. Pour savoir jusqu'à quel point ce moyen pouvait servir à faire reconnaître l'antimoine dans l'étain, j'ai fait des alliages de ces deux métaux dans diverses proportions, et je me suis assuré que l'oxide d'étain prenait déjà une teinte grise, lors même qu'il n'en contenait que cinq pour cent.

DEUXIÈME ALLIAGE.

Etain. 80
Zinc. 20
____
100

Ce second alliage est sensiblement moins blanc que le premier, sans sonorité, extrêmement doux sous le marteau et le laminoir, plus dur que l'étain, et d'une pesanteur spécifique de 7,244. Lorsqu'on en porte un morceau dans une coupelle rouge, il fond, se couvre d'une couche noire d'oxide qui, peu à peu, se met à la température du fourneau, sans production de points incandescens. Il se manifeste alors dans certaines parties une inflammation, produite par la combustion du zinc; phénomène qui est quelquefois long à se produire, lorsque le fourneau n'est pas très chaud, et qu'on hâte d'ailleurs en agitant la matière avec le bout de la pincette et en renouvelant ainsi les surfaces; il se produit aussi quelquefois, en sortant la coupelle de la moufle et en l'exposant ainsi à un air plus chargé d'oxigène. On doit donc faire cette expérience lorsque le fourneau est bien chaud, après avoir laminé l'alliage assez mince et en renouvelant les surfaces, si cela est nécessaire pour déterminer la combustion du zinc. La coupelle encore un peu chaude présente un oxide légèrement vert et qui devient parfaitement blanc lorsqu'il est froid. Cet oxide est très léger dans quelques-unes de ses parties et assez semblable à ce que le peuple appelle *fils de la bonne vierge* ; ce qui suffirait pour le distinguer de l'oxide blanc d'étain qui est pulvérulent.

Je me suis assuré, par l'expérience, qu'on pouvait reconnaître moins que cinq pour cent de zinc allié d'étain, en observant toutefois d'opérer sur l'alliage laminé mince, à une haute température et en renouvelant les surfaces.

TROISIÈME ALLIAGE.

Etain. 75
·Bismuth. 25
                                    ————
                                    100

Cet alliage est gris, sans sonorité, s'aplatit d'abord sous le marteau et finit par s'y briser ; sa pesanteur spécifique est de 7,776. Lorsqu'on en porte un morceau dans une coupelle rouge, il fond, se couvre d'une couche noire d'oxide, et peu à peu montre, par-ci par-là, quelques points en incandescence, et augmente un peu de volume en s'oxidant davantage. Cet oxide froid est légèrement jaunàtre, et d'autant plus que la portion d'alliage soumise à la coupelle était plus divisée.

QUATRIÈME ALLIAGE.

Étain. . . . . , ... 90
Plomb. 10
                                    ————
                                    100

Cet alliage est d'un blanc gris, sans sonorité, parfaitement doux sous le marteau et au laminoir, et d'une pesanteur spécifique de 7,546. Lorsqu'on en porte un fragment dans une coupelle rouge il se fond en se comportant à peu près comme l'étain; mais au bout d'une minute ou deux, l'oxide de ce dernier métal est légèrement rejeté sur les bords de la coupelle, et on voit au centre de ce vase le plomb fondu et brillant, lequel diminue beaucoup de volume par son introduction dans les pores de la coupelle et finit par se recouvrir d'oxide d'étain. Cet oxide, lorsqu'il est froid, est, dans quelques-unes de ces parties, légèrement jaune, couleur de rouille dans d'autres, et, par-ci par-là, blanc.

CINQUIÈME ALLIAGE.

Étain.	80
Plomb.	10
Antimoine.	10
	100

Cet alliage est gris, sans sonorité, s'aplatit bien sous le marteau; se lamine en gerçant très légèrement et est d'une pesanteur spécifique de 7,502. Lorsqu'on en porte un morceau dans une coupelle, il fond en se couvrant d'une couche noire d'oxide, lequel semble se soulever légèrement, ce qu'on aperçoit en l'observant attentivement, et laisse voir le plomb fondu et brillant, lequel, en diminuant un peu de volume par son introduction dans les pores des coupelles, se recouvre d'oxide. Cet oxide froid est d'un gris presque noir et offre, par-ci par-là, des parties blanches et d'autres légèrement jaunâtres.

La couleur de ces divers alliages, leur ductilité, leur sonorité, leur pesanteur spécifique, la manière dont ils se comportent à la coupelle et la couleur de leurs différens oxides, présentant autant de moyens de reconnaître les métaux qui peuvent entrer dans leur composition, on doit sentir de quelle utilité sont ces moyens qui sont si prompts et y recourir, en opérant comparativement, c'est-à-dire en soumettant à la coupelle, en même temps, un peu d'étain pur, ainsi qu'un fragment de chacun des alliages dont j'ai parlé plus haut, qu'on aura eu le soin de préparer soi-même et qui serviront comme de *touchaux* ou termes de comparaison.

Ces alliages se font bien en faisant rougir un petit creuset dans la moufle, en le sortant, en y mettant le moins fusible des métaux ; en ajoutant le second par portions, lorsque le premier est fondu ; en agitant, au moyen d'un tuyau de pipe ou d'une allumette dont on a cassé les extrémités, et en coulant ensuite dans une petite lingotière.

Supposons maintenant que ces divers moyens ne suffisent pas, et que la nécessité de déterminer les proportions dans lesquelles se trouvent les métaux qui composent l'alliage, oblige de recourir à des moyens plus rigoureux ; voyons quels sont ces moyens.

PIÈCES EN ÉTAIN.

Si la pièce est en étain pur, 5 grammes traités par l'acide nitrique pur à 22° et à chaud, jusqu'à ce qu'il n'y ait plus dégagement de gaz acide nitreux, quoiqu'il y existe un excès d'acide, doivent donner 7 grammes d'oxide d'étain séché à l'étuve seulement ; l'expérience ayant appris que 100 parties d'étain ainsi traitées donnaient 140 parties d'oxide. Pour s'assurer s'il y existe quelques traces de plomb ou de cuivre, on versera dans une première portion de la dissolution du sulfate de soude, et dans la seconde, du prussiate de potasse ou mieux de l'ammoniaque en dissolution. Si la liqueur claire blanchit par le sulfate de soude, il y aura du plomb; si elle bleuit avec l'ammoniaque, il y aura du cuivre.

Je dis qu'il vaut mieux se servir d'ammoniaque que de prussiate de potasse, parce que ce dernier réactif, en pareil cas, colore presque toujours la liqueur en bleu verdâtre, lors même qu'il y a un peu de cuivre, ce qui est dû au fer que l'acide nitrique a enlevé au papier du filtre, à moins qu'on ait eu la précaution de laver celui-ci avec de l'acide muriatique.

PIÈCES EN ÉTAIN ET ANTIMOINE.

Si la pièce est composée d'un alliage d'étain et d'antimoine, pour déterminer les proportions dans lesquelles sont ces deux métaux, on en prendra 2 grammes 1/2 que l'on alliera à une quantité d'étain telle qu'il se trouve de ce métal 19 parties contre une d'antimoine, en tenant compte de l'étain déja contenu dans l'alliage, ce qu'on établira par un essai fait *grosso modo*. L'alliage qui contient 1/4 d'antimoine pour cent, commence à gercer lorsqu'on l'aplatit. Cet alliage se fera sous le charbon en poudre, dans un petit creuset placé sous la moufle du fourneau à coupelle; ensuite, aplati, laminé le plus mince qu'il sera possible, coupé en morceaux et traité dans un matras, par de l'acide muriatique pur à 23°, à la température de l'ébullition, pendant au moins deux heures et demie. Lorsque le tout sera froid, on filtrera sur un filtre équilibré, on lavera, on séchera, et on pèsera en ramenant ensuite la quantité d'antimoine trouvé au cent, et en concluant l'étain; si, par exemple, on a pris, comme ici, 2 grammes 1/2 de l'alliage, qu'on ait trouvé un demi d'antimoine, ce qui ferait sur 100; 20 grammes de ce métal, on dira : Cent parties de cet alliage contiennent 80 d'étain et 20 d'antimoine (1).

PIÈCES EN ÉTAIN ET ZINC.

Si la pièce est formée d'un alliage d'étain et de zinc, il faut en prendre 5 grammes, les traiter par l'acide nitrique, qui dissout le zinc et oxide l'étain. Si, par exemple, on obtient d'une opération semblable 5 grammes d'oxide d'étain, ce qui ferait 100 en ramenant l'opération à cette quantité, on aurait, en ne poussant qu'à la première décimale, 71,4 d'étain métallique, ce qui ferait 28,6 de zinc. On pourrait, si on ne se contentait pas de conclure ce dernier métal, en déterminer les proportions de la manière suivante : on pèsera de l'alliage soumis à l'essai 1 gramme à la balance d'essai; on l'enveloppera dans un papier et on le cémentera au milieu du charbon en poudre dans un petit creuset bien luté et placé au fond de la moufle du fourneau à coupelle, jusqu'à ce que le petit bouton ne perde plus de son poids; il est évident que si le gramme ou les 1000 millièmes de l'alliage ont perdu 286 millièmes, par exemple, cent parties de cet alliage contiendront 28,6 de zinc au cent, ce métal se vaporisant dans cette opération, et l'étain, comme fixe, restant seul (2).

PIÈCES EN ÉTAIN ET BISMUTH.

On pourra, pour l'analyse des pièces composées d'étain

---

(1) Voyez *Annales de chimie et de physique*, tome III, page 376, le mémoire que j'ai publié sur l'analyse des alliages d'étain et d'antimoine.

(2) Il faut, pour cette opération, consulter le chapitre XIV qui traite de *l'essai de cuivre ou de bronze.*

et de bismuth, suivre le même moyen indiqué pour l'analyse des alliages d'étain et d'antimoine. L'étain étant seul soluble dans l'acide muriatique, et le bismuth restant au fond du vase sous la forme d'une poudre grise, qu'on recueille sur un filtre équilibré, après deux heures d'ébullition, et qu'on pèse.

On peut également, ce qui est préférable, en traiter une quantité déterminée par l'acide nitrique, qui dissout le bismuth et oxide l'étain. Il faut, dans cette opération, avoir soin de maintenir un grand excès d'acide et de laver l'oxide d'étain avec de l'acide nitrique affaibli ; sans cette précaution, l'eau distillée précipite une petite quantité d'oxide de bismuth qui, augmentant d'autant celle de l'oxide d'étain, donnerait naissance à de fausses proportions.

Enfin, on pourrait encore employer la cémentation comme moyen de contrôle ; le bismuth seul se volatilise, et le poids de l'étain, ne dimiuuant plus par de nouvelles expositions au fourneau, indique la quantité de bismuth ; mais cette opération est beaucoup plus longue.

PIÈCES EN ÉTAIN ET PLOMB.

On prendra 5 grammes de cet alliage et on les traitera par de l'acide nitrique à 22° et à chaud, jusqu'à ce qu'il ne se dégage plus de gaz acide nitreux, quoiqu'on soit assuré qu'il existe excès d'acide dans la dissolution. Le poids de l'oxide d'étain, recueilli sur un filtre équilibré, donnant la quantité d'étain contenue dans l'alliage, donnera également celle du plomb, si on veut se contenter de conclure. Dans le cas contraire, on versera, dans les liqueurs de cette opération, excès de sulfate de soude en dissolution ; on agitera, de temps en temps, au moyen d'un tube plein et on ne filtrera qu'au bout de vingt-quatre heures. Le sulfate de plomb, recueilli sur un filtre, sera bien lavé, séché à l'étuve et pesé.

PIÈCES EN ÉTAIN, ANTIMOINE ET PLOMB.

On conçoit que l'analyse de cet alliage doit s'opérer par la réunion des moyens successivement employés pour l'analyse des alliages d'étain et d'antimoine, et d'antimoine et de plomb, à quelques modifications près. Ainsi, on y alliera de l'étain de manière que le plomb et l'antimoine ne forment, au plus, que le vingtième de la masse; on laminera mince, on traitera par l'acide muriatique pur à 23° pendant deux heures et demie au moins; on recueillera sur un filtre. Le poids de cette partie insoluble donnera la quantité d'antimoine. Le plomb, précipité des liqueurs, au moyen du sulfate de soude, donnera du sulfate de plomb dont la quantité fera connaître celle de plomb métallique contenue dans l'alliage, et le poids réuni de ces deux métaux donnera celui de l'étain. (*Voy.* le chapitre XIV.)

RÉSUMÉ.

Il résulte, de tout ce que nous avons dit sur les moyens de reconnaître les métaux qui composent les fausses pièces de monnaie de la seconde espèce, imitant nos monnaies d'argent:

1° Qu'elles seront en étain pur toutes les fois qu'une petite portion de métal donnera, par l'opération de la coupellation, un oxide parfaitement blanc; qu'une seconde portion sera complètement soluble dans l'acide muriatique, et on pourra la considérer comme telle lorsqu'il ne restera au fond du vase que des atomes d'une poudre noire extrêmement légère, ce qui est dû à de l'arsenic ou à des millièmes de cuivre dont l'étain est rarement exempt; enfin qu'une troisième portion, traitée par l'acide nitrique, donnera 140 parties d'oxide séché à l'étuve pour 100 de métal, et que les liqueurs de cette opération, évaporées, n'éprouveront aucun changement par l'addition d'une petite quantité de sulfate de soude.

2° Qu'elles seront composées d'étain et d'antimoine quand l'alliage donnera, par la coupellation, un oxide plus ou moins gris, parsemé de blanc; qu'il ne sera pas complètement soluble dans l'acide muriatique concentré; que traité par l'acide nitrique, il donnera environ 140 parties d'oxide séché à l'étuve pour 100 de métal, et que la dissolution nitrique n'éprouvera aucun changement par l'addition d'un carbonate alcalin.

3° Qu'elles seront composées d'étain et de zinc toutes les fois que l'alliage s'enflammera plus ou moins sous la moufle, donnera un oxide vert en sortant du fourneau; car lorsqu'il est froid, il devient parfaitement blanc; qu'une quantité déterminée, traitée par l'acide nitrique, donnera moins de 140 d'oxide pour 100 de métal; que cette dissolution nitrique formera, par l'addition d'une dissolution de potasse caustique, un précipité qui se redissoudra par un excès de ce réactif; enfin, qu'un gramme cémenté donnera une certaine perte.

4° Qu'elles seront composées d'étain et de bismuth toutes les fois que l'alliage donnera, sous la moufle, un oxide légèrement jaune; qu'il ne sera point complètement soluble dans l'acide muriatique concentré; qu'une portion traitée par l'acide nitrique ne donnera pas 140 d'oxide pour 100 de métal, et que la dissolution, débarrassée de l'excès d'acide par l'évaporation, précipitera par l'addition d'une certaine quantité d'eau distillée.

5° Qu'elles seront composées d'étain et de plomb lorsque l'allige, soumis à la coupelle, donnera un oxide blanc mêlé de couleur de rouille et d'un peu de jaune; qu'il

sera complètement soluble dans l'acide muriatique concentré ; qu'une quantité déterminée , traitée à chaud par
l'acide nitrique, ne donnera pas 140 pour 100 d'oxide, et
que la dissolution nitrique précipitera par l'addition d'une
certaine quantité de dissolution de sulfate de soude.

6° Enfin , qu'elles seront composées d'étain, d'antimoine
et de plomb lorsque l'alliage, soumis à la coupelle , donnera un oxide mêlé de gris-noir, de blanc et de jaune ;
que traité par l'acide nitrique , la dissolution précipitera
par le sulfate de soude, et que l'oxide, bien lavé et traité
par l'acide muriatique , donnera une dissolution qui , débarrassée de son excès d'acide , précipitera par l'eau distillée. La coupellation aura dénoté la présence de l'étain par
l'oxide resté sur ce vase ; car si ce métal n'y existait point
et que l'alliage se trouve composé seulement d'antimoine
et de plomb , ce dernier métal s'introduirait dans les pores
de la coupelle et l'antimoine se vaporiserait complètement.

TABLEAU DE FAUSSES MONNAIES ESSAYEES AU LABORATOIRE DES ESSAIS.

NUMEROS D'ORDRE.	DÉNOMINATION des PIÈCES	MÉTAUX CONSTITUANT LES FAUSSES PIÈCES.	TITRES des FAUSSES PIÈCES.	TITRES LÉGAUX (1).	DIFFÉRENCES.	POIDS des FAUSSES PIÈCES.	POIDS LÉGAUX.	DIFFÉRENCES.
						Gr.	Gr.	Gr.
1	48 liv.	Or et cuivre.	830 mill.	896 mill.	66 mill.	15,29	16,25	0,96
2	48	Cuivre doré.	21	896	875	7,22	16,25	9,03
3	48	Platine recouvert d'or.	»	896	»	15,35	16,25	0,93
4	24	Or, argent et cuivre.	525	896	371	6,95	8,12	1,17
5	24	Cuivre doré.	20	896	876	5,24	8,12	2,88
6	6	Argent et cuivre.	420	907	487	27,43	29,37	1,94
7	6	Cuivre fortement argenté.	104	907	803	27,08	29,37	2,29
8	6	Cuivre et argent.	550	907	357	25,95	29,37	5,42
9	6	Étain et plomb.	»	907	907	24,96	29,37	4,41
10	3	Argent et cuivre.	420	907	487	14,55	14,66	0,11
11	3	Argent, cuivre, étain et arsenic.	427	907	480	12,45	14,66	2,21
12	3	Plomb, étain et cuivre.	»	907	907	12,40	14,66	2,26
13	30 sols.	Cuivre argenté.	»	663	»	7,06	10,05	2,97
14	40 fr.	Cuivre et or.	450	900	450	»	12,90	»
15	40	Argent recouvert d'or à 900.	»	900	»	10,21	12,90	2,69
16	20	Argent doré.	20	900	880	4,16	6,45	2,29
17	5	Cuivre et argent.	553	900	357	19,70	25,00	5,30
18	5	Étain 70, plomb 25, cuivre 5.	»	900	900	19,50	25,00	5,50
19	5	Étain et antimoine.	»	900	900	18,01	25,00	6,99
20	5	Étain et zinc.	»	900	900	»	25,00	»
21	5	Étain, argent allié.	69	900	851	17,00	25,00	8,00
22	1	Étain et plomb.	»	900	900	»	5,00	»
23	1	Étain et antimoine.	»	900	900	»	5,00	»
24	10 cent.	Cuivre blanchi.	»	200	200	»	2,00	»
25	10	Étain mis en couleur.	»	200	200	2,32	2,00	0,32

(1) Toutes les pièces d'argent fabriquées jusqu'à l'ordonnance du roi du 6 juin 1830, seront trouvées à quelques millièmes au-dessus des titres que nous donnons ici, par suite de la *voie humide* qui date de cette époque.

CHAPITRE XVIII.

QUELQUES NOTIONS SUR LES MÉTAUX.

PRÉLIMINAIRE.

De toutes les productions de la nature il n'en est point qui excitent autant d'intérêt pour leur étude que les métaux, soit qu'on les considère sous le rapport de leurs propriétés physiques et chimiques, des services sans nombre qu'ils rendent aux arts, ou des secours qu'ils prêtent au luxe. En effet, l'éclat dont ils brillent, leur pesanteur spécifique, leur ductilité et l'inaltérabilité de quelques-uns, sont des caractères qui leur sont particuliers et qui suffiraient pour déterminer notre admiration, si l'habitude ne finissait par éteindre chez nous les impressions les plus vives; mais quel doit être notre étonnement lorsque nous voyons ces corps, soumis à des combinaisons chimiques, changer de nature, perdre ces belles propriétés et en acquérir de nouvelles, non moins précieuses dans une foule d'arts; c'est ainsi qu'en s'unissant à l'oxigène, ces corps en général si durs, si brillans, si ductiles, perdent leur éclat métallique, deviennent pulvérulens et se colorent souvent des plus riches teintes; tandis que, en dissolution dans les acides, ils partagent leur liquidité ou que, entrant dans la composition des verres et des pierres précieuses, ils participent de leur transparence ; et dans ces divers états ne cessent d'être des objets d'observations pour le savant, de curiosité pour l'homme du monde et d'intérêt pour l'industriel.

Nous ne sommes donc point étonnés d'apprendre que les métaux aient été l'objet des travaux les plus constans de la part des alchimistes qui, tout en se livrant à une recherche folle, mais travaillant en observateurs, nous ont les premiers fait connaître une foule de propriétés, appartenant au petit nombre de métaux qu'ils avaient entre les mains ; car la plus grande partie de ceux connus aujourd'hui le sont seulement depuis une soixantaine d'années environ.

Avant le xv⁰ siècle, on ne connaissait que sept métaux, mais depuis cette époque, et surtout dans ces dernières années, un grand nombre ont été découverts, et on en compte aujourd'hui trente-cinq, que nous indiquons ici dans l'ordre alphabétique que nous nous proposons de suivre, comme se prêtant plus aisément aux recherches (1).

1	Antimoine.
2	Argent.
3	Arsenic.
4	Barium.
5	Bismuth.
6	Cadmium.
7	Calcium.
8	Cerium.
9	Chrôme.

(1) Il existe encore sept métaux qui n'ont pu être réduits et dont on n'admet l'existence que par analogie ; ce sont : le *magnesium*, le *glucinium*, l'*yttrium*, l'*aluminium*, le *thorinium*, le *zirconium* et le *silicium*.

    10 Cobalt.
    11 Cuivre.
    12 Étain.
    13 Fer.
    14 Iridium.
    15 Lithium.
    16 Manganèse.
    17 Mercure.
    18 Molybdène.
    19 Nickel.
    20 Or.
    21 Osmium.
    22 Palladium.
    23 Platine.
    24 Plomb.
    25 Potassium.
    26 Rhodium.
    27 Sodium.
    28 Strontium.
    29 Tantale.
    30 Tellure.
    31 Titane.
    32 Tungstène.
    33 Urane.
    34 Vanadium.
    35 Zinc.

De ces trente-cinq métaux, sept sont connus de toute antiquité; ce sont : 1° *argent*, 2° *cuivre*, 3° *étain*, 4° *fer*, 5° *mercure*, 6° *or*, 7° *plomb*.

Quatorze ont été découverts depuis le quinzième siècle jusqu'en 1801; ce sont : 1° *antimoine*, 2° *arsenic*, 3° *bismuth*, 4° *chrôme*, 5° *cobalt*, 6° *manganèse*, 7° *molybdène*, 8° *nickel*, 9° *platine*, 10° *tellure*, 11° *titane*, 12° *tungstène*, 13° *urane*, 14° *zinc*.

Même nombre a été découvert dans le court espace de vingt-huit années, c'est-à-dire depuis 1802 jusqu'à 1830; ils ont reçu les noms suivans : 1° *barium*, 2° *cadmium*, 3° *calcium*, 4° *cerium*, 5° *iridium*, 6° *lithium*, 7° *osmium*, 8° *palladium*, 9° *potassium*, 10° *rhodium*, 11° *strontium*, 12° *sodium*, 13° *tantale*, 14° *vanadium*.

Tels sont les corps sur lesquels nous allons jeter un coup d'œil rapide, le cadre étroit que nous nous sommes imposé ne nous permettant pas d'entrer dans des développemens pour lesquels nous renvoyons aux principaux ouvrages de chimie et de métallurgie, et particulièrement au traité de chimie de M. Thenard et à l'excellent ouvrage que M. Berthier vient de publier sous le titre de *Traité des essais par la voie sèche*.

ANTIMOINE.

L'antimoine a été découvert dans le xve siècle. — *Bazile-Valentin* est le premier qui ait décrit le procédé d'extraction. — Les principaux lieux dans lesquels se trouvent ses mines, sont : en France, dans les environs d'Uzès, à Allemont ; en Suède, à Sahlberg ; en Hongrie, dans les mines de Cremnitz et de Chemnitz ; en Bohème ; en Saxe ; en Toscane ; en Angleterre, etc. — Les principales substances qui l'accompagnent dans le sein de la terre sont : le soufre et l'oxigène. — On le trouve natif. — On l'extrait ordinairement de son sulfure, en grillant celui-ci, en le mêlant ensuite avec du charbon et du sel et en fondant. — Ce métal est d'un blanc bleuâtre et très éclatant. — Il n'a aucune ductilité, peut se mettre en poudre et passer au tamis de soie. — Sa pesanteur spécifique est de 6,7100 à 6,8600. — Il fond à 430° du thermomètre centigrade. — Exposé en même temps au contact de l'air et de la chaleur, il s'oxide et se volatilise. — Traité à chaud par l'acide nitrique concentré, il se convertit en oxide blanc insoluble ; les acides sulfurique et muriatique concentrés ont peu d'action sur lui.

USAGE.

L'antimoine forme avec le plomb l'alliage dont on se sert en général pour fondre les caractères d'imprimerie ; à l'état d'oxide, il forme la base d'un grand nombre de médicamens très actifs, et entre dans la composition des couleurs jaunes destinées à la peinture sur émail et sur porcelaine.

ARGENT.

L'argent est connu de toute antiquité. — Les principaux lieux dans lesquels se trouvent ses mines sont : en France, à Allemont, à Sainte-Marie-aux-Mines; en Saxe, à Freyberg; en Norwège, à Schnéeberg; en Misnie; en Espagne, à Guadalcanal ; au Pérou ; au Mexique, etc. — Les principales substances qui l'accompagnent dans le sein de la terre sont : l'arsenic , le soufre, le mercure , l'oxigène et le chlore. — On le trouve natif. — On l'extrait de son sulfure en grillant celui-ci avec du sel marin, traitant par le mercure et le fer, et distillant ensuite l'amalgame. — Ce métal est d'un blanc éclatant. — Sa ductilité est très grande. — Sa pesanteur spécifique est de 10,4743, lorsqu'il a été simplement fondu, et de 10,5420 lorsqu'il a été fortement écroui. — Il fond à 22° du pyromètre de Wedgwood. — Exposé en même temps au contact de la chaleur et de l'air, il se fond, se volatilise légèrement, mais ne s'oxide pas. — Traité à chaud par les acides nitrique et sulfurique concentrés, il se dissout complètement. L'acide muriatique est sans action sur lui.

USAGE.

Les usages de l'*argent* sont peu variés ; allié au cuivre , il constitue les monnaies , les médailles et les objets d'orfèvrerie; combiné en petite quantité au platine, il donne un alliage précieux dans l'art du dentiste ; uni au mercure il fournit l'amalgame des argenteurs ; enfin, à l'état de nitrate d'argent fondu, il forme la *pierre infernale*.

ARSENIC.

L'*arsenic* a été découvert par *Brandt* en 1733. — Les principaux lieux dans lesquels se trouvent ses mines sont : en France, à Sainte-Marie-aux-Mines; en Saxe, à Freyberg; en Bohême, à Joachimsthal ; en Angleterre, dans les mines de Cornouailles, etc. — Les principales substances qui l'accompagnent dans le sein de la terre sont : le soufre, l'oxigène et quelques métaux à l'état d'arséniures. — On le trouve natif. — On l'obtient, en traitant ses oxides en vaisseaux clos, par le flux noir ; il se sublime. — Ce métal est d'un gris d'acier. — Il est extrèmement fragile. — Les auteurs sont peu d'accord sur sa pesanteur spécifique ; Bergmann dit qu'elle est de 8,3080, et Guyton seulement de 5,7630. — Son degré de fusibilité n'a pas été déterminé ; il se sublime avant la fusion à 180° du thermomètre centigrade. — Exposé en même temps à une chaleur élevée et au contact de l'air, il s'oxide et se volatilise. — Traité à chaud par l'acide nitrique, il se convertit promptement en acide arsénique ; les acides sulfurique et muriatique ont peu d'action sur lui.

USAGE.

L'*arsenic* est allié à quelques métaux pour les blanchir et leur donner de la consistance ; on s'en sert quelquefois dans le monde pour tuer les mouches ; mais cette substance est très dangereuse et ne doit être employée qu'avec la plus grande prudence. A l'état d'acide arsénique, il fait partie de certaines compositions pour la teinture. A l'état de sulfure jaune, il est employé dans la peinture sous le nom d'*orpin*. Les Orientaux en font un dépilatoire que les Turcs nomment *rusma*.

BARIUM (MÉTAL DE LA BARYTE.)

Le *barium* a été découvert en 1807 par *Davy*. — Les principaux lieux dans lesquels se trouvent ses mines sont : en France, à Royat, Puy-de-Dôme ; en Angleterre, à Anglesarck dans le Lancashire ; en Saxe, près de Freyberg ; en Hongrie, à Poratsch ; en Sibérie, etc. — Les substances auxquelles il est toujours uni dans le sein de la terre, et constamment à l'état d'oxide, sont : les acides sulfurique et carbonique. — Il est toujours minéralisé. — On n'a pu l'obtenir encore à l'état de pureté qu'au moyen de la pile et en très petite quantité. — Son état, sa pesanteur spécifique et son degré de fusibilité n'ont pu être déterminés. — Exposé au contact de l'air, il s'oxide rapidement. — Mis en contact avec l'eau, il s'oxide sur-le-champ et entre en dissolution. — Son oxide forme, avec l'acide sulfurique, un sel insoluble.

USAGE.

Le *barium* est quelquefois employé à l'état de sulfate dans les travaux métallurgiques pour faciliter la fusion de certaines *gangues* métalliques ; il peut également, dans cet état, être employé dans la fabrication de la porcelaine en place de feldspath. Le carbonate natif a été employé à Anglesarck pour faire mourir les rats ; il agit comme vomitif.

BISMUTH.

Le *bismuth* qu'on trouve décrit dans le traité d'*Agricola*, a été découvert en 1520. — Les principaux lieux dans lesquels se trouvent ses mines sont : en France, dans la Bretagne et les Pyrénées ; en Bohème, à Joachimstal près de Salatna ; en Suède, etc. — Les principales substances qui l'accompagnent dans la nature sont : le soufre, l'oxigène et l'arsenic. — On le trouve natif. — On l'extrait ordinairement du minerai dans lequel il est uni à l'arsenic et par la simple chaleur. — Il est d'un blanc jaunâtre. — Quoique très fragile, lorsqu'il est très pur et en petits lingots minces, il jouit d'une certaine ductilité ; lorsqu'on le plie, il fait entendre un petit craquement semblable à celui que fait entendre l'étain, lorsqu'on le soumet à la même épreuve. — Sa pesanteur spécifique est de 9,8220. — Il fond à 256° du thermomètre centigrade. — Exposé en même temps au contact de la chaleur et de l'air, il s'oxide ; son oxide se fond, et une portion se volatilise. — Traité à chaud par l'acide nitrique, la dissolution est complète ; les acides sulfurique et muriatique n'ont qu'une action très faible sur lui.

USAGE.

Le *bismuth* est allié à l'étain et à quelques autres métaux pour les durcir et leur donner de la consistance. Il entre comme principe constituant dans l'alliage fusible à l'eau bouillante ; uni au mercure, il forme l'amalgame employé pour l'étamage des globes de verre ; à l'état d'oxide, il entre dans la composition des émaux auxquels il donne une couleur jaune ; à l'état de blanc de fard, il sert à blanchir la peau ; enfin on l'emploie en médecine comme antispasmodique contre les crampes d'estomac.

CADMIUM.

Le *cadmium* a été découvert en 1817 par *Hermann* et *Stromeyer*. — Il a été trouvé en Hongrie dans la blende rayonnée de Przibram. — Les substances qui l'accompagnent sont : l'oxigène, le soufre et le zinc.—On ne l'a pas encore trouvé pur dans la nature. — On l'obtient en traitant la mine de zinc qui le contient par l'acide sulfurique étendu d'eau, puis en précipitant par l'hydrogène sulfuré en dissolution dans l'eau, en dissolvant à chaud le précipité par l'acide muriatique, en précipitant de nouveau par un excès de carbonate d'ammoniaque, et en chauffant en vaisseaux clos le nouveau précipité obtenu, après l'avoir mêlé avec un peu d'huile et de noir de fumée ; le cadmium se sublime à l'état métallique. — Il est très ductile. — Presque aussi blanc que l'étain.— Sa pesanteur spécifique est de 8,6400 à 8,6944 lorsqu'il est écroui. — Il fond avant de rougir. — Exposé, en même temps, au contact de l'air et de la chaleur, il s'oxide et se volatilise. — Traité à chaud par les acides nitrique, sulfurique et muriatique, il s'y dissout complètement.

USAGE.

La rareté du *cadmium* fait qu'il est sans usage.

CALCIUM (MÉTAL DE LA CHAUX).

Le *calcium* a été découvert par *Davy* en 1807. — Les principaux lieux dans lesquels se trouvent ses mines sont : en France, à Montmartre, à Belleville, près Paris ; à Vizille, près de Grenoble ; à Lachaussée, près Saint-Germain-en-Laye ; Poissy, Nanterre, etc. ; en Angleterre, dans le comté de Cumberland ; en Ecosse ; en Espagne, dans la province d'Estramadure. — Les principales substances avec lesquelles on le trouve dans le sein de la terre sont : l'oxigène et les acides sulfurique, carbonique, phosphorique et fluorique. — Il est toujours minéralisé. — On ne peut l'obtenir pur qu'au moyen de la pile, mais en petite quantité. — Il est pulvérulent. — Plus pesant que l'eau. — Son degré de fusibilité n'est point connu. — Exposé au contact de l'air, il s'y oxide rapidement.— Mis en contact avec l'eau, il s'oxide sur-le-champ, et une grande partie entre en dissolution.

USAGE.

Le *calcium*, à l'état de sulfate, constitue le plâtre ; combiné à l'oxigène et à l'acide carbonique, il donne naissance au marbre ; à l'oxigène et l'acide phosphorique, il forme la base des os ; enfin uni à l'oxigène et à l'acide fluorique, il forme ces belles masses de chaux fluatée, dont on se sert pour faire des vases, dont le poli et la variété des couleurs en font un objet de luxe.

CÉRIUM.

Le *cérium* a été découvert en 1804 par *Gahn* et *Berzelius*. — Les principaux lieux dans lesquels on l'a trouvé sont : en Suède, à Riddarhyta, dans la mine de cuivre de Bastnaès; au Groënland. — Les principales substances auxquelles on l'a trouvé uni dans le sein de la terre sont : l'oxigène, la silice, la chaux, l'oxide de fer, l'acide fluorique et l'yttria. — Il n'a pas encore été trouvé pur dans la nature. — On l'extrait de son oxide après l'avoir purifié et en le traitant à une haute température avec du charbon. — Le cérium est d'un blanc grisâtre. — Il est cassant. — Il est infusible au feu de forge. — Sa pesanteur spécifique est inconnue. — Exposé en même temps au contact de l'air et de la chaleur, il absorbe le gaz oxigène et forme un oxide blanc. — Traité à chaud par l'acide nitrique concentré, il est faiblement attaqué; les acides sulfurique et muriatique n'ont qu'une action très faible sur lui ; l'oxide de cérium se dissout facilement dans ces acides et donne des dissolutions roses.

USAGE.

Le *cérium* est sans usage.

CHRÔME.

Le *chrôme* a été découvert en 1797, par *Vauquelin*. — Les principaux lieux dans lesquels on l'a trouvé sont : au Pérou ; en Sibérie, etc. Les principales substances qui l'accompagnent dans le sein de la terre sont l'oxigène et le plomb, formant, dans le premier cas, un oxide, dans le second un chrômate de plomb. — Il n'a pas encore été trouvé pur dans la nature. — On l'obtient à l'état métallique en traitant son oxide mêlé d'huile et de noir de fumée à une haute température. — Il est d'un blanc grisâtre. — Cassant. — Sa pesanteur spécifique est de 5,9000. — Il est presque infusible au feu de forge. — Exposé en même temps au contact de l'air et à une haute température, il absorbe l'oxigène, et de là résulte un oxide vert. — Les acides sulfurique et muriatique n'ont aucune action sur lui ; l'acide nitrique concentré et l'eau régale ne le dissolvent que difficilement.

USAGE.

A l'état métallique, le *chrôme* n'est d'aucun usage ; mais à l'état de chrômate de plomb artificiel, il est employé dans la peinture à l'huile ; et son oxide très pur sert avec succès dans la composition des émaux verts.

COBALT.

Le *cobalt* a été découvert en 1733, par *Brandt*. — Les principaux lieux dans lesquels se trouvent ses mines sont : en France, dans les Pyrénées, à Allemont; en Suède, à Tunaberg; en Saxe, à Annaberg; en Bohême, à Joachimstal; en Espagne, dans la vallée de Gistan, etc. — Les principales substances qui l'accompagnent dans le sein de la terre sont : l'oxigène, l'arsenic, le soufre, le fer, le nickel, l'acide sulfurique et l'acide arsénique. — Il n'a pas encore été trouvé pur. — On l'obtient à l'état métallique en mêlant son oxide avec du noir de fumée et de l'huile, et en traitant à une haute température. — Il est d'un gris-blanc comme le platine. — Légèrement ductile. — Possède la propriété magnétique. — Sa pesanteur spécifique est de 8,7000, ou 8,5130 selon M. Berzelius. — Il se fond un peu plus difficilement que le fer. — Exposé à l'action de la chaleur et de l'air, il s'oxide. — Traité à chaud par l'acide nitrique, il est complètement dissous; les acides sulfurique et muriatique n'ont qu'une action très faible sur lui.

USAGE.

A l'état métallique, le *cobalt* n'est d'aucun usage; mais à l'état d'oxide, il sert pour colorer en beau bleu les verres et les émaux.

CUIVRE.

Le *cuivre* est connu de toute antiquité. — Les principaux lieux dans lesquels se trouvent ses mines sont : en France, à Saint-Bel, près Lyon; à Chessy; en Espagne; en Italie; dans le Piémont; en Angleterre; en Allemagne; en Hongrie; en Suède; en Sibérie; dans l'Amérique septentrionale, etc. — Les principales substances qui l'accompagnent dans le sein de la terre sont : l'oxigène, le soufre, les acides sulfurique, muriatique et carbonique. — On le trouve natif. — On l'obtient à l'état de pureté en grillant son sulfure, puis en le traitant ensuite au fourneau à réverbère, sur une brasque d'argile et de charbon. —Il est d'un beau rouge. — Très ductile. — Sa pesanteur spécifique est de 8,8950, lorsqu'il est écroui, et seulement de 8,7880 en lingots. — Il fond à 27° du pyromètre de Wedgwood, qui correspond à environ 788° centigrades. —Exposé en même temps au contact de l'air et de la chaleur, il s'oxide. —Traité à chaud par l'acide nitrique, la dissolution est vive et complète; l'acide sulfurique le dissout; mais l'action est paralysée par le sulfate de cuivre anhydre, qui, en se précipitant sur le cuivre métallique, le défend de l'action de l'acide; l'acide muriatique l'attaque faiblement.

USAGE.

Les usages du *cuivre*, à l'état métallique, sont nombreux; il sert à faire une multitude d'instrumens et au doublage des vaisseaux; allié à l'or et à l'argent, il forme les monnaies, ainsi que les objets de bijouterie et d'orfévrerie; allié à l'étain, il fournit l'alliage dont on fabrique les bouches à feu, les cloches, les cimbales, etc.; allié au zinc, il forme le cuivre jaune. Quelques-uns de ses sels et de ses oxides entrent dans la préparation des couleurs pour la peinture et dans les bains de teinture; enfin on s'en sert pour colorer les verres et émaux.

ÉTAIN.

L'*étain* est connu de toute antiquité. — Les principaux lieux dans lesquels se trouvent ses mines sont : en Espagne, dans la Galice, près de Monterey ; en Angleterre, dans le comté de Cornouailles ; en Bohême, à Schalkkenwald ; en Saxe ; dans les Indes orientales, à Banca et à Malaca, etc. — Les principales substances qui l'accompagnent dans le sein de la terre sont : l'oxigène et le soufre.—Ce métal n'a pas encore été trouvé pur dans la nature. — On l'extrait de son oxide en le bocardant, le lavant et le fondant ensuite au fourneau à manche au travers des charbons. — Il est d'un blanc tirant sur celui de l'argent. — Sa ductilité est très grande ; chaque fois qu'on le plie il fait entendre un petit craquement particulier qu'on appelle *cris de l'étain*, et qui peut le faire reconnaître, car il ne partage cette propriété qu'avec le bismuth qui est cassant. — Sa pesanteur spécifique est de 7,2850 à 7,2930. — Il fond à 210° du thermomètre centigrade. — Exposé en même temps à l'action de la chaleur et de l'air, il s'oxide. — Traité à chaud par l'acide nitrique, l'action est violente : il est converti en oxide blanc insoluble ; l'acide muriatique le dissout complètement ; l'acide sulfurique n'a qu'une action extrèmement.faible sur lui.

USAGE.

L'*étain*, allié au cuivre, forme l'alliage des bouches à feu, des cloches, etc. ; au bismuth et au plomb, l'alliage fusible à l'eau bouillante ; uni au mercure, il forme l'étamage des glaces. Ses oxides, fondus avec l'oxide de plomb, le sable et la potasse, servent à fabriquer l'émail, les couvertes de la faïence, de la porcelaine, les verres opaques, etc. ; à l'état de muriate, il est employé dans la teinture, et c'est à lui qu'on doit les brillantes couleurs de l'écarlate et du ponceau. A l'état métallique, il est employé, en médecine, contre les maladies vermineuses.

FER.

Le *fer* est connu de toute antiquité. — Les principaux
lieux dans lesquels se trouvent ses mines sont : en France,
dans les Pyrénées, à Formont dans les Vosges, en Normandie, dans la Bourgogne, le Nivernais, etc. ; en Allemagne ; en Italie, à l'île d'Elbe; en Suède; en Sibérie, etc.
— Les principales substances qui l'accompagnent dans le
sein de la terre sont : l'oxigène, le soufre, le carbone, les
acides carbonique, sulfurique et muriatique. — On le
trouve natif.—On l'obtient à l'état de pureté en traitant au
haut fourneau son oxide bocardé, lavé, puis mêlé avec
des fondans argileux ou calcaires; la fonte obtenue est
ensuite convertie en fer. — Sa couleur est d'un gris bleu.
— Il est ductile. — Possède à un haut degré la vertu magnétique. — Sa pesanteur spécifique est, à son maximum,
de 7,7880. — Il fond à environ 158° du pyromètre de
Wedgwood. — Exposé en même temps à l'action de la
chaleur et de l'air, il s'oxide. — Traité à chaud par l'acide
nitrique, il y a dissolution partielle et formation d'un oxide
insoluble. — Les acides sulfurique étendu d'eau et muriatique le dissolvent complètement.

USAGE.

Le *fer* est de tous les métaux le plus utile. A l'état métallique, ses usages sont extrêmement nombreux : il est le
seul encore qui dirige le navigateur sur la mer par suite
de sa force aimantaire; à l'état de sulfate de fer, il sert
dans la teinture pour obtenir de beaux noirs; à l'état
d'oxide, on l'emploie en médecine, il facilite le mouvement du sang et fortifie sensiblement l'énergie muscu-
laire.

IRIDIUM.

L'*iridium* a été découvert en 1803, simultanément par *Smithson Tennant* et par *Collet-Descotil*. — Il est uni à l'osmium et accompagne constamment la mine de platine. (*Voyez* ce métal). — On peut l'obtenir à l'état de pureté en réduisant son oxide au moyen du gaz hydrogène. — Il est d'un blanc tirant sur celui de l'argent. — Très dur.— Dépourvu de malléabilité. — Sa pesanteur spécifique est, au moins, de 15,6830. — Infusible au feu de forge. — A l'état pulvérulent, si on l'expose, en même temps, à l'action de la chaleur et de l'air, il s'oxide. — Les acides nitrique, sulfurique et muriatique n'ont aucune action sur lui.

USAGE.

L'*iridium* obtenu jusqu'ici en petite quantité, est sans usage.

LITHIUM.

Le *lithium* a été découvert en 1818 par M. *Arfwedson*. — Il existé dans la pétalite de la mine d'Utò. — Les substances qui l'accompagnent sont : l'oxigène, la pétalite et la tourmaline verte. — Il n'a pas été trouvé pur dans la nature. — On peut l'obtenir, au moyen de la pile, mais en petite quantité. — Son état, sa pesanteur spécifique et son degré de fusibilité n'ont pu être déterminés. — Exposé à l'air, il s'y oxide, même à la température ordinaire. — Traité par les acides nitrique, sulfurique ou muriatique, l'action est très vive et la dissolution complète.

USAGE.

Le *lithium* est sans usage.

MANGANÈSE.

Le *manganèse* a été découvert en 1774 par *Scheele* et *Gahn*. — Les principaux lieux dans lesquels se trouvent ses mines sont : en France, à Aveline, dans les Vosges, dans les environs de Périgueux, la Romanèche ; en Saxe, en Bohème, dans le Piémont, en Allemagne, etc. — Les principales substances qui l'accompagnent dans le sein de la terre sont : l'oxigène, le soufre, quelquefois les acides sulfurique et phosphorique. — On ne l'a pas encore trouvé pur dans la nature. — On l'extrait de son oxide en le traitant à une température élevée avec du noir de fumée et de l'huile. — Ce métal est d'un blanc grisâtre. — Cassant. — Sa pesanteur spécifique est de 7,0500 d'après M. Berthier. — Il fond à environ 160° du pyromètre de Wedgwood. — Exposé, en même temps, au contact de la chaleur et de l'air, il s'oxide rapidement. — Traité à chaud par les acides nitrique, sulfurique étendu et muriatique, la dissolution est complète.

USAGE.

Le *manganèse* à l'état métallique n'est d'aucun usage, mais à l'état d'oxide il rend de grands services dans certains arts ; employé en petite quantité, il enlève au verre la couleur jaune que lui donnent souvent les matières combustibles, contenues, dans les corps qui servent à sa composition ; employé en plus grande quantité, on peu obtenir des violets. C'est avec l'oxide de manganèse qu'on prépare le chlore employé dans le blanchiment des toiles et pour purifier les lieux infectés de miasmes putrides.

MERCURE.

Le *mercure* est connu de toute antiquité. — Les principaux lieux dans lesquels se trouvent ses mines, sont: en France, dans le Dauphiné; en Espagne, à Almaden; en Allemagne, à Idria; en Hongrie, près de Schemnitz et à Rosenau; en Bohème, à Horsowitz; en Amérique, au Pérou, etc. — Les principales substances qui l'accompagnent dans le sein de la terre sont: le soufre, l'acide muriatique et l'argent. — On le trouve natif. — On l'extrait ordinairement de son sulfure, que l'on mêle à la chaux et qu'on distille ensuite dans des cornues de fonte; le mercure se volatilise. — Ce métal est d'un blanc tirant sur celui de l'argent. — Liquide à la température ordinaire, il se solidifie à 40° sous zéro du thermomètre centigrade; il s'aplatit alors sous le marteau. — Sa pesanteur spécifique est de 13,5680. — Exposé, en même temps, au contact de l'air et de la chaleur, il s'oxide. — Traité à chaud par l'acide nitrique concentré, l'action est vive et la dissolution complète; par l'acide sulfurique l'action est faible, et tout-à-fait nulle par l'acide muriatique.

USAGE.

Peu de substances métalliques sont aussi utiles que le *mercure*. A l'état métallique, il sert à la construction des instrumens météorologiques, à l'exploitation des mines d'or et d'argent d'Amérique; uni à l'or et à l'argent il forme les amalgames dont on se sert pour dorer et argenter; mêlé à l'étain, on l'emploie à l'étamage des glaces. Combiné avec le soufre, il constitue le cinabre, qui, pulvérisé, devient d'un rouge vif et prend alors le nom de *vermillon*. En dissolution dans les acides, il sert dans la teinture et la chapellerie.

MOLYBDÈNE.

Le *molybdène* paraît avoir été découvert par *Scheele* en 1778. — Les principaux lieux dans lesquels se trouvent ses mines sont : en France, à la mine du Tillot, dans les Vosges ; en Bohème ; en Saxe, à Atenberg ; en Suède, à Norberg, etc. — Les principales substances qui l'accompagnent dans le sein de la terre sont : le soufre, l'oxigène et le plomb, à l'état de molybdate de plomb. — Il n'a pas encore été trouvé pur dans la nature. — On l'extrait de son sulfure en traitant par l'acide nitrique, puis en chauffant fortement l'acide molybdique obtenu avec du noir de fumée et de l'huile. — Il est d'un blanc d'argent mat, lorsqu'il a été fondu. — Cassant. — Sa pesanteur spécifique est, selon Bucholz, de 8,6150 à 8,6360. — Il résiste au feu des meilleures forges. — Exposé, en même temps, au contact de l'air et de la chaleur, il se convertit en un oxide blanc qui se sublime. — Traité à chaud par l'acide nitrique, il se convertit en une poudre grise d'acide molybdique. L'acide sulfurique n'a sur lui qu'une action très faible ; l'acide muriatique aucune.

USAGE.

Le *molybdène* est sans usage.

NICKEL.

Le *nickel* a été découvert de 1751 à 1754 par *Cronstedt*.
— Les principaux lieux dans lesquels se trouvent ses
mines, sont : en France, à Allemont; en Saxe, à Schnéeberg,
Annaberg, Freyberg, etc.; en Bohème, à Joachimstal. —
Les principales substances avec lesquelles on le trouve
dans le sein de la terre sont: l'oxigène, l'acide arsénique,
à l'état d'arseniate, puis combiné avec l'arsenic, le fer, le
cobalt et le soufre. — Il n'a pas encore été trouvé pur dans
la nature. — On l'extrait de l'arseniate de nickel, en le
ramenant d'abord à l'état d'oxide, par la calcination, puis
traitant, avec du charbon, à un bon feu. — Un peu moins
blanc que l'argent. — Très ductile. — Sa pesanteur spécifique est de 8,4020 fondu, et de 8,8820 écroui. — Possède
la vertu magnétique à un haut degré. — Il fond à environ
160° du pyromètre de Wedgwood. — Exposé, en même
temps, au contact de la chaleur et de l'air, il en résulte un
oxide vert. — Traité à chaud par l'acide nitrique, la dissolution est forte et complète; l'acide sulfurique n'agit
sur lui que très faiblement; l'acide muriatique est sans
action.

USAGE.

Le *nickel* a reçu depuis peu une application utile : on
l'allie au cuivre et on fabrique, avec l'alliage blanc qui en
provient et qu'on connaît dans le commerce sous le nom
de *Melchior*, des couverts et une foule d'autres objets semblables à ceux qu'on fabrique dans l'orfévrerie.

OR.

L'*or* est connu de toute antiquité. — Les principaux lieux dans lesquels se trouvent ses mines sont : en France, dans la vallée d'Oysans (Isère), mais en petite quantité. Plusieurs rivières en contiennent dans leur sable, comme le Rhône, la Garonne, etc.; en Allemagne, en Hongrie, en Amérique, au Brésil, au Choco, au Chili, au Mexique, au Pérou, etc. — Les principales substances avec lesquelles on le trouve dans le sein de la terre, sont : l'argent, le cuivre, le palladium, les sulfures de cuivre et de fer. — Il existe souvent à l'état de pureté, n'étant qu'à l'état de mélange avec les substances qui l'accompagnent. — On l'extrait en grillant quelquefois sa mine, en traitant par le mercure, puis en distillant. Le mercure se volatilise, et l'or fixe reste au fond des cornues. — Il est d'un jaune pur. — Suivant qu'il est en lingot ou écroui, sa pesanteur spécifique est de 19,2580 fondu, et de 19,3670 lorsqu'il a été fortement écroui. — Il fond à 32° du pyromètre de Wedgwood. — Exposé, en même temps, au contact de l'air et de la chaleur, il se fond, ne s'oxide pas et se volatilise légèrement. — Les acides nitrique, sulfurique et muriatique n'ont aucune action sur lui ; son dissolvant est l'eau régale.

USAGE.

L'*or* allié au cuivre dans diverses proportions sert à la fabrication des monnaies, des médailles et des bijoux d'or; uni au mercure, il forme l'amalgame des doreurs ; mêlé à l'état d'oxide à de certains fondans, il communique aux couvertes de porcelaine et de faïence, aux verres colorés et aux pierres précieuses, des nuances extrêmement riches de violet, de pourpre, de rubis et de vermeil.

OSMIUM.

L'*osmium* a été découvert en 1803 par *Tennant*. — Il accompagne constamment la mine de platine. — Il est plus particulièrement uni à l'iridium qui se trouve toujours dans cette même mine. — Il n'a pas encore été trouvé pur dans la nature. On peut l'obtenir à l'état de pureté en chauffant, au rouge, un mélange de vapeur d'acide osmique et de gaz hydrogène. — Il est cohérent. — D'un gris de platine tirant sur le bleu. — Sa pesanteur spécifique est de 10 environ, d'après M. Berthier. — Il est infusible au feu de forge. — Exposé, en même temps, au contact de l'air et de la chaleur, il s'oxide ou s'acidifie et se volatilise sous la forme d'une fumée blanche très piquante. — L'acide nitrique concentré et fumant dissout très rapidement l'osmium qui n'a été que desséché ; l'acide muriatique n'a qu'une action très faible sur lui.

USAGE.

L'*osmium* est rare et sans usage.

PALLADIUM.

Le *palladium* a été découvert en 1803 par *Walaston*. — Il accompagne constamment la mine de platine (*voyez* ce métal). — Il n'a pas encore été trouvé pur dans la nature. — On l'extrait de la mine de platine par la voie humide. — Il est d'un blanc tirant sur celui de l'argent. — Ductile. — Sa pesanteur spécifique est de 11,6270 lorsqu'il est en lingot, et de 12,0020 lorsqu'il est écroui. — Il ne fond pas complètement au feu de forge, mais il s'y agglomère. — Exposé, en même temps, au contact de l'air et de la chaleur, il s'oxide très légèrement. — Traité à chaud par l'acide nitrique concentré, la dissolution est lente, mais complète; les acides sulfurique et muriatique concentrés l'attaquent sensiblement à chaud.

USAGE.

Le *palladium* a été employé à la fabrication de quelques médailles; il s'allie bien à l'argent et au cuivre et donne des alliages qui peuvent s'employer dans l'art du dentiste; mais on préfère les alliages de platine.

PLATINE.

Le *platine* a été découvert en 1741 par *Wood*, essayeur à la Jamaïque. — Les principaux lieux dans lesquels se trouvent ses mines sont : au Choco, à Barbacoas, à St-Domingue, dans le lit de la rivière d'Yaki ; au Brésil, à Matto-Grosso ; en Espagne, à Guadalcanal ; en Russie, etc. — Les principales substances qui l'accompagnent sont : le palladium, le rhodium, l'iridium, l'osmium, l'argent, le cuivre, le soufre, etc. — Il n'a pas encore été trouvé pur dans la nature. — On l'extrait en purifiant sa mine par les acides simples : dissolvant dans l'eau régale ; précipitant ensuite par une dissolution de sel ammoniac, et décomposant par la chaleur le muriate ammoniaco de platine. — Il est un peu moins blanc que l'argent. — Très ductile. — Sa pesanteur spécifique est de 21,4700 à 22,0000, suivant qu'il est plus ou moins écroui ; — il est infusible au feu de forge ; à la chaleur rouge, il se ramollit.—Il est inattaquable par les acides simples : son dissolvant est l'eau régale.

USAGE.

Le *platine* est le métal le plus précieux que possède la chimie ; on en fait de grandes chaudières pour les besoins des arts, et particulièrement pour la concentration de l'acide sulfurique ; on en fabrique des vases pour l'affinage de l'or par ce même acide, des creusets, des cornues, des capsules, etc., destinés aux expériences de laboratoire. L'art du dentiste en tire un très grand avantage, soit à l'état de pureté, soit allié à l'argent.

PLOMB.

Le *plomb* est connu de toute antiquité. — Les principaux
lieux dans lesquels se trouvent ses mines sont : en France,
à Vienne (Isère), à Poullaouen, à Saint-Sauveur ; dans le
Languedoc, etc. ; en Allemagne ; en Carinthie ; en Silésie,
à Tarnowitz ; en Espagne ; en Angleterre, dans le Derbi-
shire, etc. — Les principales substances avec lesquelles on
le trouve dans le sein de la terre sont : l'oxigène le soufre
et les acides sulfurique, phosphorique, carbonique, muriatique, chrômique, molybdique et arsénique. — Il n'a
pas encore été trouvé pur dans la nature. — On l'extrait
ordinairement de son sulfure, en le bocardant, et le fondant ensuite au travers du charbon dans un fourneau à
manche. — Il est d'un blanc bleuâtre. — Très ductile.—
Sa pesanteur spécifique est de 11,4450 , selon M. Berzelius. — Il fond à 334°, d'après Kupfer. — Exposé en même
temps au contact de l'air et de la chaleur , il s'oxide ; son
oxide entre en fusion et se volatilise. — Traité à chaud par
l'acide nitrique, la disolution est complète ; l'acide sulfurique concentré le convertit en sulfate de plomb insoluble ;
l'acide muriatique n'a qu'une faible action sur lui.

USAGE.

Les usages du *plomb* sont extrêmement multipliés ; à l'é-
tat métallique, on l'emploie pour faire les chambres de
plomb dans lesquelles on fabrique l'acide sulfurique ; on
en fait également des réservoirs, des tubes et des vases de
toute espèce. Allié à l'étain, il forme la soudure des plombiers ; à l'antimoine, les caractères d'imprimerie ; enfin au
bismuth et à l'étain, l'alliage fusible à l'eau bouillante. Ses
oxides, tels que le massicot, la litharge , le minium, sont
employés dans les poteries et les verreries, à faire des couvertes ou des verres colorés ; à l'état de céruse, on l'emploie
dans la peinture.

POTASSIUM (MÉTAL DE LA POTASSE).

Le *potassium* a été découvert en 1807 par *Davy*. — Les principaux lieux dans lesquels il se trouve sont ceux où il existe des plantes ligneuses, et particulièrement dans les Vosges ; à Dantzick ; en Amérique ; en Russie, etc. — Les principales substances qui l'accompagnent sont : l'oxigène et les acides sulfurique, muriatique, carbonique et nitrique. — Il n'existe pas pur dans la nature. — On l'extrait de son oxide en traitant l'hydrate de potasse à une haute température par le fer. — Il est d'un blanc grisâtre. — Ductile et plus mou que la cire à la température ordinaire. — Sa pesanteur spécifique est de 0,86507, conséquemment moins grande que celle de l'eau. — Il est volatil. — Fond à 58° du thermomètre centigrade. — Absorbe l'oxigène à la température ordinaire et se convertit en oxide blanc. — Mis en contact avec l'eau, il la décompose sur-le-champ, devient incandescent, reste à sa surface, et son oxide finit par se dissoudre. — Son oxide forme avec les trois acides minéraux des sels solubles.

USAGE.

Le *potassium* n'est d'aucun usage à l'état métallique ; à l'état d'oxide, il constitue la potasse ; uni à l'oxigène et à l'acide nitrique, il forme le salpêtre.

RHODIUM.

Le *rhodium* a été découvert en 1804 par *Walaston*. — Il accompagne constamment la mine de platine (*Voyez* ce métal). — Il n'a pas encore été trouvé pur dans la nature. — On l'extrait par la voie humide. — Il est d'un blanc grisâtre. — Cassant. — Sa pesanteur spécifique, dans son plus grand état de contraction, est de 10,6450. — Il est infusible au feu de forge. — Exposé en même temps au contact de l'air et à une haute température, il s'oxide. — Les acides nitrique, sulfurique et muriatique n'ont aucune action sur lui ; l'eau régale ne l'attaque même que très difficilement : on n'obtient sa dissolution dans cet acide composé qu'en le traitant préalablement par le salpêtre.

USAGE.

Le *rhodium*, obtenu jusqu'ici en petite quantité, est sans usage.

SODIUM (MÉTAL DE LA SOUDE).

Le *sodium* a été découvert en 1807 par *Davy*. — On le trouve en France; en Espagne, dans les plantes qui croissent sur les bords de la Méditerranée; en Hongrie; en Egypte. — Les principales substances auxquelles il se trouve combiné sont : l'oxigène et les acides sulfurique, carbonique et muriatique.—Il n'existe pas pur dans la nature.—On l'extrait en traitant à une haute température de l'hydrate de soude par du fer.—Ce métal est d'un blanc grisâtre. — Ductile et presque aussi mou que la cire, à la température ordinaire.—Sa pesanteur spécifique est de 0,9722, conséquemment moins grande que celle de l'eau.—Il fond à 90° du thermomètre centigrade.— A l'air seul s'oxide rapidement.—Mis en contact avec l'eau il la décompose, sur-le-champ, devient incandescent, reste à sa surface, et son oxide finit par se dissoudre.—Les trois acides minéraux forment des sels solubles avec son oxide.

USAGE.

A l'état métallique le *sodium* n'est d'aucun usage; combiné avec l'oxigène, il constitue la soude; combiné à l'acide muriatique, le sel marin; à l'acide sulfurique le sel de Glauber.

STRONTIUM.

Le *strontium* a été découvert en 1807 par *Davy*. —On le trouve en France près Paris, à Ménilmontant, Montmartre, à Beauvais; en Sicile; en Pensylvanie; en Ecosse, à Strontian; au Pérou, près Popayan, etc. —Les principales substances auxquelles on le trouve combiné sont: l'oxigène et les acides sulfurique et carbonique. —Il n'a pas encore été trouvé pur dans la nature. —On l'obtient au moyen de la pile, mais en petite quantité. —Ses propriétés sont peu connues. —Très oxidable. —Mis en contact avec l'eau, il s'oxide sur-le-champ et entre en dissolution. —L'acide sulfurique forme, avec son oxide, un sulfate insoluble.

USAGE.

Le *strontium*, obtenu jusqu'ici en petite quantité, est sans usage.

TANTALE.

Le *tantale*, connu d'abord sous le nom de colombium, a été découvert par *Hatchett* en 1801. — On l'a trouvé en Amérique et en Suède. — Les principales substances qui l'accompagnent sont : l'oxigène formant l'acide tantalique, les oxides de fer, de manganèse et l'yttria.—Il n'a pas encore été trouvé pur dans la nature. — On l'obtient à l'état métallique, en traitant le fluo-tantalate de potasse bien sec par le potassium. — Il est d'un gris foncé. — Sa pesanteur spécifique n'a pu être déterminée.—Il ne fond pas au feu de forge le plus violent, mais il s'y agglutine. — Exposé en même temps au contact de la chaleur et de l'air, il s'allume avant de devenir rouge, brûle avec éclat et se convertit en acide tantalique. — Les acides nitrique, sulfurique et muriatique sont sans action sur lui ; l'eau régale l'attaque faiblement.

USAGE.

Le *tantale*, obtenu jusqu'ici en petite quantité, est sans usage.

TELLURE.

Le *tellure* a été découvert en 1782 par *Muller de Rei-chenstein*. — Ce métal a été trouvé en Transilvanie, à Fat-zebay, dans les mines de Maria-Loretto. — Les principales substances qui l'accompagnent sont : le fer et l'or ; l'or et l'argent ; le plomb, le soufre et le cuivre. — Il n'existe pas pur dans la nature. — On l'obtient en calcinant son oxide avec du charbon. — Il est d'un blanc tirant sur celui de l'argent. — Très cassant. — Sa pesanteur spécifique est de 6,1150. — Un peu moins fusible que le plomb. — Exposé en même temps au contact de l'air et de la chaleur, il s'oxide. — Il est volatile. — Traité à chaud par l'acide nitrique, l'action est très vive et la dissolution complète ; l'acide sulfurique n'a sur lui qu'une action très faible ; celle de l'acide muriatique est tout-à-fait nulle.

USAGE.

Les mines de *tellure* sont rares, et ce métal, obtenu jusqu'ici en très petite quantité, n'est d'aucun usage.

TITANE.

Le *titane* a été découvert en 1791 par *Grégor*. — Les principaux lieux dans lesquels on l'a trouvé sont : en France, dans les environs de Saint-Yriex, près de Limoges, à Allemont, etc.; en Hongrie, près de Boinik; en Espagne, à Cajuelo; en Angleterre, dans le comté de Cornouailles; en Amérique. — Les principales substances qui l'accompagnent sont : l'oxigène et son oxide mêlé à l'oxide de fer, à la silice et à la chaux. — Il n'existe pas pur dans la nature. — On l'extrait de son oxide en le traitant, à une haute température, avec du noir de fumée et de l'huile. — Il est d'un rouge de cuivre. — Cassant, et pouvant être réduit en poudre impalpable sous le pilon. — Sa pesanteur spécifique est de 5,3000. — Il est infusible au feu de forge. — Exposé en même temps au contact de l'air et de la chaleur rouge, il s'oxide et devient bleu. — Les trois acides minéraux, et même l'eau régale, sont sans action sur lui.

USAGE.

Jusqu'ici obtenu en très petite quantité, le *titane* est sans usage.

TUNGSTÈNE.

Le *tungstène* a été découvert en 1781 par *Schéele*. — Les principaux lieux dans lesquels se trouvent ses mines sont : en France, dans les départemens de l'Isère et de la Haute-Vienne; en Bohême, à Zinnwald; en Saxe, à Ehrenfriedersdorf; en Suède, à Bitberg, etc. — Les principales substances auxquelles on le trouve uni dans le sein de la terre sont : l'oxigène, la chaux, l'oxigène et le fer, formant des tungstates. — Il n'existe pas pur dans la nature. — On l'extrait en traitant l'acide tungstique, à une haute température, avec de l'huile et du noir de fumée. — Il est d'un gris bleuâtre. — Cassant. — Sa pesanteur spécifique est de 17,2200 à 17,6000. — Presque infusible au feu de forge. — Exposé en même temps au contact de l'air et de la chaleur rouge, il s'oxide; si la chaleur est forte, il se convertit en acide tungstique. — Traité à chaud par l'acide nitrique concentré, il ne se laisse attaquer que très difficilement : les acides sulfurique et muriatique sont sans action sur lui.

USAGE.

Jusqu'ici obtenu en petite quantité, le *tungstène* est sans usage.

URANE.

L'*urane* a été découvert en 1789 par *Klaproth*. — Les principaux lieux dans lesquels on l'a trouvé, sont : en France, à Saint-Simphorien; à Chanteloube, près Limoges; en Bohême, à Joachimsthal ; en Saxe, à Schneeberg ; en Angleterre , dans le comté de Cornouailles , etc.—On le trouve constamment uni à l'oxigène et dans diverses proportions. — On l'extrait de son oxide en le traitant, à une haute température, avec du noir de fumée et de l'huile. —Il est d'un gris foncé. — Cassant. — D'une pesanteur spécifique de 9,0000 selon Bucholz. — Exposé, en même temps, au contact de l'air et de la chaleur rouge il s'oxide. — Traité à chaud, par l'acide nitrique concentré, la dissolution est complète. Les acides sulfurique et muriatique sont sans action sur lui.

USAGE.

Jusqu'ici obtenu en très petite quantité, l'*urane* est sans usage-

VANADIUM.

Le *vanadium* a été découvert en 1830 par M. *Sefstrom*. — On l'a trouvé dans les minerais de Jaberg, près de Jonkoping, en Suède; il est mêlé au fer et aux scories d'affinage de ce métal; il existe aussi à Zimapan au Mexique. — Il est combiné à l'oxigène et uni au plomb formant un vanadate de plomb mêlé de chlorure de ce métal. — On ne l'a pas encore trouvé seul dans la nature. — On l'obtient à l'état de pureté en traitant l'acide vanadique par le potassium. — Il a beaucoup d'analogie avec le chrôme et le molybdène. — Est d'un gris de fer. — N'a aucune ductilité. — Sa pesanteur spécifique n'a pu être déterminée. — Il est infusible au feu de forge. — Exposé, en même temps, au contact de l'air et d'une faible chaleur, il s'oxide; son troisième degré d'oxidation produit l'acide vanadique. — Traité à chaud, par l'acide nitrique, la dissolution est complète. Les acides sulfurique et muriatique sont sans action sur lui.

USAGE.

Jusqu'ici obtenu en très petite quantité, le *vanadium* est sans usage.

ZINC.

Le *zinc*, qui a été indiqué par *Paracelse*, est connu depuis le xvie siècle. — Les principaux lieux dans lesquels on trouve ses mines sont : en France, à Saint-Sauveur en Normandie ; à Vizille (Isère) ; à Baygorry, Haute-Pyrénées ; en Suède, à Danemora ; en Angleterre, dans les comtés de Sommerset et de Nottingham ; en Souabe ; en Pologne ; en Hongrie ; etc. — Les principales substances avec lesquelles on le trouve dans le sein de la terre sont : l'oxigène, le soufre, le cadmium, les acides sulfurique et carbonique. — Il n'a pas encore été trouvé pur dans la nature. — On l'extrait de la calamine (oxide de zinc) en le traitant, en vaisseaux clos, avec du charbon ; le zinc ramené à l'état métallique se volatilise et se condense. — Il est d'un blanc bleuâtre. — Aigre à la température ordinaire, mais ductile au-dessus de 100° centigrades. — Sa pesanteur spécifique varie de 6,8610 à 7,1910 suivant qu'il est en lingot ou écroui. — Il fond à 360° du thermomètre centigrade. — Exposé, en même temps, au contact de l'air et de la chaleur rouge, il s'oxide et brûle en produisant une lumière très vive. — Traité par les acides nitrique, sulfurique étendu d'eau et muriatique, l'action est vive et la dissolution complète.

USAGE.

Le *zinc* à l'état métallique a de nombreux usages ; on l'emploie pour faire des baignoires, des tuyaux et couvrir certains bâtimens ; allié au cuivre, il forme l'alliage connu dans le commerce sous le nom de cuivre jaune ; il entre comme principe constituant dans les bronzes qui servent à la fabrication des statues et des candélabres ; à l'état d'oxide, on l'emploie en médecine comme antispasmodique ; à l'état de sulfate, comme médicament externe dans les maladies d'yeux.

REMARQUES.

PREMIÈRE REMARQUE.

Quelques-uns des métaux extrèmement oxidables, tels que le barium, le calcium, le strontium, pour lesquels on manque de bon procédé d'extraction, ne peuvent s'obtenir, ainsi que nous l'avons vu, qu'au moyen de la *pile* et toujours en petite quantité. Ce procédé, qui est dû au docteur Seebeck et à Davy, consiste, pour obtenir le calcium, par exemple, à faire une pâte de sulfate de chaux et d'eau, à la disposer, en forme de capsule, sur une plaque métallique ; à mettre du mercure dans cette espèce de capsule, et à mettre en contact, d'une part, avec le mercure, le fil négatif d'une *pile* en activité, et d'autre part, avec la plaque métallique, le fil positif de la même *pile*. L'acide sulfurique et l'oxigène se rendent au pôle positif ; le calcium se rend au pôle négatif et y trouve du mercure qui le dissout. L'expérience ayant été continuée assez long-temps pour avoir une amalgame riche en calcium, on met cette amalgame dans une très petite cornue avec de l'huile de naphte ; l'on adapte au col de cette cornue un petit récipient et l'on procède à la distillation ; le mercure se volatilise et le calcium reste dans la cornue préservé de l'oxidation par l'huile (1).

DEUXIÈME REMARQUE.

Le procédé employé pour déterminer la pesanteur spé-

(1) Pour la construction d'une *pile* et la manière de la faire agir sur les corps, voyez le Traité de Chimie de M. Thenard, tome I, pages 122, 123 et suivantes, troisième édition.

cifique des métaux est le même que celui que nous avons indiqué au commencement du chapitre XIV et qui consiste à peser le corps dans l'air, puis dans l'eau, et à diviser le premier de ces deux poids par la différence ; le quotient donne la pesanteur spécifique du corps ; mais ce procédé ne pouvant pas être employé pour le mercure qui est liquide, ni pour les métaux mous, comme le potassium et le sodium , nous allons donner quelques nouveaux renseignemens sur cette opération.

La pesanteur spécifique des corps est le rapport qui existe entre leurs poids et leurs volumes; ainsi, si nous supposons ici des volumes égaux d'eau distillée, d'étain, de mercure et de platine, un centimètre cube, par exemple, l'eau distillée pèsera 1 gramme , tandis que l'étain en pèsera 7, 2850, le mercure 13, 5680, et le platine 21, 4700. Ces nombres sont en effet ceux qui représentent la pesanteur spécifique de ces trois métaux.

L'impossibilité d'obtenir les métaux sous des volumes rigoureusement semblables a mis dans la nécessité d'employer un autre moyen, et ce moyen est basé, pour les corps solides , insolubles dans l'eau , et plus pesans que ce liquide, sur ce principe d'hydrostatique, savoir : que les corps sont plus légers dans l'eau que dans l'air, et que la différence des deux poids représente absolument le poids de l'eau déplacée; d'où il résulte que le corps qui , sous le même poids , présentera le plus de volume, sera aussi spécifiquement le plus léger, puisqu'il déplacera un volume d'eau plus considérable et que le poids de cette eau sera constamment proportionnel au poids du corps dans l'air, poids qu'il devra diviser en moins de parties , toutes comparatives à l'eau distillée qui devient l'unité.

Nous indiquerons ici un moyen qu'a fait connaitre Klaproth pour déterminer la pesanteur spécifique de certains corps, sans employer la balance hydrostatique. Ce moyen consiste à prendre un petit flacon à très large ouverture , et bouchant à l'émeri, à le remplir d'eau distillée; à le boucher avec soin, à l'essuyer et à le peser exactement à une balance ordinaire, mais sensible; à peser dans l'air le corps dont on veut déterminer la pesanteur spécifique; à l'introduire dans le flacon; à reboucher celui-ci, à l'essuyer et à le peser de nouveau; en divisant le poids du corps dans l'air par la différence des deux poids du flacon, on en aura la pesanteur spécifique.

Le procédé employé pour prendre la pesanteur spécifique du mercure est le même que celui mis en usage pour prendre celle des liquides. Voici comment on peut y procéder : on prend un matras à essai d'or, un peu épais et à col étroit; on en renverse les extrémités à la lampe et on y attache un fil de platine de manière à pouvoir l'acrocher facilement à l'extrémité du fléau d'une bonne balance; on en prend le poids très exactement, et au moyen d'une pointe de diamant, on l'inscrit sur sa boule; cela étant fait, on y met de l'eau distillée jusqu'à la concurrence de 100 grammes. Cette eau doit être pesée très exactement et arriver dans le col du matras sur lequel, au moyen de la pointe de diamant, on trace son niveau avec soin. Lorsqu'on voudra prendre la pesanteur spécifique d'un liquide quelconque, on en introduira dans le matras bien sec, jusqu'à la trace de diamant, et on pèsera; puis on déduira du poids trouvé le poids inscrit sur le matras, et ce nouveau poids donnera la pesanteur spécifique du corps, en prenant toujours l'eau distillée pour unité.

Pour le potassium et le sodium qui sont mous, il est facile d'en prendre la pesanteur spécifique, en pesant successivement un petit tube de verre, d'abord vide, ensuite plein d'eau et enfin plein de potassium ou de sodium qu'on y fait entrer par compression. Au moyen d'une règle de proportion, on établira la pesanteur spécifique trouvée, en partant toujours de l'eau distillée prise pour unité.

TROISIÈME REMARQUE.

Suivant le degré de fusibilité des métaux, on emploie, pour la déterminer, le thermomètre et le pyromètre : le premier pour les températures au-dessous de la chaleur rouge et le second pour les températures au-dessus.

Le premier de ces instrumens est connu et n'a besoin d'aucune explication ; mais comme il en existe de plusieurs espèces et qu'ils sont fréquemment employés dans les ouvrages, il est bon d'indiquer ici que les plus en usage sont ceux de *Réaumur, centigrade* et *Fahrenheit*; l'échelle du premier est divisée en 80 parties ; l'échelle du second en 100, et celle du troisième en 212(1).

Le pyromètre est un instrument moins connu et sur lequel nous allons donner quelques détails, ainsi que le moyen de s'en servir.

Inventé par Wedgwood, il en porte le nom et se compose de deux pièces : la première est un petit cylindre d'argile un peu aplati d'un côté et cuit à une chaleur rouge ; la seconde est une *jauge* destinée à mesurer la diminution de l'argile chauffée ; elle est formée d'une plaque en cuivre jaune sur laquelle sont soudées deux règles de même métal parfaitement égales et formant un canal convergent ; l'une des règles est divisée en 240 parties égales qu'on appelle degrés ; le zéro de l'échelle est placé à l'extrémité la plus large. Pour rendre l'instrument plus portatif, on le divise ordinairement en deux, de sorte qu'on a sur la même plaque deux canaux convergens, dont l'un est la suite de l'autre. Lorsqu'on veut s'en servir, on place dans un étui de terre à creuset un des petits cylindres d'argile ; on introduit le tout dans le creuset où s'opère la fonte du métal

______

(1) On trouvera dans les *Annales de chimie*, tome 66, une table comparative de ces trois thermomètres, tracée par Chompré.

dont on veut déterminer le degré de fusibilité ; aussitôt
que le métal est fondu, on retire l'étui, et le petit cylindre
étant froid , on le place dans la *jauge* de manière à voir
jusqu'où il s'avance et le degré qu'il indique.

Suivant Wedgwood, le zéro du pyromètre correspond
à 580°, 55 du thermomètre centigrade , et chacun de ses
degrés, est égal à 77°, 22 du même thermomètre.

Le retrait de l'argile est dû à la perte de l'eau dans
les températures qui n'excedent point 29°; mais d'après
Théodore de Saussure , au-dessus de ce degré, elle est le
résultat de la combinaison plus intime des élémens de
l'argile.

CHAPITRE XIX et dernier.

DES PRINCIPAUX ALLIAGES ET AMALGAMES EN USAGE DANS LES ARTS.

PRÉLIMINAIRE.

L'intérêt qui s'attache à l'étude des métaux n'est pas
moins vif, lorsque cette étude vient à se diriger sur celle
des alliages : car celle-ci offre aux investigations du manipulateur le champ le plus vaste aux observations ainsi
qu'aux découvertes. Les nouvelles propriétés qu'acquièrent les métaux , lorsqu'on les unit, soit en nombre , soit

en proportions diverses, en font de nouveaux corps qu'on peut considérer comme une des plus belles conquêtes de la chimie, par les services nombreux et importans qu'ils sont appelés à rendre aux arts, concurremment avec leurs principes constituans, pris isolément.

En effet, si on considère les métaux sous les divers rapports de la *dureté*, du *son*, de la *fusibilité*, de la *couleur*, de la *ductilité* et de la *l'oxidabilité*, on voit ces propriétés non-seulement subir les plus grandes modifications, mais tout-à-fait détruites dans certains cas, tandis que dans d'autres elles sont quelquefois portées au plus haut degré; c'est ainsi que l'union du platine, du cuivre et de l'arsenic, métaux d'une faible dureté, donne un alliage dans lequel cette propriété est telle qu'il peut recevoir le plus beau poli et servir à la construction des miroirs de télescopes; que le cuivre peu sonore et l'étain tout-à-fait dépourvu de son, donnent l'alliage employé à la fonte des cloches et à celle des timbres de pendules; que le bismuth, le plomb et l'étain, métaux dont le moins fusible exige encore 210° du thermomètre centigrade pour entrer en fusion, produisent, lorsqu'ils sont mêlés dans de certaines proportions, l'alliage fusible à l'eau bouillante; que le cuivre qui est rouge, uni à parties égales à l'argent qui est blanc, donne un alliage vert; que l'or, le plus ductile des métaux, devient extrêmement cassant en s'alliant aux plus petites quantités d'arsenic; enfin que le cuivre perd une grande partie de la propriété qu'il a de s'oxider à l'air et par le contact de certains corps, en s'unissant au nickel, pour former, avec le zinc, le *pack-fong* des Chinois.

Du petit nombre de ces faits, pris au milieu d'une foule d'autres, il est facile de s'apercevoir quel parti on peut tirer du mélange des métaux, et combien de découvertes curieuses ou utiles restent à faire dans cette partie intéressante de la chimie, lorsque beaucoup de métaux, jusqu'ici obtenus en petite quantité, permettront, lorsqu'on sera parvenu à se les procurer avec plus d'abondance, de tenter de nouvelles recherches.

L'union des métaux solides entre eux donne naissance aux *alliages*; et le résultat de l'union du mercure aux métaux solides prend le nom d'*amalgame*.

Ce dix-neuvième et dernier chapitre est consacré à faire connaître les principes constituans et les proportions des principaux alliages et amalgames en usage dans les arts ; nous y avons joint, autant que cela a été en notre pouvoir, des renseignemens qui leur sont relatifs et que nous avons pensé devoir intéresser le lecteur, en même temps qu'ils lui faciliteront les moyens de préparer lui-même quelques-uns de ces nouveaux composés.

ALLIAGE DES MONNAIES D'OR.

Titre moyen.

Or.................... 900
Cuivre.................. 100

Total..... 1000

TITRES AVEC LA TOLÉRANCE.

Titre le plus bas.

Or.................... 898
Cuivre.................. 102

Total..... 1000

Titre le plus élevé.

Or.................... 902
Cuivre.................. 98

Total..... 1000

Cet alliage se fait à la Monnaie de Paris dans des creusets de plombagine d'une contenance de plus de 25 kilogrammes, mais on n'y fond jamais que cette quantité pour
en rendre la manipulation facile.

La première fonte dure une heure un quart environ; la
seconde et les suivantes, qui se font dans le même creuset
et immédiatement, ne durent que trois quarts d'heure.

L'alliage est coulé en lames.

ALLIAGE DES MONNAIES D'ARGENT.

Titre moyen.

Argent. 900
Cuivre. 100

                Total. 1000

TITRES AVEC LA TOLÉRANCE.

Titre le plus bas.

Argent. 897
Cuivre. 103

                Total. 1000

Titre le plus élevé.

Argent. 903
Cuivre. 97

                Total. 1000

Cet alliage se fait, à la Monnaie de Paris, dans des creusets en fer battu d'une contenance de plus de 700 kilo ; on n'y fond communément que 650 kilogrammes (130,000 fr.). La première fonte dure cinq à six heures ; les suivantes seulement 3 heures.

On peut faire, terme moyen, trente à quarante fontes dans le même creuset ; quelques-uns vont jusqu'à la cinquantième ; mais cela est rare.

L'alliage se coule en lames et au moyen de cuillères en fer.

ALLIAGE DES MONNAIES DE BILLON.

Titre moyen.

Argent. 200
Cuivre. 800
                                 Total. 1000

TITRES AVEC LA TOLÉRANCE.

Titre le plus bas.

Argent. 193
Cuivre. 807
                                 Total. 1000

Titre le plus élévé.

Argent. 203
Cuivre. 797
                                 Total. 1000

Les pièces formées avec cet alliage sont les pièces de 10 centimes, dont la fabrication a été abandonnée depuis 1810 ; le gouvernement n'ayant pas tardé à s'apercevoir de la facilité qu'elles offraient à la contrefaçon, et de la diffi-culté d'écouler ces pièces qui ne pouvaient être admises dans les paiemens que pour appoint de la pièce de 5 fr.

ALLIAGE DES MÉDAILLES D'OR.

Titre moyen.

Or. 916
Cuivre. 84
Total. 1000

TITRES AVEC LA TOLÉRANCE.

Titre le plus bas.

Or. 915
Cuivre. 85
Total. 1000

Titre le plus élevé :

Or. 918
Cuivre. 82
Total. 1000

Cet alliage se fait, à la Monnaie de Paris, dans des creusets de plombagine de la contenance de plus de 25 kilo ; mais on n'y fond jamais que cette quantité. La première fonte se fait en une heure un quart environ ; la seconde en une heure ou trois quarts seulement. Cet alliage se coule en lames, et quelquefois dans des moules, afin d'obtenir tout faits les forts reliefs.

ALLIAGE DES MÉDAILLES D'ARGENT.

Titre moyen.

Argent. 950
Cuivre.. . : . . . . : : . : . . 50

              Total. 1000

TITRES AVEC LA TOLÉRANCE.

Titre le plus bas.

Argent. 917
Cuivre. 53

              Total. 1000

Titre le plus élevé.

Argent. 953
Cuivre. 47

              Total. 1000

Cet alliage se fait, à la Monnaie de Paris, dans des creusets de plombagine; on y fond communément 15 à 16 kilo
d'argent à la fois. La matière est coulée ordinairement en
lames ; cependant on emploie quelquefois des moules lorsqu'on veut obtenir tout faits les forts reliefs.

ALLIAGE DES BIJOUX D'OR.

Titre le plus bas.

Or.   747
Cuivre.   253
$$\overline{}$$
Total.   1000

Titre le plus élevé.

Or.   750
Cuivre.   250
Total.   1000

La tolérance est de trois millièmes.

Il existe deux autres titres légaux pour les ouvrages d'or, mais ils sont peu employés.

Nous les donnons ici :

Premier.

Or.   920
Cuivre.   80
Total.   1000

Deuxième.

Or.   840
Cuivre.   160
Total.   1000

Ces alliages se font ordinairement dans des creusets triangulaires qui viennent de *Hesse* : ils sont très bons et peuvent servir plusieurs fois. On peut aussi les faire dans les creusets de terre crue qui se font maintenant à Paris et qui sont également très bons.

ALLIAGE DE LA VAISSELLE D'ARGENT.

LA TOLÉRANCE DE TITRE EST DE CINQ MILLIÈMES.

Titre le plus bas.

Argent.	945
Cuivre.	55
Total.	1000

Titre le plus élevé.

Argent.	950
Cuivre.	50
Total.	1000

Il existe un autre titre pour les ouvrages d'argent, mais il est moins employé que le précédent : il se compose ainsi qu'il suit :

Titre le plus bas.

Argent.	795
Cuivre.	205
Total.	1000

Titre le plus élevé.

Argent.	800
Cuivre.	200
Total.	1000

La tolérance est également de 5 millièmes.

ALLIAGE DES MÉDAILLES DE BRONZE.

Cuivre. 92
Etain. 8
Total. 100

Les médailles qu'on fabrique avec l'alliage ci-dessus sont coulées ; elles ont l'avantage de pouvoir être frappées avec un petit nombre de coups de balanciers ; d'être plus dures que celles frappées en cuivre pur : de se conserver beaucoup plus long-temps et de ménager les coins.

L'alliage se fait à la Monnaie de Paris dans des creusets de Picardie, de la contenance d'environ 25 kilogrammes.

La pesanteur spécifique de cet alliage est de 8,6205.

Nota. Voir le *Mémoire* de M. Puymaurin fils sur les procédés les plus convenables pour remplacer le cuivre par le bronze dans la fabrication des médailles ; chez Egron, imprimeur, rue des Noyers, n° 37 ; et le travail de M. Dussaussoy, dans lequel il conseille de mettre 3 de zinc au cent, dans des alliages de même nature, pour éviter les piqûres qu'on remarque, presque constamment, dans les alliages binaires d'un dixième d'étain et de neuf dixièmes du cuivre. (*Annales de chimie et de physique*, t. V, p. 119.)

ALLIAGE IMITANT L'OR.

Cuivre.	90, 50
Etain.	6, 50
Zinc.	3, 00
Total.	100, 00

Il faut allier à une basse température le zinc et l'étain et mettre cet alliage binaire dans le cuivre, lorsqu'il est en parfaite fusion.

L'union du cuivre et du zinc donne naissance, suivant les proportions dans lesquelles se trouvent mêlés ces deux métaux, aux divers alliages connus sous les noms de *métal du prince Robert, Pinchebeck, tombac, similor* ou *or de Manheim.*

Pour rendre ces alliages plus durs et susceptibles d'un plus beau poli, on y ajoute une certaine quantité d'étain, de fer ou d'arsenic.

ALLIAGE IMITANT L'ARGENT.

Cuivre.	55
Nickel.	23
Zinc..	17
Fer.	3
Etain.	2
Total.	100

Cet alliage est le *pack-fong* des Chinois : il est connu dans le commerce sous le nom de *maillechort* et porte les divers noms de *toutenague*, *cuivre blanc* et *argentan*.

On en fabrique, depuis quelque temps, à Paris, des ouvrages d'orfèvrerie qui rivalisent de blancheur avec l'argent au premier titre. Il est peu oxidable. Les proportions ci-dessus sont extraites de la circulaire adressée par M. le président de la Commission des monnaies et médailles, aux essayeurs de la garantie, afin de les mettre en garde contre la fraude qui pourrait résulter de l'emploi de ce nouvel alliage.

Un échantillon de *maillechort*, fabriqué à Paris, et soumis à l'analyse, a donné les résultats suivans :

Cuivre.	62
Zinc.	23
Nikel.	15
Plomb.	une trace.
Total.	100

ALLIAGE DES STATUES DE BRONZE.

Cuivre. 91, 40
Zinc.. . . . . 5, 53
Etain. 1, 70
Plomb. 1, 37

Total. 100, 00

Les proportions indiquées ci-dessus sont le résultat de l'analyse d'une des statues de bronze du parc de Versailles, laquelle a été coulée par les frères Keller, célèbres fondeurs du siècle de Louis XIV. (*Voy.* d'Arcet, *Art du doreur*, p. 14.)

Cet alliage se fait dans un fourneau à réverbère; mais comme les métaux neufs donnent toujours des alliages très imparfaits, quelques fondeurs ont le soin d'allier préalablement le zinc, l'étain et le plomb, et de ne mettre cet alliage ternaire dans le cuivre que lorsque celui-ci est en parfaite fusion.

ALLIAGES DES BOUCHES A FEU.

Cuivre.		90
Etain.		10
					Total.		100

La pesanteur spécifique de cet alliage est de 8,7800.

L'alliage employé à la fabrication des bouches à feu est rarement homogène, par suite de la grande différence qui existe entre le degré de fusibilité du cuivre et celui de l'étain, et de la liquation qui en est la suite. Dans le beau travail de M. Dussaussoy, on voit en effet que les pièces contiennent généralement plus d'étain à la surface qu'au centre. Les jets lui ont présenté à l'analyse jusqu'à 19, 20 et 21 d'étain, au lieu de 11 sur 111 d'alliage. (Voy. les *Annales de chimie et de physique*, t. V, p. 113 : suite du tableau 4.)

On a essayé, dans ces derniers temps, pour éviter la liquation et avoir des alliages homogènes, d'introduire dans cet alliage une certaine quantité de fer ; mais on n'a jamais pu, en grand, allier de ce dernier métal, plus de 3 au cent. Le nouvel alliage n'a présenté aucun avantage et les expériences ont été abandonnées.

ALLIAGES DES BRONZES ET CANDELABRES.

Cuivre..	78, 47
Zinc..	17, 23
Etain.	2, 87
Plomb..	1, 43
Total.	100, 00

Les proportions indiquées ici sont celles que M. d'Arcet propose dans son *Art du doreur*, ouvrage que nous avons déjà cité plusieurs fois : seulement elles ont été ramenées au cent pour suivre la marche que nous avons adoptée.

L'auteur pense que les proportions suivantes sont également bonnes :

Cuivre..	78, 85
Zinc..	17, 31
Etain.	0, 96
Plomb.	2, 88
Total..	100, 00

Lorsqu'on fait l'alliage, il est convenable d'allier à une basse température le zinc, l'étain et le plomb, et de ne les mêler au cuivre que lorsque ce dernier est en parfaite fusion.

ALLIAGES DES GARNITURES D'ARMES.

Cuivre.	80, 00
Zinc.	17, 00
Etain.	3, 00
Total.	100, 00

Les objets coulés en sable avec cet alliage ne contiennent point de soufflures et ont beaucoup d'homogénéité. (*Voy.* les deux Mémoires de M. Dussaussoy, *Annales de chimie et de physique*, t. V.)

ALLIAGES DES CYMBALES ET TAM-TAMS.

Cuivre. 80, 00
Etain. 20, 00
                Total. 100, 00

Cet alliage, dont la pesanteur spécifique est de 8,9400, après la trempe, est très dur et reçoit par cette opération une ductilité qui permet de le forger avec une grande facilité.

Cette observation est due à M. d'Arcet qui lui a donné un grand nombre d'applications, dans les arts, pour la fabrication des cymbales, des tam-tams, des mortiers, des clous de vaisseaux, etc.

ALLIAGE DES CLOCHES ET TIMBRES
DE PENDULES.

Cuivre.	75,00
Etain.	25,00
Total.	100,00

Pour rendre le son des cloches plus agréable, Savary conseille d'y mettre 2 p. 0/0 d'antimoine.

L'analyse des anciennes cloches y a souvent fait trouver du zinc, du bismuth et quelquefois même de l'argent, que la crédulité faisait porter dans les fourneaux où l'alliage des cloches était en fusion; mais ces métaux sont tout-à-fait inutiles à la confection de bonnes cloches. L'utilité de l'antimoine proposé par Savary ne paraît pas plus prouvée.

ALLIAGE CONNU DANS LE COMMERCE SOUS LE NOM DE CUIVRE JAUNE ET CONVENABLE POUR LES OUVRAGES AU TOUR.

Cuivre.	65,80
Zinc.	31,80
Plomb.	2,15
Etain.	0,25
Total.	100,00

Les proportions ci-dessus sont le résultat de l'analyse ; il est vraisemblable que l'étain s'y trouve accidentellement (Voir les *Annales de chimie et de physique*, t. V, p. 321, et sur le même objet *un Mémoire* de M. Berthier, inséré aux *Annales des mines*, t. III, p. 65, année 1818.)

Cet alliage pourrait se former ainsi :

Cuivre.	66,00
Zinc.	32,00
Plomb.	2,00
Total.	100,00

Il faudrait allier le plomb au zinc à une basse température et ne mettre cet alliage binaire dans le cuivre que lorsque celui-ci serait bien fondu et bien chaud, brasser et couler de suite.

ALLIAGE DES MIROIRS DE TÉLESCOPES.

Cuivre.. 66,50
Etain. 33,50
Total. 100,00

On ajoute quelquefois à cet alliage une petite quantité d'antimoine pour le durcir et le rendre susceptible d'un plus beau poli. L'arsenic est quelquefois aussi introduit dans l'alliage de cuivre et d'étain à la place de l'antimoine. Ce nouvel alliage est dur, d'une couleur d'acier, susceptible d'un poli vif et très peu altérable.

MM. Rochon et Carrochez ont fait des miroirs de télescopes très beaux, d'un poli parfait, d'un grain très fin et presque complètement inaltérables par le contact de l'air; l'alliage dont ils se servaient et dont nous ignorons les proportions, se composait de platine, de cuivre et d'un peu d'arsenic, destiné à rendre l'alliage plus fusible.

ALLIAGE CONNU DANS LE COMMERCE SOUS LE NOM DE CUIVRE JAUNE ET CONVENABLE POUR LES OUVRAGES AU MARTEAU.

Cuivre.	70,10
Zinc	29,90
Total.	100,00

Les proportions ci-dessus sont le résultat de l'analyse. (*Voy.* les *Annales de chimie et de physique*, t. V, p. 321.)

La pesanteur spécifique de cet alliage est de 8,4430.

Comme le zinc est extrêmement volatile, il est très difficile d'arriver juste aux proportions indiquées ci-dessus ; aussi trouve-t-on dans le commerce du cuivre jaune, contenant jusqu'à 40 pour 0/0 de zinc ; parce qu'on en met toujours dans les fontes une quantité plus considérable que celle qu'on veut avoir, et que la perte de zinc n'est pas aussi considérable qu'on le croit généralement.

ALLIAGE DES CARACTÈRES D'IMPRIMERIE.

Plomb.	80,00
Antimoine.	20,00
Total.	100,00

La pesanteur spécifique de cet alliage est de 9,8540.

On ajoute quelquefois à cet alliage une petite quantité de cuivre pour donner aux caractères un peu plus de dureté.

Savary parle d'un alliage employé dans la fabrication des caractères d'imprimerie, pour faire les grosses lettres; sa composition serait la suivante :

Plomb.	80,00
Cuivre.	20,00
Total.	100,00

ALLIAGE FUSIBLE A L'EAU BOUILLANTE.

Bismuth.	50,00
Plomb.	31,25
Etain.	18,75
Total.	100,00

L'alliage fusible à l'eau bouillante est, sans contredit, le plus singulier et le plus remarquable de tous les alliages métalliques connus; découvert par d'Arcet, vers la fin du xviiie siècle, et d'abord considéré comme un fait simplement curieux, il n'a pas tardé à devenir d'une haute importance dans plusieurs arts et particulièrement dans celui du *stéréotypage*.

Le fils de cet homme célèbre, dans un mémoire sur le moyen d'obtenir des clichés, s'exprime ainsi sur cet alliage: « De nombreuses expériences indiquèrent à mon père que « cet alliage devait être formé de 8 parties de bismuth, « 5 de plomb et 3 d'étain (1); quand il est bien fait, il « commence à se ramollir au 91e degré du thermomètre « centigrade et devient coulant entre le 92e et 93e degré « de la même échelle, » et il ajoute :

« Voilà la meilleure manière de le préparer :

« On fait fondre le bismuth; on le couvre de résine ou « de suif, et l'on chauffe le tout un peu fortement; on y « ajoute le plomb; on brasse bien; on élève un peu la tem- « pérature; on joint au métal, en bain, la quantité d'étain « nécessaire; l'on brasse de nouveau le mélange et on le « coule en plaque ou en lingot. »

(1) Ces proportions se trouvent indiquées dans tous les ouvrages de chimie, et nous les avons ramenées au cent pour suivre la marche uniforme que nous avons adoptée.

ALLIAGE POUR PLOMBER LES DENTS.

Bismuth.	45,45
Plomb.	28,40
Etain.	17,05
Mercure..	9,10
Total.	100,00

Cet alliage est l'alliage fusible à l'eau bouillante, plus une certaine quantité de mercure. (Voy. *son article et sa préparation.*) Lorsque l'alliage ternaire est fait, on y introduit ce nouveau métal ; on brasse avec du bois, et on coule dans du charbon en poudre de manière à obtenir de petits globules qui sont très commodes à l'opération à laquelle on le destine.

La quantité de mercure peut être réduite sans inconvénient de 9,10 à 6.

Cet alliage fond à 65° centigrades.

ALLIAGE POUR L'ÉTAMAGE DU FER.

Étain.	89,00
Fer.	11,00
Total.	100,00

L'étain étant fondu et rouge, on y porte une quantité calculée de fer-blanc qui contient déjà de l'étain tout allié et facilite l'union des deux métaux.

L'analyse faite sur 100 parties de fer-blanc indique les proportions suivantes :

Étain.	93,00
Fer.	7,00
Total.	100,00

Il en résulte que l'alliage pour l'étamage du fer devra se faire avec les quantités suivantes d'étain et de fer-blanc :

Étain.	88,18
Fer-blanc.	11,82
Total.	100,00

Ou en négligeant les fractions, avec 88 d'étain et 12 de fer-blanc.

ALLIAGES SERVANT A OBTENIR DUCTILE APRÈS LA PRE-
MIÈRE OU LA SECONDE FONTE, L'OR A 18 KARATS OU
750 MILLIÈMES.

Cuivre.	990,00
Or.	10,00
Total.	1000,00

L'alliage d'or et de cuivre à 750 millièmes est rarement
doux à la première fonte, et les bijoutiers savent très bien
qu'ils n'arrivent à l'obtenir ainsi qu'en le refondant un
grand nombre de fois ; ce qui entraîne une grande perte
de temps et celle d'une portion notable d'or. L'alliage ci-
dessus paraît obvier à l'inconvénient que nous signalons,
et donner, après la première ou la seconde fonte, des lingots malléables.

On se sert du cuivre allié d'un centième d'or pour allier
celui qui est destiné à la fabrication des bijoux, en tenant
compte pour le titre de la quantité d'or qu'il contient
déjà.

ALLIAGE POUR LES PIVOTS DES DENTS ARTIFICIELLES.

Platine.	» »	» »
Argent.	» »	» »
Total.	r »	» »

La préparation et les proportions de l'alliage ci-dessus ne sont point connues. Les dentistes paraissent le préférer aux alliages de cuivre et de palladium et de ce dernier métal avec l'argent, nouveaux composés qu'on a récemment préparés pour le remplacer ou pour être employés concurremment avec lui. Le prix élevé du palladium, et par suite celui de ses alliages, doit être une des causes de son rejet.

ALLIAGE POUR SOUDER L'OR A 750 MILLIÈMES.

Or à 18 karats ou 750 millièmes.. . . .	666,66
Cuivre.. . . . . . . , ...	166,66
Argent.	166,68
Total.	1000,00

L'or à 750 millièmes étant bien fondu, il faut y introduire le cuivre laminé mince, puis ensuite l'argent, donner un petit coup de feu, brasser plusieurs fois avec une
petite baguette en fer et couler bien chaud.

Le lingot, après avoir été déroché avec un peu d'acide
nitrique, est laminé et coupé en petits fragmens pour
servir au besoin.

ALLIAGE POUR SOUDER L'ARGENT A 950 MIL.

Argent.	666,67
Cuivre.	233,33
Zinc.	100,00
Total.	1000,00

Le cuivre et le zinc doivent être pris à l'état de cuivre jaune. Ce dernier alliage contenant, terme moyen, environ 1/3 de zinc, l'alliage à faire serait le suivant :

Argent.	666,67
Cuivre jaune.	300,00
Cuivre.	33,33
Total.	1000,00

L'argent et le cuivre étant en parfaite fusion, on y introduit le cuivre jaune; on chauffe, on brasse et on coule.

ALLIAGE POUR SOUDER LE CUIVRE JAUNE.

Cuivre.	50,00
Zinc..	50,00
Total	100,00

Le cuivre étant en parfaite fusion, on y porte 55 parties de zinc au lieu de 50, et en raison de la volatilité de ce métal ; on brasse bien et on coule. L'addition de zinc qu'on propose ici doit être relative aux masses, en ne perdant cependant pas de vue que la perte du zinc est proportionnellement plus considérable sur les petites fontes que sur les grandes. Cette perte, qui doit varier suivant beaucoup de circonstances, ne peut être réparée que par l'expérience et la pratique.

ALLIAGE CONNU SOUS LE NOM DE SOUDURE DES PLOMBIERS.

Plomb. . . . . , ...   66,67
Etain.   33,33
               Total.   100,00

Dans les proportions des alliages que nous donnons dans cet ouvrage, nous supposons toujours que les métaux employés sont de la plus grande pureté. On conçoit que s'il en était autrement, ces proportions seraient détruites et que le maximum de l'action désirée ne pourrait être obtenu. Comme la plus grande partie du plomb et de l'é-tain du commerce contiennent toujours des quantités plus ou moins considérables de cuivre, il devient impor-tant de faire un choix, parce que ce dernier métal, ne fondant qu'à une haute température, ôterait beaucoup de la fusibilité de l'alliage que nous venons d'indiquer.

On se sert dans le commerce d'un alliage de même na-ture, mais formé dans des proportions différentes, pour mesurer les liquides. Vauquelin a reconnu que l'alliage d'étain et de plomb, qui ne contient au cent que 17 de ce dernier métal, n'est pas sensiblement attaqué par le vin et le vinaigre, ni même par les huiles.

ALLIAGE DES BOITES DE ROUES.

Cuivre.	84,00
Etain. . . . . ., ...	16,00
Total.	100,00

Dans l'important mémoire que M. *Dussaussoy* a publié et que nous avons déjà eu occasion de citer, cet officier conseille pour la fabrication des boîtes de roues, coulées en sable, d'employer l'alliage ternaire de cuivre, d'étain et de fer ou de zinc.

Voici les proportions qu'il indique :

PREMIER ALLIAGE.

Cuivre.	100,	00
Etain.	11,	00
Fer-blanc	1,	25
Total	112,	25

DEUXIÈME ALLIAGE.

Cuivre.	100,	00
Etain.	11,	00
Zinc.	3,	00
Total.	114,	00

ALLIAGE POUR FABRIQUER LES PLANCHES A GRAVER LA MUSIQUE.

Etain.	80,00
Antimoine.	20,00
Total.	100,00

L'étain étant fondu, on y porte l'antimoine ; on brasse bien avec une baguette en bois, et on coule. Cet alliage est très blanc, a un peu de sonorité et conserve assez de ductilité. Sa dureté est moyenne et offre à l'outil une résistance convenable qui permet de la netteté dans les caractères qu'il est destiné à recevoir. Il est important que les métaux employés à la préparation de cet alliage soient purs, car la présence d'une petite quantité de plomb le rendrait cassant.

ALLIAGE POUR SOUDER LE FER.

Cuivre.	67,00
Zinc.	33,00
Total.	100,00

Cet alliage est le cuivre jaune du commerce.

Les serruriers l'emploient pour souder les petites pièces en fer ; mais lorsqu'ils ont à souder des objets de grande dimension, ils emploient le cuivre pur ; dans certains cas, ils mêlent ce dernier cuivre à une certaine quantité de cuivre jaune et obtiennent par ce moyen des soudures de moyenne force.

AMALGAME POUR ÉTAMER LES GLOBÉS DE VERRE.

Mercure.	80,00
Bismuth.	20,00
Total	100,00

Cette amalgame se fait très bien en versant le bismuth fondu à une basse température dans du mercure échauffé et en mêlant avec une petite baguette en bois.

AMALGAME DES DOREURS.

Mercure.	90,00
Or.	10,00
Total.	100,00

Le mercure et l'or doivent être pris à l'état de pureté ; quelques millièmes d'argent dans l'or sont cependant moins préjudiciables que le cuivre. (*Voir pour sa préparation l'Art du doreur de* d'Arcet, p. 28 et suivantes.)

AMALGAME DE L'ÉTAMAGE DES GLACES.

Etain.   70,00
Mercure.   30,00

                   Total.   100,00

Les deux métaux employés doivent être très purs. Le mercure est quelquefois falsifié avec du bismuth, mais alors il n'est plus aussi coulant et fait ce qu'on appelle la *queue*; en en distillant une petite quantité, on reconnaît promptement la fraude.

Pour l'étain, le procédé employé à la manufacture des glaces pour reconnaître sa pureté est celui indiqué par *Vauquelin*. Ce procédé consiste à en fondre 15 à 20 gram., à le couler sur un carreau, puis à incliner celui-ci au moment où l'étain va se figer, et de manière à en former une petite lame qui reste parfaitement brillante, s'il y a absence de plomb, mais qui est terne, s'il recèle de ce métal, et lors même qu'il n'y existerait que dans la proportion de quelques fractions de centième.

Le cuivre n'ôte pas sensiblement l'éclat à l'étain.

Pour préparer l'amalgame, on met sur une table de marbre ou de bois une feuille mince d'étain; on la couvre de mercure; on pose par-dessus la glace bien polié; on comprime quelque temps par des poids. On donne alors à la glace une position verticale, pour que l'excès de mercure en découle.

AMALGAME POUR FROTTER LES COUSSINETS DES MACHINES ÉLECTRIQUES.

Mercure.	50,00
Étain.	25,00
Zinc.	25,00
Total.	100,00

L'étain ayant été allié au zinc à une basse température, on y verse le mercure et on mêle bien avec du bois.

AMALGAME DES ARGENTEURS.

Mercure. 85,00
Argent. 15,00
                    Total. 100,00

L'argent est un des métaux qui ont le plus d'affinité pour le mercure, aussi peut-on faire l'amalgame ci-dessus, même à froid, en triturant ensemble l'argent en feuilles avec du mercure; l'opération est plus vite faite, si on la pratique à chaud, c'est-à-dire en jetant dans le mercure chauffé des grains ou de petites lames d'argent rougies.

AMALGAME DES POSTES.

Cuivre.	» »	» »
Mercure.	» »	» »
. . . .	» »	» »

Cette amalgame qui est dure se ramollit par une douce chaleur et permet ainsi de prendre et de restituer les empreintes. Elle ne se fait pas directement, mais en décomposant l'acétate de cuivre par le mercure dans une certaine quantité d'eau, dont on soutient l'ébullition quelque temps.

Ses proportions n'ont point été déterminées.

ADDITION AU CHAPITRE IV.

SUR L'ESSAI D'ARGENT PAR LA VOIE HUMIDE.

En traitant du nouveau procédé d'essai, découvert en 1832 par M. Gay-Lussac, pour titrer les matières d'argent par la *voie humide*, nous nous sommes contenté d'exposer les diverses manipulations auxquelles il donne naissance, et nous nous sommes abstenu de toute remarque qui aurait pu jeter sur ce nouveau moyen une défaveur que la routine aurait peut-être accueillie avec trop d'empressement. Mais un fait récent, arrivé à la connaissance du commerce, au moment où cet ouvrage était sous presse, et duquel il résulte qu'un lingot d'argent contenant du mercure, ayant été essayé par le procédé de la *voie humide*, aurait été la cause, par suite de la présence de ce nouveau métal, d'une erreur notable sur le titre, s'il avait dû être déterminé par des mains moins habiles, nous pensons qu'il devient indispensable maintenant d'entrer dans quelques développemens qui, nous l'espérons, ne détruiront pas la confiance qu'on doit accorder au nouveau procédé d'essai, en le renfermant toutefois dans de certaines limites.

En considérant l'argent sous le rapport de son essai par

la *voie humide*, on peut établir trois cas particuliers, savoir :

1° L'argent dont on ignore le titre.

2° L'argent dont on connaît le titre à quelques millièmes près, et qui n'est allié qu'au cuivre seulement.

3° L'argent dont on connaît le titre à quelques millièmes près, et qui peut se trouver allié à divers métaux.

Dans le premier cas, le plus fréquent, celui dans lequel on ignore le titre de l'argent, il est évident que tant qu'on n'aura pas un moyen d'approximation qui permette d'approcher au moins de dix millièmes du titre vrai, la *voie humide* ne pourra être mise en pratique pour le fixer, car on ne le pourrait qu'au moyen de tâtonnemens, que la nécessité de faire beaucoup d'essais en peu de temps ne permet pas. Quant à en approximer le titre au fourneau à coupelle en en passant un dixième de gramme, on conçoit qu'il devient beaucoup plus prompt d'en faire tout de suite l'essai à ce fourneau, en se servant d'une bonne table de compensation.

Dans le second cas, celui dans lequel on connaît le titre de l'argent à quelques millièmes près, et qui n'est allié qu'au cuivre, l'essai par la *voie humide* est parfait, et l'opération bien faite doit donner le titre mathématique de l'alliage.

Dans le troisième cas, celui dans lequel on connaît le titre de l'argent à quelques millièmes près, et qui peut se trouver allié à divers métaux, nous commencerons par indiquer ceux de ces métaux qu'on peut y rencontrer et nous verrons, soit par la théorie, soit par la pratique, l'influence qu'ils peuvent exercer sur le titre de l'argent, lorsqu'on vient à le déterminer par le procédé de la *voie humide*.

Ces nouveaux métaux peuvent être les neuf suivans :

1° Étain.
2° Antimoine.

3° Platine.
4° Zinc.
5° Bismuth.
6° Cuivre.
7° Palladium.
8° Plomb.
9° Mercure.

De ces neuf métaux, deux sont convertis en oxides blancs, insolubles dans l'acide nitrique : ce sont l'étain et l'antimoine ; et sept sont complètement solubles dans cet acide, sauf le platine qui, soluble à la faveur de l'argent, laisse cependant une certaine quantité d'une poudre noire de platine, qui échappe toujours à l'action de ce dissolvant. Nous n'aurons donc point à nous occuper des métaux qui n'entrent pas dans la liqueur de l'essai, car ils ne peuvent en rien altérer les résultats. Quant aux métaux solubles, tels que le platine, le bismuth, le zinc, le cuivre et le palladium, comme la dissolution normale de sel marin ne les précipite pas et n'a aucune action sur eux, l'essai ne peut en recevoir aucun préjudice. Nous dirons même ici, relativement au platine et au palladium, qui peuvent se trouver alliés à l'argent, que le procédé de la *voie humide* est bien supérieure à la *voie sèche*, lorsqu'on veut déterminer immédiatement les quantités d'argent, puisque ces nouveaux métaux restent avec ce dernier sur la coupelle ; qu'il faut traiter par l'acide sulfurique, après l'essai, si l'alliage contient du platine, et que nous manquons tout-à-fait de procédé d'essai pour fixer les quantités d'argent unies au palladium, quantités qu'on obtient de suite, en traitant l'alliage immédiatement par le nouveau procédé.

Il ne nous reste donc plus qu'à examiner l'influence du plomb et du mercure dans l'essai, par la *voie humide*, des alliages d'argent qui pourraient les contenir. Nous com-

mencerons par les alliages d'argent et de plomb. On a fait
les deux *synthèses* suivantes :

PREMIÈRE.

Argent pur. . . . .   1000 mil.
Plomb.   200

DEUXIÈME.

Argent pur . . . .   1000 mil.
Cuivre.   200
Plomb.   200

Ces deux synthèses, essayées par le procédé de la *voie
humide*, ont indiqué toutes deux 1000 millièmes d'argent
pur. Le plomb, à cette proportion élevée de 200 millièmes
sur 1000 d'argent, ne change donc rien au titre et conserve
au procédé de la *voie humide* toute sa supériorité.

Le mercure employé à l'extraction de l'argent dans quelques-unes des mines de ce métal, ainsi qu'au traitement des
cendres d'orfèvres, produit une amalgame qui, après avoir
subi la pression dans une peau de chamois, est soumise à
la distillation et laisse au fond des cornues de l'argent qu'on
fond et qu'on coule en lingots. Il arrive souvent que dans
ces deux opérations, la chaleur n'a pas été assez grande
et surtout assez prolongée, pour permettre à la totalité du
mercure de se dégager ; que l'argent qui en provient en
retient de petites quantités, et que cet argent, essayé par
le nouveau procédé de la *voie humide*, donne des *surcharges*
qu'on semblerait n'avoir pas à craindre, puisque le nitrate
de mercure, avec un grand excès d'acide, ainsi que se
trouve la dissolution d'argent essayé par la *voie humide*,
n'est point précipité par la liqueur normale, ainsi qu'on

s'en est assuré par l'expérience ; mais malheureusement il n'en est pas ainsi lorsqu'il se trouve en présence d'une certaine quantité d'argent qui entraîne alors sa précipitation, sinon en totalité, du moins en grande partie, et ferait accuser des titres supérieurs aux titres réels : titres qu'il faut absolument, dans ce cas, déterminer par la coupellation, en employant une bonne table de compensation.

· L'argent contenant du mercure, et soumis à l'essai par la *voie humide*, a fourni les deux observations suivantes, qui donneront les moyens d'en reconnaître la présence :

1° A partir de *cinq* millièmes de mercure et au-dessus, la couleur du chlorure d'argent n'est plus altérée par la lumière, et la liqueur s'éclaircit très difficilement, et pas du tout s'il y en a 20 millièmes, par exemple.

2° Au-dessous de *cinq* millièmes, et même déjà à *un* millième, le chlorure d'argent ne se colore que très lentement, et les liqueurs s'éclaircissént mal.

FIN DE L'ART DE L'ESSAYEUR.